应用型本科院校"十二五"规划教材

砌体结构

主　编　赵传华

副主编　王　斌　黄连娣

　　　　张　辉　牟荟瑾

主　审　张洪学

QITIJIEGOU

U0222533

哈尔滨工业大学出版社
HARBIN INSTITUTE OF TECHNOLOGY PRESS

内容提要

本书是根据砌体结构课程的教学基本要求及国家标准《砌体结构设计规范》(GB 50003—2011)、《建筑抗震设计规范》(GB 50011—2010)等最新规范编写的。结合我国近年来砌体结构和墙体材料的新发展,系统介绍了砌体结构的发展历程及发展趋势,砌体材料及性能,无筋砌体构件的承载力计算,配筋砌体构件的承载力计算及构造,混合结构房屋的静力计算和墙体设计,圈梁、过梁、挑梁和墙梁设计及构造,砌体结构房屋抗震设计等内容。

为了使学习者更好地理解砌体结构的基本理论和设计方法,书中编写了大量例题并给出了详细的解题步骤。为方便学习,书中每章还编写了学习提要、本章小结、思考题及习题、部分习题答案,适合教学和自学。本书既可作为高等院校土木工程专业的教材,也可作为土木工程技术人员的参考书。

图书在版编目(CIP)数据

砌体结构/赵传华主编. —哈尔滨:哈尔滨工业大学出版社,2015.12(2023.1重印)

ISBN 978 - 7 - 5603 - 5749 - 2

Ⅰ.①砌…　Ⅱ.①赵…　Ⅲ.①砌体结构 - 高等学校 - 教材　Ⅳ.①TU36

中国版本图书馆 CIP 数据核字(2015)第 319048 号

策划编辑　杜　燕
责任编辑　张　瑞
封面设计　高永利
出版发行　哈尔滨工业大学出版社
社　　址　哈尔滨市南岗区复华四道街 10 号　邮编 150006
传　　真　0451 - 86414749
网　　址　http://hitpress.hit.edu.cn
印　　刷　哈尔滨市工大节能印刷厂
开　　本　787mm×1092mm　1/16　印张 16　字数 370 千字
版　　次　2015 年 12 月第 1 版　2023 年 1 月第 3 次印刷
书　　号　ISBN 978 - 7 - 5603 - 5749 - 2
定　　价　32.00 元

序

　　哈尔滨工业大学出版社策划的《应用型本科院校"十二五"规划教材》即将付梓,诚可贺也。

　　该系列教材卷帙浩繁,凡百余种,涉及众多学科门类,定位准确,内容新颖,体系完整,实用性强,突出实践能力培养。不仅便于教师教学和学生学习,而且满足就业市场对应用型人才的迫切需求。

　　应用型本科院校的人才培养目标是面对现代社会生产、建设、管理、服务等一线岗位,培养能直接从事实际工作、解决具体问题、维持工作有效运行的高等应用型人才。应用型本科与研究型本科和高职高专院校在人才培养上有着明显的区别,其培养的人才特征是:①就业导向与社会需求高度吻合;②扎实的理论基础和过硬的实践能力紧密结合;③具备良好的人文素质和科学技术素质;④富于面对职业应用的创新精神。因此,应用型本科院校只有着力培养"进入角色快、业务水平高、动手能力强、综合素质好"的人才,才能在激烈的就业市场竞争中站稳脚跟。

　　目前国内应用型本科院校所采用的教材往往只是对理论性较强的本科院校教材的简单删减,针对性、应用性不够突出,因材施教的目的难以达到。因此亟须既有一定的理论深度又注重实践能力培养的系列教材,以满足应用型本科院校教学目标、培养方向和办学特色的需要。

　　哈尔滨工业大学出版社出版的《应用型本科院校"十二五"规划教材》,在选题设计思路上认真贯彻教育部关于培养适应地方、区域经济和社会发展需要的"本科应用型高级专门人才"精神,根据黑龙江省委前书记吉炳轩同志提出的关于加强应用型本科院校建设的意见,在应用型本科试点院校成功经验总结的基础上,特邀请黑龙江省9所知名的应用型本科院校的专家、学者联合编写。

　　本系列教材突出与办学定位、教学目标的一致性和适应性,既严格遵照学科体系的知识构成和教材编写的一般规律,又针对应用型本科人才培养目标及与之相适应的教学特点,精心设计写作体例,科学安排知识内容,围绕应用讲授理论,做到"基础知识够用、实践技能实用、专业理论管用"。同时注意适当融入新理论、新技术、新工艺、新成果,并且制作了与本书配套的 PPT 多媒体教学课件,形成立体化教材,供教师参考使用。

《应用型本科院校"十二五"规划教材》的编辑出版,是适应"科教兴国"战略对复合型、应用型人才的需求,是推动相对滞后的应用型本科院校教材建设的一种有益尝试,在应用型创新人才培养方面是一件具有开创意义的工作,为应用型人才的培养提供了及时、可靠、坚实的保证。

希望本系列教材在使用过程中,通过编者、作者和读者的共同努力,厚积薄发、推陈出新、细上加细、精益求精,不断丰富、不断完善、不断创新,力争成为同类教材中的精品。

前　　言

　　我国大量的房屋是用砌体建造的,砌体结构已成为工程中应用较多的结构形式之一,因而砌体结构课程是土木工程专业建筑工程方向的一门重要专业课,该课程对土木工程的其他方向也有重要的选修价值。

　　本书是根据砌体结构课程的教学基本要求及《砌体结构设计规范》(GB 50003—2011)、《建筑抗震设计规范》(GB 50011—2010)等最新规范编写的。结合我国近年来砌体结构和墙体材料的新发展,系统介绍了砌体结构的发展历程及发展趋势,砌体材料及性能,无筋砌体构件的承载力计算,配筋砌体构件的承载力计算及构造,混合结构房屋的静力计算和墙体设计,圈梁、过梁、挑梁和墙梁设计及构造,砌体结构房屋抗震设计等内容。

　　为了使学习者更好地理解砌体结构的基本理论和设计方法,书中编写了大量例题并给出了详细的解题步骤。为方便学习,每章还编写了学习提要、本章小结、思考题及习题、部分习题答案,适合教学和自学。本书既可作为高等院校土木工程专业的教材,也可作为土木工程技术人员的参考书。

　　本书的具体编写分工如下:第1章、第2章和第6章的6.1~6.3节由王斌编写,第3章由黄连娣编写,第4章由张辉编写,第5章由赵传华编写,第6章的6.4节由赵传华和张辉编写,第7章由牟荟瑾编写。全书由赵传华进行统稿。

　　书稿承蒙吉林建筑大学张洪学教授审稿并提出很多宝贵意见,在此表示衷心的感谢。另外对本书的编者、编辑及为本书的出版付出辛苦的所有同仁表示最诚挚的谢意。

　　由于编者的水平有限,加之时间仓促,疏漏之处在所难免,恳请读者批评指正。

编者

2015 年 12 月

目　　录

第 *1* 章

绪　　论

【学习提要】

本章简述砌体结构的发展史、特点、应用范围及发展趋势。

砌体结构是指由块体和砂浆砌筑而成的墙、柱作为建筑物主要受力构件的结构。是砖砌体、砌块砌体和石砌体结构的统称。砌体结构历史悠久,以 20 世纪中叶为分水岭,砌体结构的发展发生了翻天覆地的变化,取得了巨大的成绩。

1.1　砌体结构发展历程

古代砌体结构的发展主要以砖石砌体为主,经历了一个漫长的历史过程。以 20 世纪中叶为分水岭,伴随着中华人民共和国的成立,砌体结构的发展尤其迅速,成就显著。

1.1.1　20 世纪中叶以前砌体结构的发展

古代砌体结构主要是指石砌体和砖砌体,也称砖石砌体,其发展经历了漫长的历史过程。留传至今的古建筑主要有陵墓、城墙、拱桥、教堂和佛塔等,这些古建筑对近代及现代的砌体结构发展有着巨大意义和深远影响。

古代土木工程结构中,砖石砌体便得到广泛应用,如尼罗河三角洲的古埃及建成的三座大金字塔(约公元前 2723 年~前 2563 年),均为精确的正方锥体,其中最大的胡夫金字塔(图 1.1),高 146.6 m,底边长 230.6 m,约用 230 万块质量为 2.5 t 的石块砌成;罗马大斗兽场(图 1.2)(公元 70~82 年),采用块石结构建成,平面为椭圆形,长轴 189 m,短轴 156.4 m,建筑总高 48.5 m,共 4 层,可容纳观众 5 万~8 万人;世界上伟大的工程之一万里长城(图 1.3),主要是由青砖和石材建造而成的;现存的河北赵县安济桥(图 1.4)(约 1 400 年前),其结构合理,造型优美,用料节省,是世界上最早的敞肩式石拱桥,并被美国土木工程师学会(ASCE)选为世界第 12 个土木工程里程碑,这对弘扬我国文化遗产起到积极作用。

我国生产和使用烧结砖约有 3 000 年以上的历史,约公元前 475 年已能烧制大尺寸空心砖,南北朝以后砖的应用更为普遍,现存的砖砌长城(明代)是用砖修筑的,西起甘肃嘉峪关,东到鸭绿江,其中有部分用精致的大块砖重修,长达 635 km,其体积相当于埃及最大的胡夫金字塔的 113 倍,可见工程的雄伟与浩大;北魏(公元 386~534 年)孝文帝建于河南登封的嵩岳寺塔(图 1.5)是一座平面为十二边形的密檐式砖塔,15 层,总高 43.5 m,单筒体结构,是我国保存最古老的砖塔,在世界上也是独一无二的;在欧洲建成的伊斯坦布尔的圣索菲亚教堂(图 1.6)(约公元 532~537 年),东西向长 77 m,南北向长 71.7 m,正中是直径 32.6 m、高 15 m 的穹顶,全部用砖砌成,该工程从设计到施工建成仅用了 5 年时间。

图 1.1　胡夫金字塔

图 1.2　罗马大斗兽场

图 1.3　万里长城

图 1.4　河北赵县安济桥

图 1.5　嵩岳寺塔

图 1.6　圣索菲亚教堂

砌体的生产和应用大概有百年历史,基于水泥的出现,混凝土砌块于 1882 年生产出来并得到应用。其中小型空心砌块起源于美国,第二次世界大战后混凝土砌块的生产和应用技术传至美洲和欧洲的一些国家,继而又传至亚洲、非洲和大洋洲。

尽管我国劳动人民对砖石建筑做出了伟大的贡献,但由于在封建制度和后来的半封建半殖民地制度的束缚下,不可能很好地总结提高并进行必要的科学研究,因此在 20 世纪中叶以前的漫长岁月里,砌体结构无论在实践和理论方面的发展都是极为缓慢的。

1.1.2 20 世纪中叶以后砌体结构的发展

20 世纪中叶,即新中国成立以后,砌体结构理论和实践都有了较大的发展。理论上,我国参照其他先进国家规范并结合本国情况修订并颁布了相关设计规范;实践上,我国进行了大量试验研究和工程实践经验总结,在以上大量工作的基础上取得了显著的成绩,具体可分为以下 3 方面:

1.应用量大,使用范围广

材料数量应用方面,我国砖的产量逐年增长,据统计,1980 年的全国年产量为 1 600 亿块,1996 年增至 6 200 亿块,为世界其他各国每年砖产量的总和。全国基建中采用砌体作为墙体材料的约占 90%。无论在民用建筑还是工业建筑中都大量采用砖墙、柱承重结构。

在桥梁工程方向,石砌拱桥的跨度已显著加大,厚度减薄,同时桥的高度和承载力都有了较大的提高,2001 年,位于山西晋城至河南焦作的高速公路新建的丹河石拱桥(图1.7),其主跨度为 146 m,该桥的建成进一步打破了 21 世纪以前最大跨度 120 m 的纪录,谱写了新的篇章。建筑工程方向,我国广泛采用多层砌体房屋,并由 20 世纪 50 年代 3 ~ 4 层的砌体结构房屋刷新为现在普遍应用的 7 ~ 8 层,最高的为 2013 年由哈尔滨工业大学、黑龙江省建设集团联合在哈尔滨市建成的一栋 28 层(总高 98.8 m)的配筋砌块砌体剪力墙结构(图 1.8)。

图 1.7 丹河石拱桥

图 1.8 哈尔滨市 28 层的百米配筋砌块砌体建筑

在构筑物建造方面,如镇江市用料石建成的 80 m 排气塔,顶部外径 2.18 m,底部外径 4.78 m,高 60 m;湖南建造的高 12.4 m 的砖砌粮仓群,直径 6.3 m,壁厚 240 mm;福建的向东渠(图 1.9),横跨云宵、东山两县的大型引水工程,采用毛石建造,其中陈岱渡槽全长 4 400 m,高 20 m,槽支墩共 258 座。

图 1.9　福建的向东渠

2. 新结构、新材料和新技术的应用

在新结构方面,曾研究和建造了各种形式的砖薄壳,对配筋砌体结构的研究虽然较晚,但已经取得了巨大的进步。20 世纪 70 年代以来,尤其是 1975 年海城、营口地震和 1976 年唐山大地震之后,对配筋砌体结构开展了一系列的试验研究。20 世纪 80 年代探讨的砖混组合墙及设有构造柱的组合砖墙在中高层建筑中的应用取得了一定的成效。1987 年在沈阳(7 度区)共完成 34 幢 8 层砖混组合墙住宅的设计和施工,共 17 万 m³。20 世纪 90 年代以来,加快并深化了对配筋混凝土砌块结构的研究和应用,在借鉴国外的理论和经验的基础上,各科研单位通过理论分析、试验研究并结合试点工程的实践经验,总结并建立了较为完善的配筋砌块砌体结构体系的理论及施工技术。在新材料方面,如利用各种工业废渣、粉煤灰、煤矸石,采用混凝土、轻骨料混凝土或加气混凝土制成的无熟料水泥煤渣混凝土砌块或粉煤灰硅酸盐砌块等在我国有较大的发展。近年来,混凝土砖和混凝土小型空心砌块的大量生产成为我国墙体材料的主要产品,大型板材墙体在我国也有较大发展,20 世纪 50 年代曾用振动砖墙板建成 5 层住宅,承重墙板厚 120 mm。在新技术方面,如采用振动砖(包括空心砖)墙板及各种配筋砌体,包括预应力空心砖楼板等技术已取得了显著的成效。

3. 计算理论和方法的发展

从 20 世纪 60 年代开始,我国进行了全方位的试验研究和理论探讨,在此基础上得出了符合中国特色的砌体结构理论、计算方法和应用经验。第一部编制的《砖石结构设计规范》(GBJ 3—73)是根据我国自己研究的成果而制订的,之后的《砌体结构设计规范》(GBJ 3—88)在考虑空间性能和设计方法等方面排在世界先列。最新的《砌体结构设计规范》(GB 50003—2011)标志着我国建立了较为完整的设计和应用体系方面的理论,依据国家有关政策,特别是近年来墙体革新、节能减排产业政策的落实及低碳、绿色建筑的发展,将近年来砌体结构领域的创新成果及成熟经验加入此规范中。

1.2 砌体结构的优缺点

砌体结构的优点如下：

(1)砌体结构取材方便。石材、黏土、砂等天然材料可就地取材；生产砌块所用的工业废料如煤矸石、粉煤灰、页岩等利于环保并且价格低廉。

(2)砌体结构有很好的化学稳定性和大气稳定性，较好的耐火性和耐久性，使用年限长。

(3)砌体结构尤其是砖砌体的隔热、保温性能好，节能效果明显。

(4)砌体结构施工技术简单，相比混凝土和钢结构而言，施工过程不需要模板等设备，手工即可完成。

砌体结构的缺点如下：

(1)与钢材和混凝土材料相比，砌体的强度较低，因而构件截面尺寸大，材料使用多，自重大。

(2)砌体结构中块体与砂浆之间粘结力差，导致砌体的抗拉、抗弯、抗剪强度都很低，抗震性能差，应用受到极大限制。

(3)砌体的施工效率低，砌筑方式基本上是采用手工操作，施工劳动量大。

1.3 砌体结构的应用范围及发展趋势

1.3.1 砌体结构的应用范围

砌体结构在土木工程中有广泛的应用。民用建筑中的内外墙、柱、基础、过梁、屋盖和地沟等构件可用砌体建造；工业建筑中的围护墙和构筑物中的烟囱、料仓及对渗水性要求不高的水池等可用砌体建造；交通运输方面如桥梁、隧道、地下渠道、涵洞、挡墙常用石材砌筑；水利建设方面如坝、堰和渡槽等也可以用石料砌筑。

1.3.2 砌体结构的发展趋势

我国是采用砌体结构的大国，但是我国国情的现实是人多地少，人均耕地面积不足世界平均水平的40%，相对来讲土地压力特别大，所以近些年来大中城市中的高层和超高层建筑大多采用混凝土结构建造，砌体结构的建筑越来越少。尽管配筋砌块剪力墙的使用可以解决高层建筑的问题，且其具有工期短、造价低、抗震性能好、节能环保等优点，但由于其施工技术要求相对较高且推广力度不够，使得该结构体系的建筑相对于钢筋混凝土和钢结构建筑来说其建造数量相对较少。鉴于以上各种因素，如果要大力推广砌体结构的使用，我们必须在理论及实践的基础上进一步提高砌体结构的竞争力。结合我国国情，应加强以下几方面的工作：

1.绿色环保及高性能材料的研制

大力研发轻质高强的块体是提高砌体结构强度并且降低结构自重的有利条件。对于砂浆强度的提高是有效增强块体与砂浆之间粘结度和提高砌体结构抗拉、抗弯及抗剪强度的重要手段,进而增强结构的刚度和整体性能,减轻墙体开裂、增强抗震性能。按墙体材料革新要求,"十五"期间,我国人均占有耕地不足 0.8 亩(1 亩 = 666.7 m²)的城市和省会城市全部禁止使用黏土实心砖,并且全国的黏土实心砖总量控制在 4 500 亿块以内,节约土地 110 万亩,节能 8 000 万 t 标煤,利用工业废渣 3 亿 t,新型墙体占墙材总量的比例达到 40%。"十二五"期间,我国将进入绿色建筑快速发展阶段,要求开展城市城区限制使用黏土砖,县城禁止使用黏土实心砖,到 2015 年,全国 30% 以上的城市实现限制使用黏土制品,全国 50% 以上县城禁止使用黏土实心砖。坚持以节能、节地、利废、保护环境和改善建筑功能为发展方针,以提高生产技术水平、加强产品配套和应用为重点,积极发展功能好、效益佳的各种新型墙体材料,尤其应加强对集承重和保温隔热于一体的复合节能墙体的研究和应用。

2. 施工技术水平的提高

砌体结构施工的特殊性在于基本采用手工砌筑,而工人素质参差不齐,故工业化生产较混凝土结构和钢结构要少很多,这就使得砌体结构的施工强度大、效率低。发达国家在砌体结构的预制、装配化方面做了许多工作,积累了不少经验,而我国对预应力砌体结构的研究非常少,大型预制墙板和振动砖墙板的应用也极少,所以对于我国砌体结构的传统施工模式的改变具有积极意义,使得砌体结构标准化、工业化、机械化,进而加快工程进度。

3. 砌体结构理论的研究

我国在砌体结构的破坏机理和受力性能方面的研究有较好的基础,通过试验和模型对砌体结构建立更为精确而完整的理论是全世界关心的话题。这些研究包括砌体结构设计表达式和裂缝控制理论的研究、砌体结构的耐久性研究、砌体可靠性的检测和鉴定及加固理论研究等。到目前我国许多房屋已有不同程度的破坏,根据目前我国节能绿化的指导思想,对不同地区、不同结构类型和不同构造措施下已有建筑的节能改造是非常紧迫并且有意义的。

4. 完善砌体结构抗震体系及配筋砌体结构的研究

由于砌体结构的抗震性能较差,在抗震设防地区的适用高度上受到了极大的限制,所以只有提高砌体结构抗震能力、提高隔震技术,才能将我国的砌体结构应用范围提高到一个新水平。国外对预应力砌体结构性能的研究和应用相对较早,预应力砌体结构具有整体性好、抗震能力强的特点,而我国的研究相对较晚,所以进一步加强对预应力砌体结构的性能研究将对砌体结构的新发展添砖加瓦。

本章小结

(1)以 20 世纪中叶为分水岭,简述了砌体结构在这个时期前后的发展特点。

(2)砌体结构的优点及缺点。

(3)砌体结构的应用范围及研究方向。

思考题与习题

1 – 1　砌体结构的优缺点有哪些?

1 – 2　砌体结构的发展经历了哪几个阶段?

1 – 3　如果要加强砌体结构在今后的应用,我们要在哪几个方面做工作?

参考文献

[1]　施楚贤. 砌体结构[M]. 3 版. 北京:中国建筑工业出版社,2012.

[2]　中国建筑东北设计研究院有限公司. 砌体结构设计规范:GB 50003—2011[S]. 北京:中国建筑工业出版社,2012.

[3]　施楚贤. 砌体结构理论与设计[M]. 3 版. 北京:中国建筑工业出版社,2014.

[4]　砖石结构设计手册编写组. 砖石结构设计手册[M]. 北京:中国建筑工业出版社,1976.

第 **2** 章

砌体材料及性能

【学习提要】

本章论述了砌体材料及砌体的基本特点,重点介绍砌体结构的受压性能,简要介绍砌体结构的受拉、受弯及受剪性能。

砌体是由块体和砂浆砌筑而成的整体材料。砌体材料主要有砖、砌块、石材和砂浆。砌体按是否配筋可分为无筋砌体和配筋砌体。无筋砌体根据所用块体材料不同可分为砖砌体、砌块砌体和石砌体。配筋砌体可分为配筋砖砌体、组合砖砌体和配筋砌块砌体。

2.1 砌体材料及种类

砌体材料由块体和砂浆组成。砌体按块体的不同及是否配筋分为不同的砌体结构。

2.1.1 块体

1.块体的分类

块体是砌体的主要组成部分,通常将块体材料分为砖、砌块和石材。

(1)砖。

用于建筑结构中的砖有烧结砖、蒸压普通砖和混凝土砖等。

①烧结砖。

烧结砖是指由煤矸石、页岩、粉煤灰或黏土为主要原料,经焙烧而成的砖。根据孔洞率大小可分为烧结普通砖、烧结多孔砖和烧结空心砖等。

烧结普通砖是实心砖,我国生产的标准规格为 240 mm ×115 mm ×90 mm,如图 2.1 所示。

烧结多孔砖是孔洞率不小于 28% 并且不大于 35%、孔的尺寸小而数量多,主要用于承重部位的砖,如图 2.2 所示。

烧结空心砖是孔洞率不小于 40%,主要用于非承重部位的砖,如图 2.3 所示。其长度、宽度和高度尺寸应符合下列要求。

a.长度规格尺寸(mm):390,290,240,190,180(175),140;

b.宽度规格尺寸(mm):190,180(175),140,115;

c.高度规格尺寸(mm):180(175),140,115,90。

图 2.1　烧结普通砖

图 2.2　烧结多孔砖

图 2.3　烧结空心砖

②蒸压普通砖。

蒸压普通砖是由原料经坯料制备、压制排气成型、高压蒸汽养护而成的实心砖。根据原料的不同可分为蒸压粉煤灰普通砖和蒸压灰砂普通砖。蒸压普通砖节约能源,不需烧结并且保护耕地,充分利用废弃物,是符合国家墙改政策的新型材料之一。我国生产的蒸压普通砖主要规格为 240 mm × 115 mm × 90 mm。

蒸压粉煤灰普通砖是以石灰、消石灰(如电石渣)或水泥等钙质材料与粉煤灰等硅质材料及集料(砂等)为主要原料,掺加适量石膏而制成的。

蒸压灰砂普通砖是以石灰等钙质材料和砂等硅质材料为主要原料制成的。

③混凝土砖。

混凝土砖是以水泥为胶结材料,以砂、石等为主要集料,加水搅拌、成型、养护制成的一种多孔的混凝土半盲孔砖和实心砖。根据孔洞率大小可分为混凝土多孔砖和混凝土实心砖。

混凝土多孔砖的主要规格尺寸为 240 mm × 115 mm × 90 mm,240 mm × 190 mm × 90 mm,190 mm × 190 mm × 90 mm 等,如图 2.4 所示。

混凝土实心砖的主要规格尺寸为 240 mm × 115 mm × 53 mm,240 mm × 115 mm × 90 mm 等,如图 2.5 所示。

图 2.4　混凝土多孔砖

图 2.5　混凝土实心砖

(2)砌块。

砌块按材料不同可分为混凝土砌块、轻骨料混凝土砌块和硅酸盐砌块等。

砌块按尺寸大小不同可分为小型、中型和大型 3 种。小型砌块尺寸较小,自重较轻,型号种类多,适应面广;中型和大型砌块的尺寸较大,自重较大,适于机械起吊和安装,可提高劳动效率,但其型号不多。我国目前用得比较多的是小型空心砌块,如图2.6所示。

混凝土小型空心砌块是由普通混凝土或轻集料混凝土制成,主要规格尺寸为390 mm×190 mm×190 mm,空心率为25%~50%的空心砌块。

轻集料混凝土砌块是由轻集料、轻砂(或普通砂)、水泥和水等原材料配制而成的干表观密度不大于1 950 kg/m³的小型空心砌块,主要用于非承重结构,用于承重的双排孔和多排孔轻集料混凝土砌块砌体的孔洞率不应大于35%。

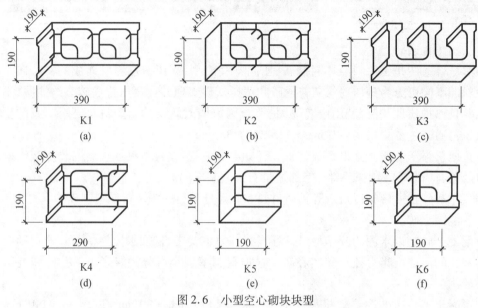

图2.6 小型空心砌块块型

(3)石材。

石材按其外形规则的加工程度分为料石和毛石两大类,如图2.7和图2.8所示。

图2.7 料石

图2.8 毛石

①料石。

料石按照其外形规则的加工程度不同又可分为细料石、粗料石和毛料石。

a.细料石。通过细加工,外形规则。叠砌面凹入深度不大于10 mm。截面的宽度、高度不小于200 mm,且不小于长度的1/4。

b.粗料石。规格尺寸同上,叠砌面凹入深度不大于20 mm。

c. 毛料石。外形大致为方正，一般不需加工或稍加工修整，高度不小于 200 mm，叠砌面凹入深度不大于 25 mm。

②毛石。

形状不规则，中部厚度不应小于 200 mm。

2. 块体的强度等级

《砌体结构设计规范》规定，块体的强度等级用符号"MU"（Masonry Unit）加相应数字表示，其是块体力学性能的基本标志。块体的强度等级是由标准试验方法测出块体极限抗压强度并按规定的评定方法确定其强度等级，单位为 MPa。

（1）砖。

①根据国家标准《烧结普通砖》（GB 5101—1998）的规定，烧结普通砖的强度等级应符合表 2.1 的要求。

表 2.1　烧结普通砖强度等级　　　　　　　　　　　　　　　　　　　　　　MPa

强度等级	抗压强度平均值不小于	单块最小抗压强度值不小于
MU30	30	25
MU25	25	22
MU20	20	16
MU15	15	12
MU10	10	7.5

烧结普通砖的抗压强度试件为两个半砖（115 mm × 115 mm × 120 mm），中间用一道水平灰缝连接。

烧结空心砖按产品名称、类别、规格（长度×宽度×高度）、密度等级、强度等级和标准编号顺序编写。示例：规格尺寸 290 mm × 190 mm × 90 mm，密度等级 800，强度等级 MU7.5 的页岩空心砖，其标记为：烧结空心砖 Y（290×190×90）800 MU7.5 GB 13545—2014。

用于承重结构的烧结普通砖和烧结多孔砖采用的强度等级有 MU30、MU25、MU20、MU15、MU10。

用于自承重墙的烧结空心砖采用的强度等级有 MU10、MU7.5、MU5 和 MU3.5。

②蒸压普通砖的强度等级应符合下列要求，其中蒸压灰砂砖的强度等级见表 2.2。

表 2.2　蒸压灰砂砖的强度等级　　　　　　　　　　　　　　　　　　　　　　MPa

强度等级	抗压强度		抗折强度	
	平均值不小于	单块值不小于	平均值不小于	单块值不小于
MU25	25	20	5	4
MU20	20	16	4	3.2

续表 2.2

强度等级	抗压强度		抗折强度	
	平均值不小于	单块值不小于	平均值不小于	单块值不小于
MU15	15	12	3.3	2.6
MU10	10	8	2.5	2

蒸压灰砂砖不得用于长期受热 200 ℃ 以上、受急冷急热或有酸性介质侵蚀的建筑部位,根据抗压强度和抗折强度分为 MU25、MU20、MU15、MU10 四级。

用于承重结构的蒸压灰砂普通砖和蒸压粉煤灰普通砖的强度等级为 MU25、MU20 和 MU15 三种,承重砖的折压比不应低于 0.25。MU25、MU20、MU15 的砖可用于基础及其他建筑;MU10 的砖仅可用于防潮层以上的建筑。

注:用于承重的多孔砖及蒸压硅酸盐砖的折压比限值和用于承重的非烧结材料多孔砖的孔洞率、壁及肋尺寸限值及碳化、软化性能要求应符合现行国家标准《墙体材料应用统一技术规范》(GB 50574—2001)的有关规定。

③根据国家标准《承重混凝土多孔砖》(GB 25779—2010),混凝土多孔砖的强度等级应符合表 2.3 的要求。

表 2.3 混凝土多孔砖强度等级   MPa

强度等级	抗压强度平均值不小于	单块最小抗压强度值不小于
MU10	10	8
MU15	15	12
MU20	20	16
MU25	25	20
MU30	24	14

用于承重结构的混凝土普通砖和混凝土多孔砖的强度等级为 MU30、MU25、MU20、MU15。

混凝土多孔砖的标记:例如,规格尺寸为 240 mm × 115 mm × 53 mm,抗压强度等级 MU25,密度等级 B 级,合格的混凝土砖,可标记为:SCB 240 × 115 × 53 MU25 B GB/T 21144—2007。

(2)砌块强度等级的确定。

按照《普通混凝土小型空心砌块》(GB 8239—1997),砌块的主要规格尺寸为 390 mm × 190 mm × 190 mm,孔洞率不小于 25%,且不大于 47%。砌块强度等级划分为 MU20、MU15、MU10、MU7.5 和 MU5 五个等级。按照《轻集料混凝土小型空心砌块》 (GB/T 15229—2002),砌块的主要规格尺寸与普通混凝土小型空心砌块的主规格尺寸相同,但孔的排数有单排孔、双排孔、三排孔和四排孔,如图 2.9 所示。

用于承重墙的混凝土砌块、轻集料混凝土砌块的强度等级有 MU20、MU15、MU10、MU7.5、MU5。

用于自承重墙的轻集料混凝土砌块的强度等级一般采用 MU10、MU7.5、MU5、MU3.5。

注:用于承重的双排孔或多排孔轻集料混凝土砌块砌体的孔洞率不应大于 35%。

(a)单排孔　　　　　　　(b)双排孔　　　　　　　(c)三排孔

图 2.9　砌块

(3)石材强度等级的确定。

石材强度等级一般由边长为 70 mm 的立方体试块进行抗压试验确定,抗压强度取3 个试块破坏强度的平均值。当立方体试块采用其他尺寸时,应将试验结果乘以《砌体结构设计规范》(GB 50003—2011)中表 A.0.2 相应的换算系数才为石材的强度等级。强度等级划分为 MU100、MU80、MU60、MU50、MU40、MU30、MU20。

注:石材的规格、尺寸及其强度等级可按《砌体结构设计规范》中附录的方法确定。

2.1.2　砂浆

砌体结构中的砌筑砂浆是由胶结料、细集料、掺合料和水搅拌而成的混合材料。

1. 砂浆的分类

砂浆按用途可分为普通砂浆和专用砂浆两大类。

普通砂浆按组成成分不同可分为水泥砂浆、水泥混合砂浆和非水泥砂浆,其强度等级符号为 M;专用砂浆是指能够有效提高工作性能和力学性能专门用于砌筑某种块体采用的砂浆,其强度等级符号用 Mb 或 Ms 表示。

2. 砂浆的强度

我国的砂浆强度等级是采用边长为 70.7 mm 的立方体标准试块,温度在 (20 ± 3) ℃环境下,水泥砂浆湿度在 90% 以上,水泥石灰砂浆湿度在 60% ~ 80% 条件下养护 28 d,进行抗压试验,按计算规则得出的以 MPa 表示的砂浆试件强度值划分的。《砌体结构设计规范》规定采用的强度等级为 M15、M10、M7.5、M5 和 M2.5。

用于蒸压灰砂普通砖和蒸压粉煤灰普通砖砌体采用的专用砌筑砂浆是由水泥、砂、水以及根据需要掺入的掺合料和外加剂等组分,按一定比例,采用机械拌合制成,其强度等级为 Ms15、Ms10、Ms7.5 和 Ms5.0。

用于混凝土普通砖、混凝土多孔砖、单排孔混凝土砌块和煤矸石混凝土砌块砌体采用的砂浆强度等级为 Mb20、Mb15、Mb10、Mb7.5 和 Mb5。

用于双排孔或多排孔轻集料混凝土砌块砌体采用的砂浆等级为 Mb10、Mb7.5 和 Mb5。

用于毛料石、毛石砌体采用的砂浆强度等级为 M7.5、M5 和 M2.5。

3.砂浆的性能

为了保证工程施工质量和效率,新拌砂浆应当满足以下要求:

①新拌砂浆应达到一定强度,以满足砌体的强度要求。

②新拌砂浆应具有良好的和易性,以便于砌筑、保证砌筑质量和提高工效。

③新拌砂浆应具有一定的保水性,即在其存放、运输和砌筑过程中能保持充足的水分,砂浆中各种材料不易分离,从而保证砂浆与块材之间的粘结力。

2.1.3　砌体材料的耐久性

对于砌体材料中的块体和砂浆,除应满足承载力要求外,还要满足耐久性和抗冻性的要求以及建筑物整体或部分在正常使用时所处的环境类别要求。砌体结构设计规范所规定的环境类别见表2.4。

表2.4　砌体结构的环境类别

环境类别	条件
1	正常居住及办公建筑的内部干燥环境
2	潮湿的室内或室外环境,包括与无侵蚀性土和水接触的环境
3	严寒和使用化冰盐的潮湿环境(室内或室外)
4	与海水直接接触的环境,或处于滨海地区的盐饱和气体环境
5	有化学侵蚀的气体、液体或固态形式的环境,包括有侵蚀性土壤的环境

(1)地面以下或防潮层以下的砌体、潮湿房间的墙或环境类别2的砌体,所用材料的最低强度等级应符合表2.5的规定。

表2.5　地面以下或防潮层以下的砌体、潮湿房间的墙所用材料的最低强度等级

潮湿程度	烧结普通砖	混凝土普通砖、蒸压普通砖	混凝土砌块	石材	水泥砂浆
稍潮湿的	MU15	MU20	MU7.5	MU30	M5
很潮湿的	MU20	MU20	MU10	MU30	M7.5
含水饱和的	MU20	MU25	MU15	MU40	M10

注:1. 在冻胀地区,地面以下或防潮层以下的砌体,不宜采用多孔砖,如采用时,其孔洞应用不低于M10的水泥砂浆预先灌实。当采用混凝土空心砌块时,其孔洞应采用强度等级不低于Cb20的混凝土预先灌实。

2. 对安全等级为一级或设计使用年限大于50年的房屋,表中材料强度等级应至少提高一级。

(2)处于环境类别3~5等有侵蚀性介质的砌体材料应符合下列规定:

①不应采用蒸压灰砂普通砖、蒸压粉煤灰普通砖。

②应采用实心砖,砖的强度等级不应低于MU20,水泥砂浆的强度等级不应低于

M10。

③混凝土砌块的强度等级不应低于MU15,灌孔混凝土的强度等级不应低于Cb30,砂浆的强度等级不应低于Mb10。

④应根据环境条件对砌体材料的抗冻指标,耐酸、碱性能提出要求,或符合有关规范的规定。

2.1.4 砌体的分类

砌体按其块体材料的不同可以分为砖砌体、砌块砌体和石砌体。

砌体按其是否配筋可以分为无筋砌体和配筋砌体。

砌体按其是否受外荷载作用可以分为承重砌体和自承重砌体。

1. 无筋砌体

由不配置钢筋或配置非受力钢筋的砌体构件组成的砌体结构称为无筋砌体结构。无筋砌体包括砖砌体、砌块砌体和石砌体。

(1)砖砌体。

砖砌体是由砖和砂浆砌筑而成的整体。按照所组成材料不同,砖砌体可分为普通黏土砖砌体、黏土空心砖砌体以及各种硅酸盐砖砌体。按照砌筑形式不同,砖砌体又可分为实心砌体和空心砌体,工程中使用较多的是实心砌体。如果砌体砌成空心为空心砌体,通常将砖砌成内外两层壁,中间的空洞填充松散或轻质材料,质量较轻并且保温性能较好,节省砖和砂浆、减轻自重、降低造价。砖砌体的墙厚可为120 mm(半砖)、240 mm(1砖)、370 mm(3/2砖)、490 mm(2砖)、620 mm(5/2砖)和740 mm(3砖)等。砖砌体的砌筑方式在我国大多采用的是一顺一丁、梅花丁和三顺一丁,如图2.10所示,砌筑时要保证上下错缝搭接。

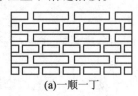  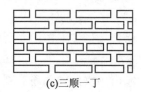

(a)一顺一丁　　　　　　　　(b)梅花丁　　　　　　　　(c)三顺一丁

图2.10　砖砌体砌筑方法

(2)砌块砌体。

采用砌块砌体,尤其是混凝土小型砌块砌体是墙体改革的一项内容。砌块砌体是由砌块和砂浆砌筑而成的整体材料。主要用作住宅、办公楼和学校等民用建筑及一般工业建筑的承重墙体或围护墙。在工程设计中,要求砌块尺寸灵活、适应性好、砌块制作方便、施工速度快,尽量使砌块的类型和规格少,排列整齐、减少通缝。

(3)石砌体。

石砌体是由石材和砂浆或混凝土砌筑而成的整体。石砌体一般可分为料石砌体、毛石砌体和毛石混凝土砌体,如图2.11所示。一般可作为民用房屋的承重墙、柱和基础,如图2.12所示。料石砌体和毛石砌体用砂浆砌筑。毛石混凝土砌体是在模板内先浇筑一层混凝土,后铺砌一层毛石,交替砌筑而成。料石砌体还可用来建筑某些构筑物,如石拱桥、石坝和石涵洞等。

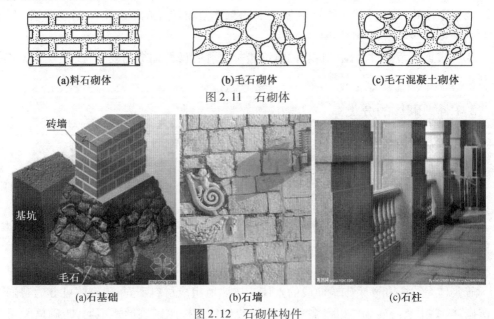

(a)料石砌体　　　　　　　(b)毛石砌体　　　　　　(c)毛石混凝土砌体

图 2.11　石砌体

(a)石基础　　　　　　　(b)石墙　　　　　　　(c)石柱

图 2.12　石砌体构件

2.配筋砌体

配筋砌体是由配置钢筋的砌体作为建筑物主要受力构件的结构,可分为网状配筋砖砌体、组合砖砌体和配筋砌块砌体。

（1）网状配筋砖砌体。

在砖砌体的水平灰缝中配置钢筋网就形成网状配筋砖砌体,主要用于轴心或偏心距较小的受压构件,如图 2.13 所示。

（2）组合砖砌体。

组合砖砌体根据配筋所在位置不同分为外包式组合砖砌体和内承式组合砖砌体,如图 2.14 所示。

①由砖砌体和钢筋混凝土面层或钢筋砂浆面层构成的砌体称为外包式组合砖砌体。

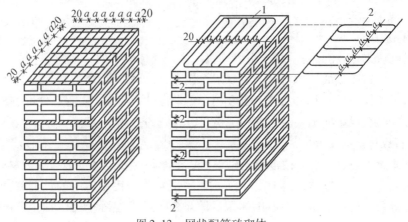

图 2.13　网状配筋砖砌体

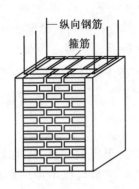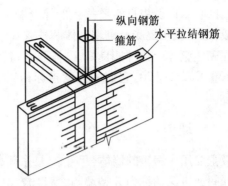

图 2.14　组合砖砌体

②由砖砌体和钢筋混凝土构造柱构成的砌体称为内嵌式组合砖砌体,在砌体墙的纵横墙交接处及大洞口边缘,设置钢筋混凝土构造柱不但可以提高墙体的承载能力,并且构造柱与房屋圈梁连接组成钢筋混凝土空间骨架,对增强房屋的变形能力和抗倒塌能力十分明显。这种墙体施工必须先砌墙,后浇注钢筋混凝土构造柱。砌体与构造柱连接面应按构造要求砌成马牙槎,以保证二者的共同工作性能。

(3)配筋砌块砌体。

在空心砌块中,上下孔洞应对齐,竖向孔中配置钢筋并浇注灌孔混凝土,在横肋凹槽中配置水平筋并浇注灌孔混凝土或在水平灰缝配置水平钢筋,所形成的砌体结构称为配筋砌块砌体,如图 2.15 所示。这种配筋砌体自重轻、地震作用小、抗震性能与钢筋混凝土结构类似,但造价较钢筋混凝土结构低。国内在墙柱中使用配筋砌体较多,国外除此之外还大量采用配筋砌体建筑的板和梁。

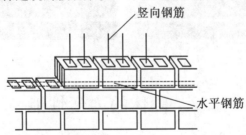

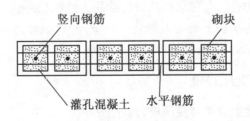

图 2.15　配筋砌块砌体

2.1.5　钢筋、混凝土及混凝土砌块砌体的灌孔混凝土

钢筋和混凝土在配筋砌体中要求采用,而混凝土砌块砌体中所用灌孔混凝土是由胶

凝材料、骨料、水以及根据需要掺入的掺合料和外加剂等组分,按一定的比例,采用机械搅拌制成,用于浇筑混凝土砌块砌体芯柱或其他需要填实部位孔洞具有微膨胀性的混凝土。灌孔砌体整体受力性能良好,砌体强度得到了大幅度提高。其强度等级分为 Cb40、Cb35、Cb30、Cb25、Cb20,它们的强度指标相当于普通混凝土 C40、C35、C30、C25、C20 的强度指标。

2.1.6 墙板

墙板主要用作房屋的墙体,尺寸较大并且高度一般相当于房屋层高,其宽度相当于房间的开间或进深的称为大型墙板,宽度较窄的称为条板。墙板可以由单一材料制成,如预制混凝土空心墙板、矿渣混凝土墙板和整体现浇混凝土墙板;墙板还可以采用砌体材料制成,如大型预制砖(砌块)墙板和振动砖墙板,如图 2.16 所示。国外对此研究并积累了一些实践经验,但在我国尚未应用大型预制砖墙板。预制墙板具有施工速度快、施工方法简便、质量控制得到保证、有利于外墙的耐久性、节省能源、自重轻、空间利用率高、建筑布局较自由美观等优点,是墙体革新的重要方向。

图 2.16 大型预制墙板

2.2 砌体的力学性能

本节主要探讨无筋砌体的受力性能。由于砌体中的材料组成不同,又受到施工因素的影响使得砌体的受力性能与匀质弹性材料的受力性能相差较大,因此只能通过试验研究得出砌体在不同受力状态下的受力和变形特征,分析破坏原因和影响因素,进而对砌体的受压性能、受弯性能及受剪性能有较为全面的认识。

2.2.1 砌体的受压性能

1.砌体受压应力状态及单砖受压应力状态分析

(1)砌体受压应力状态分析。

结合国内外的许多试验结果和实际结构的破坏特征来看,砌体从开始受压直到最后破坏根据裂缝出现的状态特征,可以分为 3 个阶段。本试验以砖砌体轴心受压为例探讨试验结果。

第一阶段:从砌体开始受压直至出现第一批裂缝。其特点是仅在单块砖内产生细小的缝,如不增加压力,该裂缝也不发展,砌体处于弹性受力阶段。试验结果表明,砖砌体内产生第一批裂缝时的压力为破坏压力的 50% ~70%,如图 2.17(a)所示。

第二阶段:随着荷载增加,单块砖内的裂缝不断发展,并逐渐形成一段段连通若干皮砖的裂缝。其特点是:即使压力不再增加,砌体压缩变形增长仍很快,砌体内裂缝继续加长增宽,砌体进入弹塑性受力阶段。此时的压力为破坏压力的 80% ~90%,表明砌体已临近破坏。砌体结构在使用时若出现这种状态视为危险状态,应立即采取措施或进行加固处理,如图 2.17(b)所示。

第三阶段:继续增加荷载,裂缝很快加长、变宽,砌体最终被压碎或因失去稳定而完全破坏。此时砌体的强度称为砌体的破坏强度,如图 2.17(c)所示。

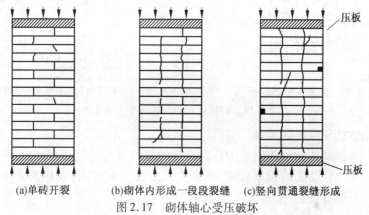

(a)单砖开裂　　　(b)砌体内形成一段段裂缝　　(c)竖向贯通裂缝形成

图 2.17　砌体轴心受压破坏

(2)单砖受压受力状态分析。

根据上述试验结果可以看出,砖砌体在受压破坏过程中,其中一个重要的特点是单块砖先开裂,并且砌体的抗压强度总是低于其所用砖的抗压强度。经过研究分析主要有以下几个原因:

①砌体中单砖处于压、弯、剪复合应力状态。由于砖表面的不完全规整、砂浆灰缝厚度的不饱满和不均匀使得砖除了受压之外还受弯、受剪。由于砖本身的脆性性质,抗弯和抗剪强度很低,所以弯曲产生的拉应力和剪切应力可使单砖首先出现裂缝,如图 2.18(a)所示。

②砌体中砖与砂浆的交互作用使砖承受水平拉应力。砂浆和砖这两种材料的弹性模量和横向变形不同,砌体受压后砖的横向变形一般较砂浆的横向变形小,它们相互作用使砖内产生横向拉应力,同时砂浆产生横向约束力。横向的拉应力使得砌体的强度降低,如图 2.18(b)所示。

③弹性地基作用。砂浆的弹性性质使得每块砖如同弹性地基上的梁,基底的弹性模量越小,砖的变形越大,砖内产生的弯剪应力就越高,如图 2.18(c)所示。

④竖向灰缝处的应力集中使砖处于不利受力状态。砌体中竖向灰缝并不密实饱满,加之砂浆在硬化过程中收缩,使砌体在竖向灰缝中的整体性削弱,位于竖向灰缝处的砖内产生较大的横向拉应力和剪应力集中,加速砌体中单砖的开裂,如图 2.18(d)所示。

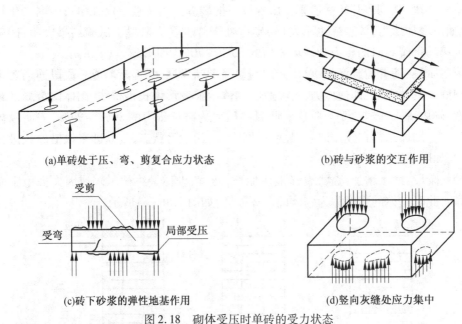

(a)单砖处于压、弯、剪复合应力状态　　　　　(b)砖与砂浆的交互作用

(c)砖下砂浆的弹性地基作用　　　　　　　(d)竖向灰缝处应力集中

图 2.18　砌体受压时单砖的受力状态

2.影响砌体抗压强度的因素

砌体是一种由块体和砂浆组成的各向异性的复合材料,受压时具有一定的塑性变形能力。影响砌体抗压强度的因素较多,大致有以下 3 方面因素:砌体材料本身的物理力学性能、施工质量和试验方法等。

(1)砌体材料的物理力学性能。

①块体和砂浆的强度。

大量的试验表明,材料强度是影响砌体抗压强度的主要因素。随着块体和砂浆强度的提高,其砌体的抗压强度也高,反之砌体的抗压强度低。工程上应适当地选择块体和砂浆的强度等级,使砌体的受力性能较好,又较为经济。并且要使块体强度与砂浆的强度相匹配,这样才能充分发挥材料的强度。

②块体的规整程度和尺寸。

块体表面的规则、平整程度对砌体抗压强度有一定的影响,块体的表面越平整,灰缝的厚度越均匀,砌体内的应力状态越简单,则砌体抗压强度越高。块体的尺寸,尤其是块体高度(厚度)对砌体抗压强度的影响较大,高度大的块体其抗弯、抗剪和抗拉能力增大。

③砂浆的变形与和易性。

低强度砂浆的变形率较大,砂浆压缩变形的增大,块体受到的弯、剪应力和拉应力也增大,砌体抗压强度降低。和易性好的砂浆,施工时较易铺砌成饱满、均匀、密实的灰缝,可减小砌体内的复杂应力状态,使得砌体抗压强度提高。

(2)砌体工程施工质量。

砌体工程施工质量包含了砌筑质量、施工管理水平和施工技术水平等因素的影响,从本质上来说,它从整体上反映了对砌体内复杂应力作用的不利影响的程度。上述因素可归结为灰缝砂浆厚度及饱满度、块体砌筑时的含水率、砌体组砌方法以及施工质量控制等级。

①灰缝砂浆厚度及饱满度。

砂浆灰缝过厚或过薄均能加剧砌体内的复杂应力状态,对砌体抗压强度产生不利影响。灰缝横平竖直,适宜的均匀的厚度,有利于砌体均匀受力,一般要求灰缝厚度为 10 mm,上下误差不超过 2 mm。试验表明,水平灰缝砂浆越饱满,砌体抗压强度越高。砌体施工中,要求砖砌体水平灰缝的砂浆饱满度不得小于 80%,竖向灰缝不得出现透明缝、瞎缝和假缝。

②块体砌筑时的含水率。

砌体抗压强度随块体砌筑时的含水率的增大而提高,但它对砌体抗剪强度的影响则不同,且施工中既要保证砂浆不至失水过快,又要避免砌筑时产生砂浆流淌,因而应采用适宜的含水率。

③砌体砌筑方式。

砌体砌筑方式直接影响到砌体的整体受力性能。应采用上、下错缝,内外搭砌。对砌块砌体应对孔、错缝和反砌。所谓反砌,即要求将砌块生产时的底面朝上砌筑于墙体上,有利于铺砌砂浆和保证水平灰缝砂浆的饱满度。

④施工质量控制等级。

施工质量控制等级是根据施工现场的质量管理、砂浆和混凝土的强度、砌筑工人技术等级的综合水平进行划分。我国砌体工程施工质量控制等级分为 A、B、C 三级,见表 2.6,它们影响了砌体强度的取值,施工质量控制等级 B 级相当于我国目前一般施工质量水平,一般多层砌体房屋宜按 B 级质量控制。配筋砌体不允许采用 C 级。

表 2.6　施工质量控制等级

项目	施工质量控制等级		
	A	B	C
现场质量管理	监督检查制度健全,并严格执行;施工方有在岗专业技术管理人员,人员齐全,并持证上岗	监督检查制度基本健全,并能执行;施工方有在岗专业技术管理人员,人员齐全,并持证上岗	有监督检查制度;施工方有在岗专业技术管理人员
砂浆、混凝土强度	试块按规定制作,强度满足验收规定,离散性小	试块按规定制作,强度满足验收规定,离散性较小	试块按规定制作,强度满足验收规定,离散性大
砂浆拌合	机械拌合;配合比计量控制严格	机械拌合;配合比计量控制一般	机械或人工拌合;配合比计量控制较差
砌筑工人	中级工以上,其中高级工不少于 30%	高、中级工不少于 70%	初级工以上

（3）砌体强度试验方法。

砌体抗压强度是按照一定的尺寸、形状和加载方法等条件，通过试验确定的。在我国，砌体抗压强度及其他强度是按《砌体基本力学性能试验方法标准》（GB/T 50129—2011）的要求来确定的。如外形尺寸为 240 mm×115 mm×53 mm 的普通砖，其砌体抗压强度试件的标准尺寸（厚度×宽度×高度）为 240 mm×370 mm×720 mm，试件厚度和宽度的制作误差为 ±5 mm，试件高度按高厚比来确定。若砌体的截面尺寸与上述条件不符，要按照规范对抗压强度进行修正。

3.各类砌体的抗压强度平均值

当今国际上多以影响砌体抗压强度的主要因素为参数，根据试验结果，经统计分析建立实用的表达式，在我国，采用的也是这个方法。

$$f_m = k_1 f_1^a (1 + 0.07 f_2) k_2 \tag{2.1}$$

式中　f_m——砌体抗压强度平均值，MPa；

　　　f_1——块材的抗压强度平均值，MPa；

　　　f_2——砂浆的抗压强度平均值，MPa；

　　　a, k_1——与砌体种类有关的参数，见表 2.7；

　　　k_2——砂浆强度不同对砌体抗压强度的影响系数。

各类砌体的 k_1, a, k_2 取值见表 2.7。

表 2.7　各类砌体轴心抗压强度平均值 f_m

砌体种类	$f_m = k_1 f_1^a (1 + 0.07 f_2) k_2$/MPa		
	k_1	a	k_2
烧结普通砖、烧结多孔砖、蒸压灰砂普通砖、蒸压粉煤灰普通砖、混凝土普通砖、混凝土多孔砖	0.78	0.5	当 $f_2 < 1$ 时，$k_2 = 0.6 + 0.4 f_2$
混凝土砌块、轻集料混凝土	0.46	0.9	当 $f_2 = 0$ 时，$k_2 = 0.8$
毛料石	0.79	0.5	当 $f_2 < 1$ 时，$k_2 = 0.6 + 0.4 f_2$
毛石	0.22	0.5	当 $f_2 < 2.5$ 时，$k_2 = 0.4 + 0.24 f_2$

注：1. k_1 在表列条件以外时均等于 1；

　　2. 式中 f_1 为块体（砖、石、砌块）的强度等级值，f_2 为砂浆抗压强度平均值，单位均以 MPa 计；

　　3. 混凝土砌块砌体的轴心抗压强度平均值，当 $f_2 > 10$ MPa 时，应乘系数 $1.1 - 0.01 f_2$，MU20 的砌体应乘系数 0.95，且满足 $f_1 \geqslant f_2$，$f_1 \leqslant 20$ MPa。

2.2.2　砌体的抗拉、抗弯和抗剪性能

尽管砌体的抗拉、抗弯和抗剪性能较抗压性能差很多，但实际工程中有些砌体构件还是承受拉力、弯矩和剪力作用，因其应用范围较小，下面简单介绍这三种受力性能。

1.砌体轴心受拉破坏

砌体在轴心拉力作用下的破坏可分为以下 3 种情况：

（1）当轴心拉力与砌体的水平灰缝平行时,砌体可能沿齿缝截面破坏,如图 2.19(a)所示。当砌体沿齿缝破坏时,砌体的抗拉承载力取决于砂浆与块材之间的粘结力;当块体强度过低时,也可能沿块材和竖向灰缝截面破坏,如图 2.19(b)所示。按我国对块体最低强度等级的规定,不致产生沿块体截面的轴心受拉破坏。由此可见,当砌体沿齿缝破坏时,起决定作用的是水平灰缝的粘结力。

（2）当轴向力作用方向与水平灰缝垂直时,砌体可能沿水平通缝破坏,如图 2.19(c)所示。

我国现行《砌体结构设计规范》采用的砌体沿齿缝截面破坏的轴心抗拉强度按下式计算:

$$f_{t,m} = k_3 \sqrt{f_2} \tag{2.2}$$

式中　$f_{t,m}$——砌体轴心抗拉强度平均值,MPa;

　　　k_3——与砌体种类有关的影响系数(取值见表 2.8);

　　　f_2——砂浆抗压强度平均值,MPa。

表 2.8　采用的参数值

砌体种类	k_3	k_4		k_5
		沿齿缝	沿通缝	
烧结普通砖、烧结多孔砖、混凝土普通砖、混凝土多孔砖	0.141	0.250	0.125	0.125
蒸压灰砂普通砖、蒸压粉煤灰普通砖	0.09	0.18	0.09	0.09
混凝土小型空心砌块	0.069	0.081	0.056	0.069
毛石	0.075	0.113	—	0.188

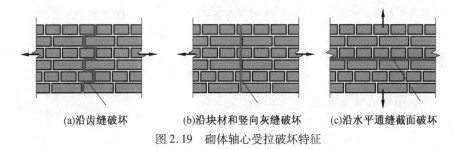

(a)沿齿缝破坏　　　　(b)沿块材和竖向灰缝破坏　　　　(c)沿水平通缝截面破坏

图 2.19　砌体轴心受拉破坏特征

2. 砌体受弯破坏

砌体受弯破坏总是从受拉一侧开始,即发生弯曲受拉破坏。弯曲受拉破坏也有 3 种形态:

（1）沿齿缝截面弯曲受拉。当砌体中块材强度较高时,在受拉一侧发生沿齿缝截面的破坏,如图 2.20(a)所示。

（2）沿水平通缝发生弯曲受拉破坏,如图 2.20(b)所示。当弯矩作用使砌体水平通缝受拉时,砌体将在弯矩最大截面水平灰缝处发生弯曲受拉破坏。

（3）沿块材和竖向灰缝破坏。与轴心受拉构件类似,当块材强度过低时,在受弯构件的受拉一侧,将发生沿块材和竖向灰缝破坏,如图 2.20(c)所示。

我国现行《砌体结构设计规范》采用的砌体沿齿缝或通缝截面破坏的弯曲抗拉强度按下式计算：

$$f_{tm,m} = k_4 \sqrt{f_2} \qquad (2.3)$$

式中　$f_{tm,m}$——砌体弯曲抗拉强度平均值，MPa；

　　　k_4——与砌体种类有关的系数，按表2.8取值。

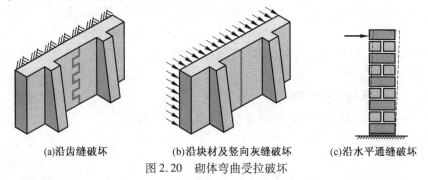

(a)沿齿缝破坏　　　(b)沿块材及竖向灰缝破坏　　　(c)沿水平通缝破坏

图2.20　砌体弯曲受拉破坏

3.砌体受剪破坏

砌体在剪力作用下的破坏有以下3种情况：沿水平灰缝破坏、沿齿缝破坏或沿阶梯形灰缝的破坏。其中沿阶梯形灰缝破坏是地震中墙体最常见的破坏形式，如图2.21所示。

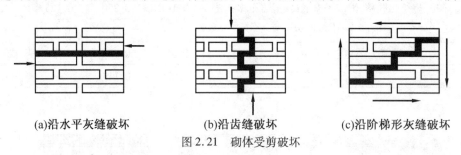

(a)沿水平灰缝破坏　　　(b)沿齿缝破坏　　　(c)沿阶梯形灰缝破坏

图2.21　砌体受剪破坏

砌体抗剪强度平均值计算公式如下：

$$f_{v,m} = k_5 \sqrt{f_2} \qquad (2.4)$$

式中　$f_{v,m}$——砌体抗剪强度平均值，MPa；

　　　k_5——与砌体种类有关的系数，按表2.8取值。

2.3　砌体的物理性能

砌体的物理性能主要是砌体由于受力或其他因素引起的变形性能和其他性能。

2.3.1　砌体的变形性能

1.砌体的受力变形

（1）短期荷载作用下砌体变形性能。

砌体在一次加载作用下的应力–应变曲线如图2.22所示，曲线上各点的应力–应变之比可用变形模量来表示。随应力–应变取值的不同，变形模量有3种表示方法，同时,根据材料力学,剪变模量可由弹性模量得出。

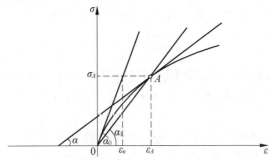

图 2.22　短期加载应力 - 应变曲线及变形模量

①初始变形模量。

在曲线的原点作曲线的切线,该切线的斜率即为原点的切线模量,它是一个定值,也称为弹性模量。

$$E = \frac{\sigma_A}{\varepsilon_e} = \tan \alpha_0 \qquad (2.5)$$

不同砌体的弹性模量查表 2.9。

表 2.9　砌体的弹性模量　　　　　　　　　　　　　　　　　MPa

砌体种类	砂浆强度等级			
	≥M10	M7.5	M5	M2.5
烧结普通砖、烧结多孔砖砌体	1 600 f	1 600 f	1 600 f	1 390 f
混凝土普通砖、混凝土多孔砖砌体	1 600 f	1 600 f	1 600 f	—
蒸压灰砂普通砖、蒸压粉煤灰普通砖砌体	1 600 f	1 060 f	1 060 f	—
混凝土砌块砌体、轻集料混凝土砌块砌体	1 700 f	1 600 f	1 500 f	—
粗料石、毛料石、毛石砌体	—	5 650	4 000	2 250
细料石砌体		17 000	12 000	6 750

注:1. 轻集料混凝土砌块砌体的弹性模量,可按表中混凝土砌块砌体的弹性模量采用;

2. 表中砌体抗压强度设计值不进行调整;

3. 表中砂浆为普通砂浆,采用专用砂浆砌筑的砌体的弹性模量也按此表取值;

4. 对混凝土普通砖、混凝土多孔砖、混凝土和轻集料混凝土砌块砌体,表中的砂浆强度等级分别为:≥Mb10、Mb7.5 及 Mb5;

5. 对蒸压灰砂普通砖和蒸压粉煤灰普通砖砌体,当采用专用砂浆砌筑时,其强度设计值按表中数值采用。

②割线模量。

在曲线上的任意一点 A 至 O 点连线,该割线的斜率即为此点 A 的割线模量。

$$E_s = \frac{\sigma_A}{\varepsilon_A} = \tan \alpha_1 \qquad (2.6)$$

③切线模量。

在曲线的任意点 A 作曲线的切线,该切线的斜率即为 A 点的切线模量。

$$E_t = \frac{d\sigma_A}{d\varepsilon_A} = \tan\alpha \tag{2.7}$$

任何砌体在短期加载时的初始变形模量是一定的,由于砌体受压时塑性变形的发展,其应力-应变曲线上各点的割线模量和切线模量是变化的,且随着应力的增加而减小。

④泊松比。

砌体受压或受拉时,在纵向上产生变形同时还产生横向变形,其横向应变和纵向应变之比称为砌体的泊松比 ν,对于各向同性材料,泊松比为常数。由于砌体具有一定的弹塑性性质,试验表明其泊松比为变值。根据大量试验资料统计分析,国内的试验结果取泊松比为 $0.11\sim0.20$,因此,砌体在结构正常使用阶段的应力状态下,可取 $\nu = 0.15$,对于其他应力状态下,当 $\frac{\sigma}{f_m} = 0.6$、0.7 和 $\frac{\sigma}{f_m} \geqslant 0.8$ 时,可分别取 $\nu = 0.2$、0.24 和 0.32。

⑤剪变模量。

国内外对砌体剪变模量的试验研究较少,根据材料力学可以得出剪变模量为

$$G_m = \frac{E}{2(1+\nu)} \tag{2.8}$$

可取 $\nu = 0.15$,得砌体的剪变模量 $G_m = 0.43E$。我国现行规范《砌体结构设计规范》近似取 $G_m = 0.4E$。

(2)长期荷载作用下砌体变形性能。

砌体在不变荷载作用下随着时间的增长变形加大,称这种变形为砌体的徐变,如图 2.23 所示。徐变对于预应力砌体、不同变形性能材料的组合砌体以及细长砌体构件的变形、承载力都有较大影响,对工程的影响较大,不容忽视。我国对在长期荷载作用下变形性能研究尚少。国外相关试验研究结果表明,影响砌体徐变有以下几个因素:所承受的不变应力大小、加荷时龄期和砌体种类等。

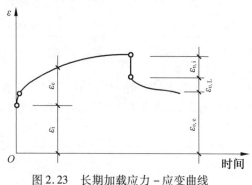

图 2.23　长期加载应力-应变曲线

(3)砌体的干缩变形。

砌体在失水和浸水过程中体积会发生变化。砌体浸水时体积膨胀,失水时体积收缩,并且后者的变形比前者大得多。因此,干缩变形在工程中是被人们关心的,干缩变形是指砌体在不承受应力的情况下,因体积变化而产生的变形。结合我国砌体结构设计规

范和国外有关文献给出的砌体干缩变形值见表 2.10。

表 2.10 砌体的干缩变形及膨胀系数

砌体种类	收缩率/(mm·m⁻¹)	线膨胀系数/(10⁻⁶℃⁻¹)
烧结普通砖、烧结多孔砖砌体	−0.1	5
蒸压灰砂普通砖、蒸压粉煤灰普通砖砌体	−0.2	8
混凝土普通砖、混凝土多孔砖、混凝土砌块砌体	−0.2	10
轻集料混凝土砌块砌体	−0.3	10
料石和毛石砌体	—	8

注:表中的收缩率系由达到收缩允许标准的块体砌筑 28 d 的砌体收缩系数。当地方有可靠的砌体收缩
试验数据时,也可采用当地的试验数据。

(4)砌体的热变形。

温度变化引起砌体热胀、冷缩变形。当这种变形受到约束时,砌体会产生附加内力、附加变形及裂缝。当计算这种附加内力、附加变形和裂缝时,砌体的线膨胀系数是重要的参数。国内外试验研究成果表明,砌体的线膨胀系数与砌体种类有关,《砌体结构设计规范》(GB 50003—2011)规定的砌体的线膨胀系数见表 2.10。

2.3.2 砌体的其他性能

1.砌体的摩擦系数

砌体截面上的法向压应力产生摩擦力,它可阻止或减小砌体剪切面的滑移。该摩擦阻力的大小与法向压应力和摩擦系数有关。砌体沿不同材料滑动及摩擦面处于干燥或潮湿状况下的摩擦系数,可按表 2.11 采用。

表 2.11 砌体摩擦系数

材料类别	摩擦面情况	
	干燥的	潮湿的
砌体沿砌体或混凝土滑动	0.7	0.6
砌体沿木材滑动	0.6	0.5
砌体沿钢滑动	0.45	0.35
砌体沿砂或卵石滑动	0.6	0.5
砌体沿粉土滑动	0.55	0.4
砌体沿黏性土滑动	0.5	0.3

2.砌体的热性能

试验表明,砖在受热状态下,随温度的增加,其抗压强度提高。砂浆在受热作用时,

如温度不超过 400 ℃,其抗压强度不降低,但当温度达 600 ℃时,其强度降低约 10% 。砂浆受冷却作用时,其强度则显著降低。因此,在计算受热砌体时一般不考虑砌体抗压强度的提高。因此,采用普通黏土砖和普通砂浆的砌体,在一面受热状态下(如砖烟囱、内壁温度高)的最高受热温度应不高于 400 ℃。

本章小结

1. 砌体的组成材料是块体和砂浆,块体及砂浆的分类及强度。

2. 砌体结构按块体材料不同和是否配筋的分类,不同砌体结构的特点和性能。

3. 砌体的受压性能,块体的受压性能;砌体的受拉、受弯和受剪性能。

4. 砌体的变形性能主要由短期和长期荷载作用下引起的变形、干缩引起的变形及热变形,各种变形模量的定义,砌体的摩擦系数及热性能。

思考题与习题

2 – 1　砌体按块体所用材料不同可以分为哪几类?

2 – 2　砌筑砂浆的作用有哪些? 可以分为几类?

2 – 3　为什么砌体的抗压强度总是低于它所用砖的抗压强度?

2 – 4　影响砌体抗压强度的因素有哪些?

2 – 5　砌体的变形模量有哪几种?

2 – 6　影响砌体发生变形的因素都有哪些?

参考文献

[1]　施楚贤.砌体结构理论与设计[M].3 版.北京:中国建筑工业出版社,2014.

[2]　中国建筑东北设计研究院有限公司.砌体结构设计规范:GB 50003—2011[S].北京:中国建筑工业出版社,2012.

[3]　四川省建筑科学研究院,等.烧结普通砖:GB 5101—2003[S].北京:中国标准出版社,2003.

[4]　西安墙体材料研究设计院.烧结多孔砖和多孔砌块:GB 13544—2011[S].北京:中国标准出版社,2011.

[5]　中国建材西安墙体材料研究设计院、中国建筑砌块协会.混凝土实心砖:GB/T 21144—2007[S].北京:中国标准出版社,2007.

[6]　河南建筑材料研究设计院有限公司,等.承重混凝土多孔砖:GB 25779—2010[S].北京:中国标准出版社,2011.

[7]　中国建筑东北设计研究院,等.蒸压粉煤灰砖建筑技术规范:CECS 256:2009[S].北京:中国建筑工业出版社,2009.

[8]　中国新型建筑材料公司常州建筑材料研究设计所.蒸压灰砂砖:GB 11945—1999

　　　　［S］.北京:中国标准出版社,1999.

［9］　河南建筑材料研究设计院.普通混凝土小型空心砌块:GB 8239—1997［S］.北京:
　　　　中国标准出版社,1997.

［10］　中国建筑科学研究院,等.轻集料混凝土小型空心砌块:GB/T 15229—2002［S］.
　　　　北京:中国标准出版社,2002.

第 **3** 章

无筋砌体构件的承载力计算

【学习提要】

无筋砌体的特点是抗压能力远远超过其抗拉能力,所以在工程上往往作为承重墙、柱和基础。本章重点讲述无筋砌体构件的受压、局部受压承载力计算方法,同时介绍砌体构件轴心受拉和受弯、受剪承载力计算。应掌握影响无筋砌体受压构件承载力、局部受压承载力的主要因素,并能熟练地运用这些承载力计算公式解决实际工程中的问题。

3.1 砌体结构的设计原则

根据《建筑结构可靠度统一标准》(GB 50068—2001),我国《砌体结构设计规范》(GB 50003—2011)继续采用以概率理论为基础的极限状态设计方法,以可靠指标度量结构构件的可靠度,采用分项系数的设计表达式进行计算。同其他结构形式如钢筋混凝土结构、钢结构等一样,在学习砌体结构构件承载力的设计计算方法之前,我们有必要了解如下基本概念。

3.1.1 结构的可靠性、可靠度、设计基准期和设计使用年限

由于结构受到荷载(施加在结构上的集中或分布荷载称为直接作用)或由于某种原因所产生的外加变形或约束变形的作用(引起结构外加变形或约束变形的原因称为间接作用)。《建筑结构可靠度统一标准》规定,建筑结构必须满足三大功能要求,即安全性、适用性和耐久性。安全性、适用性和耐久性可概括地称为结构的可靠性。可靠性是指在规定的时间内,在规定的条件下完成预定功能的能力。可靠度指在规定的时间内,在规定的条件下完成预定功能的概率,用 p_s 表示。

由于设计中所考虑的基本变量(包括荷载尤其是可变荷载以及材料性能等)是随机变量,以概率理论为基础的极限状态设计方法计算结构可靠度时,必须确定统计基本变量的时间,这就是设计基准期。设计基准期是为确定可变作用及与时间相关的材料性能等取值而选用的时间参数,《建筑结构可靠度统一标准》所采用的设计基准期为 50 年。而设计使用年限是设计规定的结构或结构构件不需进行大修即可按其预定目的使用的时期,《建筑结构可靠度统一标准》规定设计使用年限应按表 3.1 采用,如建设单位提出

更高的要求,也可按建设单位的具体要求来确定设计使用年限。必须说明,当结构超过设计基准期或设计使用年限后,并不意味着结构立即报废,而是意味着结构的可靠度将逐渐降低。

表 3.1 设计使用年限分类

类别	设计使用年限/年	示 例
1	5	临时性结构
2	25	易于替换的结构构件
3	50	普通房屋和构筑物
4	100	纪念性建筑和特别重要的建筑结构

3.1.2 结构的功能函数、失效概率和可靠指标

当整个结构或结构的一部分超过某一特定状态就不能满足设计规定的某一功能要求时,此特定状态称为该功能的极限状态。《建筑结构可靠度统一标准》中规定,结构的极限状态分为两类,即承载能力极限状态和正常使用极限状态。《砌体结构设计规范》规定砌体结构应按承载能力极限状态设计,并满足正常使用极限状态的要求。根据砌体结构自身的特点,正常使用极限状态要求一般情况下可由相应的构造措施来保证,如对墙柱的高厚比验算。这一点是与其他种类的结构如钢筋混凝土结构、钢结构是不同的,因而在学习和应用砌体结构的有关构造措施时,应将它与确保正常使用极限状态联系起来理解。

结构按极限状态设计应符合 $Z(X_1, X_2, \cdots, X_n) \geqslant 0$ 的要求,其中 X_i 为基本变量,当仅有结构抗力 R 与作用效应 S 这两个综合的基本变量时,可用功能函数 $Z = R - S$ 来描述结构的工作状态,R 与 S 都是随机变量,因此功能函数 $Z = R - S$ 也是随机变量,当 $Z > 0$ 时表示结构处于可靠状态,当 $Z = 0$ 即 $R = S$ 时表示结构处于极限状态,当 $Z < 0$ 时表示结构处于失效状态。

失效概率是结构不能完成预定功能(即 $Z < 0$)的概率,用 $p_f = p(Z < 0)$ 表示,可靠度 $p_s = p(Z \geqslant 0) = 1 - p_f$。以概率理论为基础的极限状态设计方法就是以结构失效概率来定义结构可靠度,由于失效概率衡量可靠度计算很复杂,故引入与结构失效概率相对应的可靠指标 β 来具体度量结构的可靠度。

用可靠指标 $\beta = \Phi^{-1}(1 - p_f)$ 来代替失效概率 p_f,其中 $\Phi^{-1}(\cdot)$ 为标准正态分布函数的反函数。当仅有结构抗力 R 与作用效应 S 这两个基本变量且均按正态分布时,$\beta = \dfrac{\mu_Z}{\sigma_Z} = \dfrac{\mu_R - \mu_S}{\sqrt{\sigma_R^2 + \sigma_S^2}}$,其中 μ 和 σ 为随机变量的平均值和标准差。失效概率与可靠指标的关系,如图 3.1 所示。

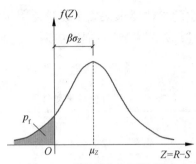

图 3.1　失效概率与可靠指标

　　《建筑结构可靠度统一标准》规定建筑结构设计时,应根据结构破坏可能产生的后果的严重性,采用不同的安全等级,安全等级的划分应符合表 3.2 的要求。结构构件承载能力极限状态的指标 β 不应小于表 3.3 的规定。可靠指标 β 与失效概率 p_f 运算值的关系见表 3.4。值得一提的是,表 3.3 中规定的[β]值是根据对 20 世纪 70 年代各类材料结构设计规范校准所得的结果,经综合平衡后确定的,且是针对结构构件而言的,对于其他部分如连接等,设计时所采用的[β]值具体见《砌体结构设计规范》。表 3.4 中失效概率 p_f 及相应的 β 尚非实际值,因为统计资料不够完备并且在结构可靠度分析中引入了一些近似值,这些对应的值是有一定联系的运算值,主要用于对各类结构构件可靠度作相对的度量。

表 3.2　建筑结构的安全等级

安全等级	破坏后果	建筑物类型
一级	很严重	重要的房屋
二级	严重	一般的房屋
三级	不严重	次要的房屋

表 3.3　结构构件承载能力极限状态的可靠指标[β]

破坏类型	安全等级		
	一级	二级	三级
延性破坏	3.7	3.2	2.7
脆性破坏	4.2	3.7	3.2

表 3.4　可靠指标 β 与失效运算值 p_f 的关系

β	2.7	3.2	3.7	4.2
p_f	3.5×10^{-3}	6.9×10^{-4}	1.1×10^{-4}	1.3×10^{-5}

3.1.3　极限状态的设计表达式

　　由于直接采用可靠指标 β 来进行结构设计尚有许多困难,且广大设计人员也不习惯,因此《建筑结构设计统一标准》规定,将极限状态方程转化为以基本变量的标准值(如标准荷载、材料标准强度等)和分项系数(如荷载系数、材料强度系数等)形式表达的极限状态设计表达式,考虑结构重要性系数后,承载能力极限状态设计的统一表达式为

$$\gamma_0 S \leqslant R \tag{3.1}$$

砌体结构按承载能力极限状态设计时,应按下列公式中的最不利组合进行计算。

可变荷载控制的组合:

$$\gamma_0 \left(1.2 S_{GK} + 1.4 \gamma_L S_{Q1K} + \gamma_L \sum_{i-2}^{n} \gamma_{Qi} \psi_{ci} S_{QiK} \right) \leqslant R(f, a_k \cdots) \tag{3.2}$$

永久荷载控制的组合:

$$\gamma_0 \left(1.35 S_{GK} + 1.4 \gamma_L \sum_{i=2}^{n} \psi_{ci} S_{QiK} \right) \leqslant R(f, a_k \cdots) \tag{3.3}$$

式中　γ_0——结构重要性系数。在持久设计状况和短暂设计状况下,对安全等级为一级或设计使用年限为 50 年以上的结构构件不应小于 1.1;对安全等级为二级或设计使用年限为 50 年的结构构件不应小于 1.0;对安全等级为三级或设计使用年限为 1~5 年的结构构件不应小于 0.9;对地震设计状况下应取 1.0;

γ_L——结构构件的抗力模型不定性系数。对静力设计,考虑结构设计使用年限的荷载调整系数,设计使用年限为 50 年,取 1.0;设计使用年限为 100 年,取 1.1;

S_{GK}——永久荷载标准值的效应;

S_{Q1K}——在基本组合中起控制作用的一个可变荷载标准值的效应;

S_{QiK}——第 i 个可变荷载标准值的效应;

$R(\cdot)$——结构构件的抗力函数;

γ_{Qi}——第 i 个可变荷载的分项系数;

ψ_{ci}——第 i 个可变荷载的组合值系数。一般情况下,应取 0.7;对书库、档案库、储藏室或通风机房、电梯机房应取 0.9;

f——砌体的抗压强度设计值,$f = \dfrac{f_k}{\gamma_f}$;

f_k——砌体的强度标准值,$f_k = f_m - 1.645\sigma_f$,其中 f_m 为砌体强度的平均值,σ_f 为砌体强度的标准差;

γ_f——砌体结构的材料性能分项系数,一般情况下,宜按施工质量等级为 B 级考虑,取 $\gamma_f = 1.6$;当施工质量等级为 C 级时,取 $\gamma_f = 1.8$;当施工质量等级为 A 级时,取 $\gamma_f = 1.5$;

H_0——几何参数的标准值。

上述公式需要注意以下几个问题:

①当工业建筑楼面活荷载标准值大于 4 kN/m² 时,式中活荷载分项系数 1.4 应为 1.3。

②在荷载效应组合的设计值中引入可变荷载考虑结构设计使用年限的调整系数 γ_L,这是因为设计基准期是为统计荷载标准值和材料强度标准值而规定的年限,它是一个定值(50 年),而可变荷载是一个随机过程,可变荷载的标准值是在结构设计基准期内可能

出现的最大值。对不同的结构,设计使用年限不是一个定值,当设计使用年限越长时,可变荷载出现最大值的可能性就越大,因而设计使用年限超过设计基准期时应提高可变荷载(按设计基准期50年确定)的标准值。可见,引入 γ_L 的目的是为解决设计使用年限与设计基准期不同时对可变荷载标准值的调整。

③《砌体工程施工质量验收规范》(GB 50203—2011)中规定了砌体施工质量控制等级,它根据施工现场的质保体系、砂浆和混凝土强度、砌筑工人技术等级方面的综合水平划为 A、B、C 三个等级,具体要求详见该规范。

当砌体作为一个刚体,需验算整体稳定性时,如验算倾覆、滑移、漂浮等时,应按下列公式中最不利组合进行验算。

可变荷载控制的组合:

$$\gamma_0(1.2S_{G2K} + 1.4\gamma_L S_{Q1K} + \gamma_L \sum_{i=2}^{n} S_{QiK}) \leq 0.8S_{G1K} \tag{3.4}$$

永久荷载控制的组合:

$$\gamma_0(1.35S_{G2K} + 1.4\gamma_L \sum_{i=2}^{n} \psi_{ci}S_{QiK}) \leq 0.8S_{G1K} \tag{3.5}$$

式中 S_{G1K}——起有利作用的永久荷载标准值的效应;
　　　S_{G2K}——起不利作用的永久荷载标准值的效应。

不等式右边的"0.8"为永久荷载对整体稳定有利时的分项系数,与不等式左边的不利的永久荷载分项系数有区别,是为了保证砌体结构和构件具有必要的可靠度。

3.1.4　砌体材料强度的计算指标:标准值、设计值以及调整系数 γ_a

各类砌体的强度标准值见表3.5~3.9。为设计使用方便,《砌体工程施工质量验收规范》给出了当施工质量等级为B级时,龄期为28 d的以毛截面计算的各类砌体抗压强度设计值、轴心抗拉强度设计值、弯曲抗拉强度设计值和抗剪强度设计值,砌体抗压强度设计值应根据块体和砂浆的强度等级分别按表3.10~3.16采用,轴心抗拉强度设计值、弯曲抗拉强度设计值和抗剪强度设计值见表3.17。

从表中数据可以看出,相应的材料强度标准值与设计值之间符合换算关系式: $f = \dfrac{f_k}{\gamma_f}$。

表3.5　烧结普通砖和烧结多孔砖砌体的抗压强度标准值 f_k　　　　MPa

砖强度等级	砂浆强度等级					砂浆强度
	M15	M10	M7.5	M5	M2.5	0
MU30	6.30	5.23	4.69	4.15	3.61	1.84
MU25	5.75	4.77	4.28	3.79	3.30	1.68
MU20	5.15	4.27	3.83	3.39	2.95	1.50
MU15	4.46	3.70	3.32	2.94	2.56	1.30
MU10	—	3.02	2.71	2.40	2.09	1.07

表 3.6　混凝土砌块砌体的抗压强度标准值 f_k　　　MPa

砖强度等级	砂浆强度等级					砂浆强度
	Mb20	Mb15	Mb10	Mb7.5	Mb5	0
MU20	10.08	9.08	7.93	7.11	6.30	3.73
MU15	—	7.38	6.44	5.78	5.12	3.03
MU10	—	—	4.47	4.01	3.55	2.10
MU7.5	—	—	—	3.10	2.74	1.62
MU5	—	—	—	—	1.90	1.13

表 3.7　毛料石砌体的抗压强度标准值 f_k　　　MPa

毛料石强度等级	砂浆强度等级			砂浆强度
	M7.5	M5	M2.5	0
MU100	8.67	7.68	6.68	3.41
MU80	7.76	6.87	5.98	3.05
MU60	6.72	5.95	5.18	2.64
MU50	6.13	5.43	4.72	2.41
MU40	5.49	4.86	4.23	2.16
MU30	4.75	4.20	3.66	1.87
MU20	3.88	3.43	2.99	1.53

表 3.8　毛石砌体的抗压强度标准值 f_k　　　MPa

毛料石强度等级	砂浆强度等级			砂浆强度
	M7.5	M5	M2.5	0
MU100	2.03	1.80	1.56	0.53
MU80	1.82	1.61	1.40	0.48
MU60	1.57	1.39	1.21	0.41
MU50	1.44	1.27	1.11	0.38
MU40	1.28	1.14	0.99	0.34
MU30	1.11	0.98	0.86	0.29
MU20	0.91	0.80	0.70	0.24

表 3.9　沿砌体灰缝截面破坏时砌体的轴心抗拉强度标准值、弯曲抗拉强度标准值

和抗剪强度标准值 f_k　　　　　　　　　　MPa

强度类别	破坏特征及砌体种类		砂浆强度等级			
			≥M10	M7.5	M5	M2.5
轴心抗拉	沿齿缝	烧结普通砖、烧结多孔砖、混凝土普通砖、混凝土多孔砖	0.30	0.26	0.21	0.15
		蒸压灰砂普通砖、蒸压粉煤灰普通砖	0.19	0.16	0.13	—
		混凝土砌块	0.15	0.13	0.10	—
		毛石	—	0.12	0.10	0.07
弯曲抗拉	沿齿缝	烧结普通砖、烧结多孔砖、混凝土普通砖、混凝土多孔砖	0.53	0.46	0.38	0.27
		蒸压灰砂普通砖、蒸压粉煤灰普通砖	0.38	0.32	0.26	—
		混凝土砌块	0.17	0.15	0.12	—
		毛石	—	0.18	0.14	0.10
	沿通缝	烧结普通砖、烧结多孔砖、混凝土普通砖、混凝土多孔砖	0.27	0.23	0.19	0.13
		蒸压灰砂普通砖、蒸压粉煤灰普通砖	0.19	0.16	0.13	—
		混凝土砌块	—	0.10	0.08	—
抗剪	烧结普通砖、烧结多孔砖、混凝土普通砖、混凝土多孔砖		0.27	0.23	0.19	0.13
	蒸压灰砂普通砖、蒸压粉煤灰普通砖		0.19	0.16	0.13	—
	混凝土砌块		0.15	0.13	0.10	—
	毛石		—	0.29	0.24	0.17

表 3.10　烧结普通砖和烧结多孔砖砌体的抗压强度设计值 f　　　　　　　　　　MPa

砖强度等级	砂浆强度等级					砂浆强度
	M15	M10	M7.5	M5	M2.5	0
MU30	3.94	3.27	2.93	2.59	2.26	1.15
MU25	3.6	2.98	2.68	2.37	2.06	1.05
MU20	3.22	2.67	2.39	2.12	1.84	0.94
MU15	2.79	2.31	2.07	1.83	1.60	0.82
MU10	—	1.89	1.69	1.50	1.30	0.67

注:当烧结多孔砖的孔洞率大于30%时,表中数值应乘以0.9计算

表 3.11　混凝土普通砖和混凝土多孔砖砌体的抗压强度设计值 f　　　MPa

砖强度等级	砂浆强度等级					砂浆强度
	Mb20	Mb15	Mb10	Mb7.5	Mb5	0
MU30	4.61	3.94	3.27	2.93	2.59	1.15
MU25	4.21	3.60	2.98	2.68	2.37	1.05
MU20	3.77	3.22	2.67	2.39	2.12	0.94
MU15	—	2.79	2.31	2.07	1.83	0.82

表 3.12　蒸压灰砂普通砖和蒸压粉煤灰普通砖砌体的抗压强度设计值 f　　　MPa

砖强度等级	砂浆强度等级				砂浆强度
	M15	M10	M7.5	M5	0
MU25	3.60	2.98	2.68	2.37	1.05
MU20	3.22	2.67	2.39	2.12	0.94
MU15	2.79	2.31	2.07	1.83	0.82

注:当采用专用砂浆砌筑时,其抗压强度设计值按表中数值采用

表 3.13　单排孔混凝土砌块和轻集料混凝土砌块对孔砌筑砌体的抗压强度设计值 f　　　MPa

砖强度等级	砂浆强度等级					砂浆强度
	Mb20	Mb15	Mb10	Mb7.5	Mb5	0
MU20	6.30	5.68	4.95	4.44	3.94	2.33
MU15	—	4.61	4.02	3.61	3.20	1.89
MU10	—	—	2.79	2.50	2.22	1.31
MU7.5	—	—	—	1.93	1.71	1.01
MU5	—	—	—	—	1.19	0.70

注:1. 对独立柱或厚度为双排组砌的砌块砌体,应按表中数值乘以 0.7 计算;

　　2. 对 T 形截面墙体、柱,应按表中数值乘以 0.85。

对单排孔混凝土砌块对孔砌筑时,灌孔砌体的抗压强度设计值应按下列方法确定:

①混凝土砌块砌体的灌孔混凝土强度等级不应低于 Cb20,且不应低于 1.5 倍的块体强度等级。灌孔混凝土强度指标取同强度等级混凝土强度指标。

②灌孔混凝土砌块砌体的抗压强度设计值应按下列公式计算:

$$f_g = f + 0.6\alpha f_c \tag{3.6}$$

$$\alpha = \delta\rho \tag{3.7}$$

式中　f_g——灌孔混凝土砌块砌体的抗压强度设计值,由于砌体内只有少量的混凝土灌芯,因此该计算值不应大于未灌孔砌体抗压强度设计值的 2 倍;

f ——未灌孔混凝土砌块砌体的抗压强度设计值,应按表3.13采用;

f_c ——灌孔混凝土的轴心抗压强度设计值;

α ——混凝土砌块砌体中灌孔混凝土面积和砌体毛面积的比值;

δ ——混凝土砌块的孔洞率;

ρ ——混凝土砌块砌体的灌孔率,系截面灌孔混凝土面积与截面孔洞面积的比值,灌孔率应根据受力或施工条件确定,且不应小于33%。

表3.14　双排孔或多排孔轻集料混凝土砌块砌体的抗压强度设计值 f 　　MPa

毛料石强度等级	砂浆强度等级			砂浆强度
	Mb10	Mb7.5	Mb5	0
MU10	3.08	2.76	2.45	1.44
MU7.5	—	2.13	1.88	1.12
MU5	—	—	1.31	0.78
MU3.5	—	—	0.95	0.56

注:1. 表中的砌块为火山渣、浮石和陶粒轻集料混凝土砌块;

　　2. 对厚度方向为双排组砌的轻集料混凝土砌块的抗压强度设计值,应按表中数值乘以0.8计算。

块体高度为180~350 mm的毛料石砌体的抗压强度设计值应按表3.15采用。

表3.15　毛料石砌体的抗压强度设计值 f 　　MPa

毛料石强度等级	砂浆强度等级			砂浆强度
	M7.5	M5	M2.5	0
MU100	5.42	4.80	4.18	2.13
MU80	4.85	4.29	3.73	1.91
MU60	4.20	3.71	2.23	1.65
MU50	3.83	3.39	2.95	1.51
MU40	3.43	3.04	2.64	1.35
MU30	2.97	2.63	2.29	1.17
MU20	2.42	2.15	1.87	0.95

注:对细料石砌体、粗料石砌体和干砌勾缝石砌体,表中数值应分别乘以调整系数1.4、1.2和0.8。

表 3.16　毛石砌体的抗压强度设计值 f　　　　　　　MPa

毛料石强度等级	砂浆强度等级			砂浆强度
	M7.5	M5	M2.5	0
MU100	1.27	1.12	0.98	0.34
MU80	1.13	1.00	0.87	0.30
MU60	0.98	0.87	0.76	0.26
MU50	0.90	0.80	0.69	0.23
MU40	0.80	0.71	0.62	0.21
MU30	0.69	0.61	0.53	0.18
MU20	0.56	0.51	0.44	0.15

表 3.17　沿砌体灰缝截面破坏时砌体的轴心抗拉强度设计值、弯曲抗拉强度设计值
　　　　　和抗剪强度设计值 f　　　　　　　　　　　　　　　　　　　MPa

强度类别	破坏特征及砌体种类		砂浆强度等级			
			≥M10	M7.5	M5	M2.5
轴心抗拉	沿齿缝	烧结普通砖、烧结多孔砖	0.19	0.16	0.13	0.09
		混凝土普通砖、混凝土多孔砖	0.19	0.16	0.13	—
		蒸压灰砂普通砖、蒸压粉煤灰普通砖	0.12	0.10	0.08	—
		混凝土和轻集料混凝土砌块	0.09	0.08	0.07	—
		毛石	—	0.07	0.06	0.04
弯曲抗拉	沿齿缝	烧结普通砖、烧结多孔砖	0.33	0.29	0.23	0.17
		混凝土普通砖、混凝土多孔砖	0.33	0.29	0.23	—
		蒸压灰砂普通砖、蒸压粉煤灰普通砖	0.24	0.20	0.16	—
		混凝土和轻集料混凝土砌块	0.11	0.09	0.08	—
		毛石	—	0.11	0.09	0.07
	沿通缝	烧结普通砖、烧结多孔砖	0.17	0.14	0.11	0.08
		混凝土普通砖、混凝土多孔砖	0.17	0.14	0.11	—
		蒸压灰砂普通砖、蒸压粉煤灰普通砖	0.12	0.10	0.08	—
		混凝土和轻集料混凝土砌块	0.08	0.06	0.05	—

续表 3.17

强度类别	破坏特征及砌体种类	砂浆强度等级			
		≥M10	M7.5	M5	M2.5
抗剪	烧结普通砖、烧结多孔砖	0.17	0.14	0.11	0.08
	混凝土普通砖、混凝土多孔砖	0.17	0.14	0.11	—
	蒸压灰砂普通砖、蒸压粉煤灰普通砖	0.12	0.10	0.08	—
	混凝土和轻集料混凝土砌块	0.09	0.08	0.06	—
	毛石	—	0.19	0.16	0.11

注:1. 对于用形状规则的块体砌筑的砌体,当搭接长度与块体高度的比值小于 1 时,其轴心抗拉强度设计值 f_t 和弯曲抗拉强度设计值 f_{tm} 应按表中数值乘以搭接长度与块体高度比值后采用;

2. 表中数值是依据普通砂浆砌筑的砌体确定的,采用经研究性试验且通过技术鉴定的专用砂浆砌筑的蒸压灰砂普通砖、蒸压粉煤灰普通砖砌体,其抗剪强度设计值按相应普通砂浆强度等级砌筑的烧结普通砖砌体采用;

3. 对混凝土普通砖、混凝土多孔砖、混凝土和轻集料混凝土砌块砌体,表中的砂浆强度等级分别为:≥M10、Mb7.5 及 Mb5 0。

单排孔混凝土砌块对孔砌筑时,灌孔砌体的抗剪强度设计值 f_{vg} 应按下式计算:

$$f_{vg} = 0.2 f_g^{0.55} \qquad (3.8)$$

式中 f_g——灌孔砌体的抗压强度设计值,MPa。

尚应注意,规范规定各类砌体的强度设计值在下列情况下还应乘以调整系数 γ_a:

①当施工质量等级为 C 级时,$\gamma_a = \dfrac{1.6}{1.8} = 0.89$;当施工质量等级为 A 级时,$\gamma_a = \dfrac{1.6}{1.5} = 1.05$。

②对无筋砌体构件,其截面面积 $A < 0.3$ m² 时,$\gamma_a = A + 0.7$;对配筋砌体构件,当其中砌体截面面积 $A < 0.2$ m² 时,$\gamma_a = A + 0.8$。构件截面面积 A 以"m²"计。

③当砌体用强度等级小于 M5.0 的水泥砂浆砌筑时,对抗压强度设计值(表 3.10 ~ 3.16 中的数值),$\gamma_a = 0.9$;对轴心抗拉、弯曲抗拉、抗剪强度设计值(表 3.17 中数值),$\gamma_a = 0.8$。

④当验算施工中房屋的构件时,$\gamma_a = 1.1$。

当验算施工阶段砂浆尚未硬化的新砌砌体的强度和稳定性时,可按砂浆强度为零进行验算;对于冬期施工采用掺盐砂浆法施工的砌体,砂浆强度等级按常温施工的强度等级提高一级时,砌体强度和稳定性可不验算。

3.2 无筋砌体构件的承载力计算方法

由于无筋砌体的抗拉、抗弯和抗剪强度远低于其抗压强度,因此无筋砌体主要用作受压构件如墙、柱、基础等。

无筋砌体受压构件按轴向压力是否通过截面的形心分为轴心受压构件和偏心受压

构件,当压力通过截面的形心时,为轴心受压构件;当压力没有通过截面的形心时,为偏心受压构件。其中偏压构件又按轴向压力是否作用于截面的对称轴上分为单向偏心受压构件和双向偏心受压构件,当压力未通过截面的重心,但在截面的一根对称轴上时,为单向偏心受压构件;当压力既未通过截面的重心,又不在截面的对称轴上时,为双向偏心受压构件;如果构件上作用有轴心压力 N 同时作用有弯矩 M 时,也可视为偏心受压构件,其偏心距 $e = M/N$。按高厚比不同分为受压短柱($\beta \leqslant 3$)和受压长柱($\beta > 3$)。

3.2.1　无筋砌体轴压和偏压构件

1. 轴心受压短柱的承载力计算

先讨论受压短柱的受力情况,此时可以不考虑纵向弯曲对受压承载力的不利影响。

短柱在轴向压力作用下将发生强度破坏,按照匀质的弹性材料力学假定,短柱在轴向压力作用下的截面应力服从线性分布,对于尺寸为 $b \times h$ 的矩形截面,其中 h 为轴向力偏心方向截面的边长,如图 3.2(a)所示。当为轴心受压时砌体截面的应力是均匀分布的,破坏时截面所能承受的最大压应力也就是砌体的轴心抗压强度 f_{m},则轴心受压短柱的承载力为 $N_{\mathrm{u}} = A f_{\mathrm{m}}$。

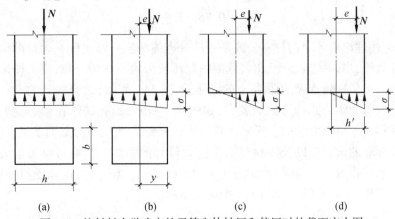

图 3.2　按材料力学确定的无筋砌体轴压和偏压时的截面应力图

2. 偏心受压短柱的承载力计算

对无筋砌体的受压短柱,当承受轴向压力 N 时,如果仍按照匀质的弹性材料力学假定,按照普通材料力学方法计算,截面较大受压边缘的应力 σ 为

$$\sigma = \frac{N}{A} + \frac{M}{I}y = \frac{N}{A} + \frac{Ne}{i^2 A}y = \frac{N}{A}\left(1 + \frac{ey}{i^2}\right) \tag{3.9}$$

式中　A、I、i——截面的截面面积、惯性矩和回转半径;

　　　e——轴向压力的偏心距;

　　　y——受压边缘到截面形心轴的距离。

在偏心距较小时,如图 3.2(b)、(c)所示,上述边缘应力 σ 达到 f_{m} 时,该柱的承载力为

$$N_{\mathrm{e}} = \frac{1}{1 + \dfrac{ey}{i^2}} A f_{\mathrm{m}} \tag{3.10}$$

令
$$\alpha_1 = \frac{N_e}{Af_m} = \frac{1}{1 + \dfrac{ey}{i^2}} \tag{3.11}$$

式中 α_1——按普通材料力学公式计算的砌体偏心距影响系数。

对于矩形截面,则

$$\alpha_1 = \frac{1}{1 + \dfrac{ey}{i^2}} = \frac{1}{1 + \dfrac{e\,\dfrac{h}{2}}{\dfrac{1}{12}bh^3}} = \frac{1}{1 + \dfrac{6e}{h}} \tag{3.12}$$

在偏心距较大时,且不考虑砌体的受拉强度时,对于矩形截面,如图3.2(d)所示,根据作用力与反作用力的关系,截面的受压区高度 $h' = 3\left(\dfrac{h}{2} - e\right)$,则

$$N_e = \frac{1}{2}bh'f_m = \frac{1}{2} \times b \times 3\left(\frac{h}{2} - e\right)f_m = \left(0.75 - 1.5\,\frac{e}{h}\right)Af_m \tag{3.13}$$

即
$$\alpha_2 = \left(0.75 - 1.5\,\frac{e}{h}\right) \tag{3.14}$$

那么,上述理论推导出的计算公式是否符合砌体的实际情况呢?大量的砌体构件受压试验研究表明,当砌体偏心受压时,截面的拉压应力为不均匀分布,应力图形并不呈线性分布特征而是呈现较饱满的曲线分布特征,如图3.3所示,试验得到的承载力结果远高于由上述材料力学公式计算的承载力,如图3.4所示,因此砌体在偏心受压时的强度不能直接采用普通材料力学的公式来计算。图3.4给出的是矩形截面的 $N_u/(Af_m)$ 的一些国内和前苏联的试验点以及按材料力学公式计算的曲线。当按材料力学公式计算假定全截面参加工作时,其计算结果如图3.4中实线所示;当不考虑砌体受拉强度时,受拉区截面退出工作,其计算结果如图3.4中虚线所示。

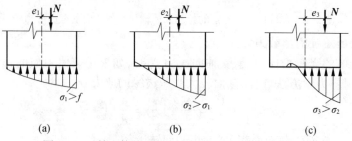

图3.3 无筋砌体偏心受压时截面上实际应力的分布

当偏心距较小时,破坏将从压应力较大一侧开始,该侧的压应变和应力均比轴心受压时略有增加(如图3.3(a)中,$\sigma_1 > f_m$)。当偏心距较大时,应力较小侧可能出现拉应力,这时的极限强度较轴心受压时有所提高(如图3.3(b)中,$\sigma_2 > \sigma_1 > f_m$),一旦拉应力超过砌体沿通缝截面的弯曲抗拉强度时将相继产生水平裂缝,且随着压力的增大,水平裂缝将不断地向荷载偏心方向延伸发展,受压截面面积逐渐减小,荷载对实际受压面积的偏心距也逐渐减小,裂缝不至于无限制地发展致整个截面断开而导致构件破坏,而是在剩

余截面和减小的偏心距的作用下达到新的平衡,随着荷载的不断增加,裂缝不断开展,旧平衡不断被破坏而达到新的平衡,砌体所受的压应力也随之不断增大(如图 3.3(c)中, $\sigma_3 > \sigma_2 > \sigma_1 > f_\text{m}$),当剩余截面小到一定程度时,受压边出现竖向裂缝,最后导致构件破坏。

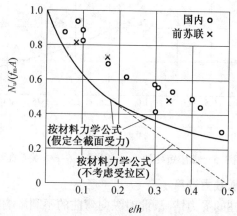

图3.4　国内外的试验点和按材料力学公式计算的曲线

根据上述砌体短柱在偏心受压时的特性,不难理解按材料力学公式计算的承载力偏低的原因。四川省建筑科学研究所等单位对矩形、T 形、十字形和环形截面等构件进行了试验研究,提出偏压短柱的承载力可用下式表达:

$$N_\text{u} = \varphi_1 A f_\text{m} \tag{3.15}$$

$$\varphi_1 = \frac{1}{1 + \left(\dfrac{e}{i}\right)^2} \tag{3.16}$$

对矩形截面:

$$\varphi_1 = \frac{1}{1 + \left(\dfrac{e}{i}\right)^2} = \frac{1}{1 + \dfrac{e^2}{\dfrac{I}{A}}} = \frac{1}{1 + \dfrac{e^2}{\dfrac{\frac{1}{12}bh^3}{bh}}} = \frac{1}{1 + 12\left(\dfrac{e}{h}\right)^2} \tag{3.17}$$

式中　φ_1——短柱的偏心影响系数,为偏心受压承载力与轴心受压承载力的比值;

　　　h——轴向力偏心方向截面的边长。

对 T 形截面和十字形截面:

$$\varphi_1 = \frac{1}{1 + 12\left(\dfrac{e}{h_\text{T}}\right)^2} \tag{3.18}$$

式中　h_T——T 形截面的折算厚度, $h_\text{T} = 3.5i$。

在图(3.5)中,按公式(3.17)计算的曲线用粗实线表示,试验结果用离散点表示,可见,和试验结果的总趋势符合良好。

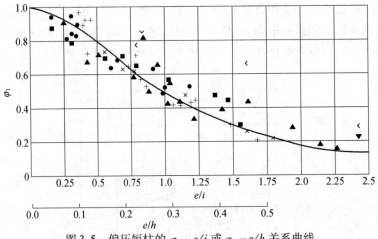

图 3.5　偏压短柱的 $\varphi_1 - e/i$ 或 $\varphi_1 - e/h$ 关系曲线

3. 轴心受压长柱的承载力计算

下面再讨论受压长柱的受力情况,此时纵向弯曲的不利影响已不可忽视。

细长的柱在轴心受压时,往往由于侧向变形的增大而产生纵向弯曲破坏,因而受压承载力比轴心受压短柱低。再则,水平砂浆灰缝的存在大大削弱了砌体的整体性,导致砌体构件的纵向弯曲现象较钢筋混凝土构件的纵向弯曲更为明显。因此,长柱的纵向弯曲不利影响不可忽视,并且柱的长细比越大,这种纵向弯曲对受压承载力的不利影响就越大。

在轴心受压长柱承载力计算中一般是采用稳定系数来考虑纵向弯曲的影响。根据材料力学里的欧拉公式,长柱发生纵向弯曲破坏的临界应力为

$$\sigma_{cri} = \pi^2 E \left(\frac{i}{H_0}\right)^2 \tag{3.19}$$

式中　E——弹性模量;

　　　　H_0——柱的计算高度。

从上式可以看出,欧拉临界应力随弹性模量的增大而增大,但随长细比 $\lambda = \dfrac{H_0}{i}$ 的增大很快降低。由于砌体的弹性模量是个变量,随应力的增大而降低,当应力达到临界应力时,弹性模量已有较大程度的降低,此时的弹性模量可取为在临界应力处的切线模量 $E' = \xi f_m \left(1 - \dfrac{\sigma_{cri}}{f_m}\right)$。则此时的临界应力为

$$\sigma_{cri} = \pi^2 E' I \left(\frac{i}{H_0}\right)^2 = \pi^2 \xi f_m \left(1 - \frac{\sigma_{cri}}{f_m}\right) \left(\frac{1}{\lambda}\right)^2 \tag{3.20}$$

将上式等号两边同时除以 f_m,得到轴心受压时的稳定系数 φ_0:

$$\varphi_0 = \frac{\sigma_{cri}}{f_m} = \frac{1}{\dfrac{\lambda^2}{\pi^2 \xi} + 1} \tag{3.21}$$

当截面为矩形时,构件的高厚比 $\beta = \dfrac{H_0}{h}$,则 $\lambda^2 = (\dfrac{H_0}{i})^2 = \dfrac{\beta^2 h^2}{\dfrac{h^2}{12}} = 12\beta^2$,因此有

$$\varphi_0 = \frac{1}{\dfrac{12\beta^2}{\pi^2 \xi} + 1} = \frac{1}{\alpha\beta^2 + 1} \tag{3.22}$$

式中　α——与砂浆强度等级有关的系数,当砂浆强度等级大于等于 M5 时,$\alpha = 0.001\,5$;
　　　　当砂浆强度等级为 M2.5 时,$\alpha = 0.002$;当砂浆强度等级为 0 时,$\alpha = 0.009$。

公式(3.22)也适用于 T 形截面构件,计算高厚比 β 时只需以折算厚度 $h_T = 3.5i$ 代替 h。

4. 偏心受压长柱的承载力计算

细长的柱在偏心荷载作用下产生侧向挠度变形,该挠度又使荷载偏心距增大,它们相互作用使长柱破坏,所以还必须考虑侧向变形引起的附加偏心距对承载力降低的影响,《砌体结构设计规范》采用了附加偏心距法来考虑这种不利影响,如图 3.6 所示,即在偏压短柱的偏心影响系数中将偏心距 e 增加一项由纵向弯曲产生的附加偏心距 e_i。根据偏压短柱的计算式(3.16)得

$$\varphi = \frac{1}{1 + \left(\dfrac{e + e_i}{i}\right)^2} \tag{3.23}$$

式中　φ——高厚比 β 和轴向力的偏心距 e 对受压构件承载力的影响系数。

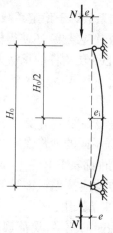

图 3.6　偏压受压长柱的计算简图

其中,附加偏心距 e_i 可以根据下列边界条件确定:当 $c = 0$ 时 $\varphi = \varphi_0$。

将 $e = 0$ 代入式(3.23)中得到

$$v = \varphi_0 = \frac{1}{1 + \left(\dfrac{e_i}{i}\right)^2} \tag{3.24}$$

式中　φ_0——轴心受压时的纵向弯曲系数,按式(3.22)计算。

由此可求出附加偏心距:

$$e_i = i \sqrt{\frac{1}{\varphi_0} - 1} \tag{3.25}$$

将式(3.25)代入式(3.23)可得

$$\varphi = \frac{1}{1 + \left(\dfrac{e + i \sqrt{\dfrac{1}{\varphi_0} - 1}}{i} \right)^2} \tag{3.26}$$

对于矩形截面,将 $i = \dfrac{h}{\sqrt{12}}$ 代入式(3.26)中,得

$$\varphi = \frac{1}{1 + 12 \left[\dfrac{e}{h} + \sqrt{\dfrac{1}{12} \left(\dfrac{1}{\varphi_0} - 1 \right)} \right]^2} \tag{3.27}$$

公式(3.27)也适用于 T 形截面构件,只需以折算厚度 $h_T = 3.5i$ 代替 h。

5. 无筋砌体轴心和偏心受压构件的承载力计算统一公式

由于影响砌体偏心受压承载力的因素有很多,然而目前的试验研究对所有因素的影响不能予以确定,因此《砌体结构设计规范》规定用系数 φ 来综合考虑高厚比 β 和轴向力的偏心距 e 对受压构件承载力的影响。《砌体结构设计规范》还规定当 $\beta \leqslant 3$ 时 $\varphi_0 = 1$,

式(3.27)成为 $\varphi = \dfrac{1}{1 + 12 \left(\dfrac{e}{h} \right)^2} = \varphi_1$,即该影响系数等于短柱砌体的偏心影响系数;当 $e = 0$

时,式(3.27)成为 $\varphi = \varphi_0$,即该影响系数等于稳定系数。实践证明,《砌体结构设计规范》所采纳的这个影响系数 φ 不仅符合试验结果,还使得概念更加清楚,计算也更加简单。

所以,无筋砌体轴心和单向偏心受压构件的承载力应按下列统一公式计算:

$$N \leqslant \varphi f A \tag{3.28}$$

式中　N——轴向力设计值;

　　　φ——高厚比 β 和轴向力的偏心距 e 对受压构件承载力的影响系数,可按公式

　　　　　(3.27)计算,也可根据不同的砂浆强度等级查表 3.18～3.20;

　　　f——砌体的抗压强度设计值,见表 3.10～3.16;

　　　A——截面面积,对各类砌体均应按毛截面计算;对带壁柱墙,其翼缘宽度的计算

　　　　　应按《砌体规范》4.2.8 条采用。

为了反映不同砌体类型受压性能的差异,规范规定在计算影响系数 φ 时,应先对构件高厚比 β 乘以修正系数 γ_β,计算如下。

矩形截面:

$$\beta = \gamma_\beta \frac{H_0}{h} \tag{3.29}$$

T 形截面:

$$\beta = \gamma_\beta \frac{H_0}{h_T} \tag{3.30}$$

式中　H_0——受压构件的计算高度;

h——矩形截面轴向力偏心方向的边长,当轴心受压时为截面的较小边长;

γ_β——不同类别砌体材料的高厚比修正系数,按表 3.21 采用。

表 3.18　影响系数 φ (砂浆强度等级 ≥ M5)

β	$\dfrac{e}{h}$ 或 $\dfrac{e}{h_T}$						
	0	0.025	0.05	0.075	0.1	0.125	0.15
≤3	1	0.99	0.97	0.94	0.89	0.84	0.79
4	0.98	0.95	0.90	0.85	0.80	0.74	0.69
6	0.95	0.91	0.86	0.81	0.75	0.69	0.64
8	0.91	0.86	0.81	0.76	0.70	0.64	0.59
10	0.87	0.82	0.76	0.71	0.65	0.60	0.55
12	0.82	0.77	0.71	0.66	0.60	0.55	0.51
14	0.77	0.72	0.66	0.61	0.56	0.51	0.47
16	0.72	0.67	0.61	0.56	0.52	0.47	0.44
18	0.67	0.62	0.57	0.52	0.48	0.44	0.40
20	0.62	0.57	0.53	0.48	0.44	0.40	0.37
22	0.58	0.53	0.49	0.45	0.41	0.38	0.35
24	0.54	0.49	0.45	0.41	0.38	0.35	0.32
26	0.50	0.46	0.42	0.38	0.35	0.33	0.30
28	0.46	0.42	0.39	0.36	0.33	0.30	0.28
30	0.42	0.39	0.36	0.33	0.31	0.28	0.26
β	$\dfrac{e}{h}$ 或 $\dfrac{e}{h_T}$						
	0.175	0.2	0.225	0.25	0.275	0.3	
≤3	0.73	0.68	0.62	0.57	0.52	0.48	
4	0.64	0.58	0.53	0.49	0.45	0.41	
6	0.59	0.54	0.49	0.45	0.42	0.38	
8	0.54	0.50	0.46	0.42	0.39	0.36	
10	0.50	0.46	0.42	0.39	0.36	0.33	
12	0.47	0.43	0.39	0.36	0.33	0.31	
14	0.43	0.40	0.36	0.34	0.31	0.29	
16	0.40	0.37	0.34	0.31	0.29	0.27	
18	0.37	0.34	0.31	0.29	0.27	0.25	
20	0.34	0.32	0.29	0.27	0.25	0.23	

续表 3.18

β	$\dfrac{e}{h}$ 或 $\dfrac{e}{h_{\mathrm{T}}}$					
	0.175	0.2	0.225	0.25	0.275	0.3
22	0.32	0.29	0.27	0.25	0.24	0.22
24	0.30	0.28	0.26	0.24	0.22	0.21
26	0.28	0.26	0.24	0.22	0.21	0.20
28	0.26	0.24	0.22	0.21	0.19	0.18
30	0.24	0.22	0.21	0.20	0.18	0.17

表 3.19　影响系数 φ（砂浆强度等级 M2.5）

β	$\dfrac{e}{h}$ 或 $\dfrac{e}{h_{\mathrm{T}}}$					
	0	0.025	0.05	0.075	0.1	0.125	0.15
≤3	1	0.99	0.97	0.94	0.89	0.84	0.79
4	0.97	0.94	0.89	0.84	0.78	0.73	0.67
6	0.93	0.89	0.84	0.78	0.73	0.67	0.62
8	0.89	0.84	0.78	0.72	0.67	0.62	0.57
10	0.83	0.78	0.72	0.67	0.61	0.56	0.52
12	0.78	0.72	0.67	0.61	0.56	0.52	0.47
14	0.72	0.66	0.61	0.56	0.51	0.47	0.43
16	0.66	0.61	0.56	0.51	0.47	0.43	0.40
18	0.61	0.56	0.51	0.47	0.43	0.40	0.36
20	0.56	0.51	0.47	0.43	0.40	0.36	0.33
22	0.51	0.47	0.43	0.39	0.36	0.33	0.31
24	0.46	0.43	0.39	0.36	0.33	0.31	0.28
26	0.42	0.39	0.36	0.33	0.31	0.28	0.26
28	0.39	0.36	0.33	0.30	0.28	0.26	0.24
30	0.36	0.33	0.30	0.28	0.26	0.24	0.22

β	$\dfrac{e}{h}$ 或 $\dfrac{e}{h_{\mathrm{T}}}$					
	0.175	0.2	0.225	0.25	0.275	0.3
≤3	0.73	0.68	0.62	0.57	0.52	0.48
4	0.62	0.57	0.52	0.48	0.44	0.40
6	0.57	0.52	0.48	0.44	0.40	0.37
8	0.52	0.48	0.44	0.40	0.37	0.34
10	0.47	0.43	0.40	0.37	0.34	0.31

续表 3.19

β	$\frac{e}{h}$ 或 $\frac{e}{h_T}$					
	0.175	0.2	0.225	0.25	0.275	0.3
12	0.43	0.40	0.37	0.34	0.31	0.29
14	0.40	0.36	0.34	0.31	0.29	0.27
16	0.36	0.34	0.31	0.29	0.26	0.25
18	0.33	0.31	0.29	0.26	0.24	0.23
20	0.31	0.28	0.26	0.24	0.23	0.21
22	0.28	0.26	0.24	0.23	0.21	0.20
24	0.26	0.24	0.23	0.21	0.20	0.18
26	0.24	0.22	0.21	0.20	0.18	0.17
28	0.22	0.21	0.20	0.18	0.17	0.16
30	0.21	0.20	0.18	0.17	0.16	0.15

表 3.20　影响系数 φ(砂浆强度等级 0)

β	$\frac{e}{h}$ 或 $\frac{e}{h_T}$					
	0	0.025	0.05	0.075	0.1	0.125	0.15
≤3	1	0.99	0.97	0.94	0.89	0.84	0.79
4	0.87	0.82	0.77	0.71	0.66	0.60	0.55
6	0.76	0.70	0.65	0.59	0.54	0.50	0.46
8	0.63	0.58	0.54	0.49	0.45	0.41	0.38
10	0.53	0.48	0.44	0.41	0.37	0.34	0.32
12	0.44	0.40	0.37	0.34	0.31	0.29	0.27
14	0.36	0.33	0.31	0.28	0.26	0.24	0.23
16	0.30	0.28	0.26	0.24	0.22	0.21	0.19
18	0.26	0.24	0.22	0.21	0.19	0.18	0.17
20	0.22	0.21	0.19	0.18	0.17	0.16	0.15
22	0.19	0.18	0.16	0.15	0.14	0.14	0.13
24	0.16	0.15	0.14	0.13	0.13	0.12	0.11
26	0.14	0.13	0.12	0.12	0.11	0.11	0.10
28	0.12	0.12	0.11	0.11	0.10	0.10	0.09
30	0.11	0.10	0.10	0.09	0.09	0.09	0.08

续表 3.20

β	$\dfrac{e}{h}$ 或 $\dfrac{e}{h_{\mathrm{T}}}$					
	0.175	0.2	0.225	0.25	0.275	0.3
≤3	0.73	0.68	0.62	0.57	0.52	0.48
4	0.51	0.46	0.43	0.39	0.36	0.33
6	0.42	0.39	0.36	0.33	0.30	0.28
8	0.35	0.32	0.30	0.28	0.25	0.24
10	0.29	0.27	0.25	0.23	0.22	0.20
12	0.25	0.23	0.21	0.20	0.19	0.17
14	0.21	0.20	0.18	0.17	0.16	0.15
16	0.18	0.17	0.16	0.15	0.14	0.13
18	0.16	0.15	0.14	0.13	0.12	0.12
20	0.14	0.13	0.12	0.12	0.11	0.10
22	0.12	0.12	0.11	0.10	0.10	0.09
24	0.11	0.10	0.10	0.09	0.09	0.08
26	0.10	0.09	0.09	0.08	0.08	0.07
28	0.09	0.08	0.08	0.08	0.07	0.07
30	0.08	0.07	0.07	0.07	0.07	0.06

表 3.21　高厚比修正系数 γ_β

砌体材料类别	γ_β
烧结普通砖、烧结多孔砖	1.0
混凝土普通砖、混凝土多孔砖、混凝土和轻集料混凝土砌块	1.1
蒸压灰砂普通砖、蒸压粉煤灰普通砖、细料石	1.2
粗料石、毛石	1.5

注:对灌孔混凝土砌块砌体,γ_β 取 1.0。

为了准确地应用公式(3.28),下面进一步说明几个需要注意的问题:

①对矩形截面构件,当轴向力偏心方向的截面边长大于另一方向的边长时,除按偏心受压计算外,还应对较小边长方向按轴心受压进行验算。

②轴向力的偏心距 $e=M/N$,按内力设计值计算。在常遇荷载情况下,直接采用其荷载设计值代替标准值计算偏心距,由此引起的承载力的降低不超过 6%。

③试验表明,当荷载较大,偏心距也较大时,构件截面受拉边会出现水平裂缝。当偏心距继续增大时,截面受压区逐渐减小,构件刚度相应地削弱,纵向弯曲的不利影响也随

着增大,使得构件的承载力显著降低。这时不仅结构不安全,而且材料强度的利用率也很低,不经济。因此,在现行规范中,要求轴向力的偏心距 e 不应超过下列规定:

$$e \leqslant 0.6y \qquad (3.31)$$

式中　y——截面重心到轴向力所在偏心方向截面边缘的距离,y 的取值如图 3.7 所示。

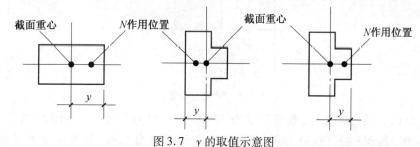

图 3.7　y 的取值示意图

④当轴向力的偏心距超过公式(3.31)规定的限值要求时,应采取适当措施减小偏心距,如修改构件的截面尺寸或者改变其结构方案等,例如在梁下设置带中心装置或设置缺口垫块。

6.双向偏心受压构件

无筋砌体矩形截面双向偏心受压构件承载力的影响系数,可按公式(3.32)~(3.34)计算,当一个方向的偏心率(e_b/b 或 e_h/h)不大于另一个方向的偏心率的5%时,可简化为按一个方向的单向偏心受压计算。

$$\varphi = \cfrac{1}{1 + 12\left[(\cfrac{e_b + e_{ib}}{b})^2 + (\cfrac{e_h + e_{ih}}{h})^2 \right]} \qquad (3.32)$$

$$e_{ib} = \frac{b}{\sqrt{12}}\sqrt{\frac{1}{\varphi_0} - 1}\left[\cfrac{\frac{e_b}{b}}{\frac{e_b}{b} + \frac{e_h}{h}} \right] \qquad (3.33)$$

$$e_{ih} = \frac{h}{\sqrt{12}}\sqrt{\frac{1}{\varphi_0} - 1}\left[\cfrac{\frac{e_h}{h}}{\frac{e_b}{b} + \frac{e_h}{h}} \right] \qquad (3.34)$$

式中　e_b、e_h——轴向力在截面重心 x 轴、y 轴方向的偏心距,e_b、e_h 宜分别不大于 $0.5x$ 和
　　　　　　$0.5y$;
　　　x、y　　自截面重心沿 x 轴、y 轴至轴向力所在偏心方向截面边缘的距离;
　　　e_{ib}、e_{ih}——轴向力在截面重心 x 轴、y 轴方向的附加偏心距。

双向偏心受压构件的承载力计算公式是按附加偏心距分析方法建立的,与单向偏心受压构件的承载力计算公式相衔接,并与试验结果吻合较好。值得注意的是,在设计双向偏心受压构件时,对偏心距的限值($e_b \leqslant 0.5x$ 和 $e_h \leqslant 0.5y$)较单向偏心受压时偏心距的限值($e \leqslant 0.6y$)规定得小些,这是非常有必要的。湖南大学的试验研究表明,当 $e_b > 0.3x$ 和 $e_h > 0.3y$ 时,随荷载的增加,砌体内的水平裂缝和竖向裂缝几乎同时产生,甚至水平裂

缝较竖向裂缝出现较早。

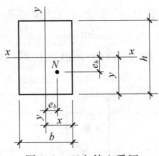

图 3.8 双向偏心受压

【例 3.1】 某砖砌体柱,截面尺寸为 370 mm × 490 mm,采用 MU10 烧结多孔砖(孔洞率为 32%)和 M5 混合砂浆砌筑,砌体施工质量等级为 C 级,其抗压强度设计值为多少?

【解】 查表 3.10,孔洞率为 32% > 30%,施工质量等级为 C 级,且 $A = 0.37$ m × 0.49 m $= 0.181\ 3$ m² < 0.3 m²,$\gamma_a = 0.7 + 0.181\ 3 = 0.881\ 3$,故

$$f = (1.5 \times 0.9 \times 0.89 \times 0.881\ 3)\ \mathrm{MPa} = 1.06\ \mathrm{MPa}$$

【例 3.2】 某外纵墙如图 3.9 所示,柱顶作用的竖向力标准值为 1 040 kN,设计值为 1 200 kN。采用 MU10 级单排孔混凝土小型空心砌块、Mb7.5 级混合砂浆对孔砌筑,砌块的孔洞率为 40%,采用 Cb20 灌孔混凝土灌孔,灌孔率为 100%;砌体施工质量等级为 B 级;计算高度 $H_0 = 5.5$ m。试问:该壁柱墙柱顶处受压承载力是否满足要求?(提示:壁柱特征值 $A = 858\ 200$ mm²,$y_1 = 187$ mm,$y_2 = 433$ mm,$h_T = 527$ mm)

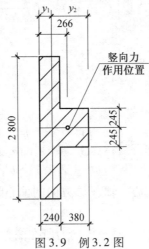

图 3.9 例 3.2 图

【解】 查表 3.13,T 形截面,有 $f = (2.5 \times 0.85)\ \mathrm{MPa} = 2.125\ \mathrm{MPa}$,面积大于 0.3 m²,不需要进行调整。

$f_g = f + 0.6\alpha f_c = [2.125 + 0.6 \times (40\% \times 100\%) \times 9.6]\ \mathrm{MPa} = 4.429\ \mathrm{MPa} > 2f = 4.25\ \mathrm{MPa}$,取 $f_g = 4.25\ \mathrm{MPa}$。

查表 3.21,灌孔混凝土砌块,$\gamma_\beta = 1.0$,$\beta = 1.0 \times \dfrac{5\ 500}{527} = 10.44$,$e = (266 - 187)\ \mathrm{mm} =$

79 mm, $\dfrac{e}{h_T} = \dfrac{79}{527} = 0.15$。

查表 3.18 得，$\varphi = 0.55 + \dfrac{0.51 - 0.55}{12 - 10} \times (10.44 - 10) = 0.54$。由公式(3.28)可得

$$1\ 200\ \text{kN} \leqslant \varphi f_g A = (0.54 \times 4.25 \times 858.2)\text{kN} = 1\ 969.57\ \text{kN}$$

故承载力满足要求。

3.2.2　无筋砌体局部受压构件

局部受压是砌体结构中常见的一种受力状态,其特点是轴向力仅作用于砌体的部分截面上,例如砖柱支承于基础上、梁支承于砌体墙上等。

根据局部受压面积上压应力分布的情况,砌体局部受压又分为局部均匀受压和局部非均匀受压。一般情况下,砖柱或墙支承于基础顶面上的受压为局部均匀受压,实际工程中,也将洞口过梁及墙梁下砌体的局部受压列入局部均匀受压范畴;而梁端或屋架端部支承处的砌体受压情况则属于局部非均匀受压。

1.无筋砌体局部受压的破坏形态

试验研究结果表明,砌体局部受压有以下三种破坏形态:

(1)因纵向裂缝的发展而破坏。

这种破坏形态如图 3.10(a)所示,一般发生在墙体中部承受局部均匀压力时,它的特点是初裂往往发生在与垫板直接接触的 1～2 皮砖以下的砌体,随着荷载的增加,纵向裂缝向上、向下发展,同时也产生新的纵向裂缝和斜向裂缝,一般它在破坏时有一条主要的纵向裂缝。在砌体局部受压中,这是较常见也是最基本的破坏形态。

(2)劈裂破坏。

试验表明,只有当砌体面积与局部受压面积之比很大时,才可能产生如图 3.10(b)所示的劈裂破坏形态。这种破坏形态的特点是,在荷载作用下,纵向裂缝少而集中,一旦出现纵向裂缝,砌体犹如被刀劈而产生破坏,破坏荷载与初裂荷载十分接近。

(3)与垫板直接接触的砌体局部破坏。

这种破坏形态较少见,一般当墙梁的墙高与跨度之比较大而砌体强度较低时,梁支承附近的砌体有可能被压碎。

砌体局部受压时,直接承受压力部分的砌体的抗压强度会有较大程度的提高,这是"套箍强化"作用和"应力扩散"作用的结果。一般墙体在中部局部荷载作用下,砌体中线截面上的横向应力 σ_x 与竖向应力 σ_y 的分布如图 3.11 所示。"套箍强化"作用是指,在荷载作用下,局部受压区的砌体首先产生横向膨胀变形,而其周围未直接承受压力的部分砌体会像套箍一样阻止这种横向变形,垫板下附近的砌体处于双向或三向受压状态,使得局部受压区砌体的抗压强度大大提高。由 σ_x 的分布可以看出,最大横向拉应力产生在垫板下方的一段长度上,当其值超过砌体抗拉强度时即出现纵向裂缝,这也是为什么初裂往往发生在与钢垫板直接接触的数皮砖以下砌体的原因。上述"套箍强化"作用,能很好地解释为什么在图 3.12 中心局压情况下砌体局压强度会提高,但对于图 3.12 中边缘及端部局压等情况,"套箍强化"作用则不明显或根本不存在,这时用"应力扩散"的

概念来解释局部受压的工作机理是恰当的,也就是指对于砌体,只要存在未直接承受压力的面积就有力的扩散现象,也就能不同程度地提高砌体的局部抗压强度。

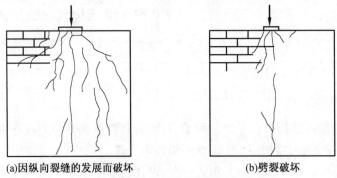

(a)因纵向裂缝的发展而破坏　　　　　　　　(b)劈裂破坏

图 3.10　砌体局部均匀受压破坏形态

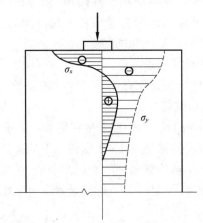

图 3.11　砌体局部受压时的应力分布

2. 无筋砌体局部均匀受压

对于无筋砌体局部均匀受压构件,按照局部荷载作用位置的不同,有各种受力情况,如图 3.12 所示。

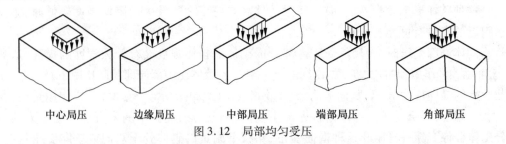

中心局压　　　边缘局压　　　中部局压　　　端部局压　　　角部局压

图 3.12　局部均匀受压

《砌体结构设计规范》规定,砌体截面中局部均匀受压时的承载力,应满足下式的要求:

$$N_l \leqslant \gamma f A_l \tag{3.35}$$

式中　N_l——局部受压面积上的轴向力设计值;

　　　γ——砌体局部抗压强度提高系数;

　　f——砌体的抗压强度设计值,局部受压面积小于 $0.3\ \mathrm{m}^2$ 时,可不考虑强度调整系
　　　数 γ_a 的影响;

　　A_l——局部受压面积。

　　前面我们提到并解释了为什么砌体局部受压时直接承受压力的部分砌体的抗压强
度会有较大程度的提高? 那到底提高多少呢? 就用砌体局部抗压强度提高系数 γ 来表
示,γ 应按下式计算:

$$\gamma = 1 + 0.35 \sqrt{\frac{A_0}{A_l} - 1} \tag{3.36}$$

式中　A_0——影响砌体局部抗压强度的计算面积。

　　如图 3.13 所示,A_0 可按下列规定采用:

　　(1)在图 3.13(a)的情况下,$A_0 = (a + c + h)h$;

　　(2)在图 3.13(b)的情况下,$A_0 = (b + 2h)h$;

　　(3)在图 3.13(c)的情况下,$A_0 = (a + h)h + (b + h_1 - h)h_1$;

　　(4)在图 3.13(d)的情况下,$A_0 = (a + h)h$。

式中　a,b——矩形局部受压面积 A_l 的边长;

　　h——墙厚或柱的较小边长;

　　h_1——墙厚;

　　c——矩形局部受压面积的外边缘至构件边缘的较小距离,当大于 h 时,应取为 h。

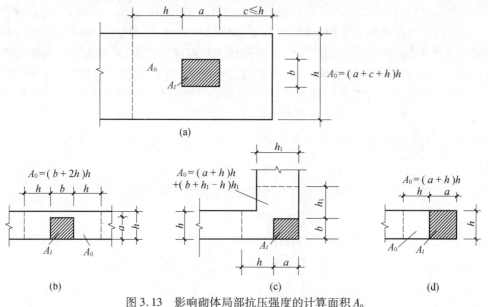

图 3.13　影响砌体局部抗压强度的计算面积 A_0

　　公式(3.36)的物理意义是很明确的,第一项为直接承受局部压力的砌体本身的抗压
强度,第二项是非直接承受局部压力的砌体面积 $(A_0 - A_l)$ 通过“套箍强化”作用和“应力
扩散”作用所提供的侧向压力。

　　试验表明,当 A_0/A_l 大于某一限值时会出现危险的劈裂破坏,为了避免出现劈裂破
坏,对计算所得的 γ 值应规定上限,还应符合下列各项规定:

①在图 3.13(a)的情况下，$\gamma \leqslant 2.5$。

②在图 3.13(b)的情况下，$\gamma \leqslant 2.0$。

③在图 3.13(c)的情况下，$\gamma \leqslant 1.5$。

④在图 3.13(d)的情况下，$\gamma \leqslant 1.25$。

⑤对于按规定要求灌孔的混凝土砌块砌体，在上述①、②款的情况下，尚应符合 $\gamma \leqslant 1.5$。未灌孔的混凝土砌块砌体，取 $\gamma = 1.0$。

⑥对多孔砖砌体孔洞难以灌实时，应取 $\gamma = 1.0$；当设置混凝土垫块时，按垫块下的砌体局部受压计算。

3. 梁端支承处砌体的局部受压的承载力计算

梁端支承处砌体局部受压时，梁在荷载作用下发生弯曲变形，由于梁端的转动，使梁端下砌体的局部受压呈现非均匀受压状态，应力图形为曲线，最大压应力在支座内边缘处，如图 3.14 所示。

作用在梁端砌体上的轴向力，除梁端支承压力 N_l 外，还有上部墙体传来的压力 N。

上部墙体传来的总压力 N 在梁端支承处产生的压应力为 $\sigma_0 = \dfrac{N}{A}$。如果梁端局部受压面积为 A_l，梁端支承压力 N_l 在墙体内边缘产生的最大应力为 σ_l，由上部墙体荷载在 A_l 上实际产生的压应力为 σ_0'，则 $\sigma_0' < \sigma_0$。这是因为试验结果表明，当 σ_0 较小时，随着梁上荷载的增加，与梁端底部接触的砌体产生较大的压缩变形，梁端顶部与砌体的接触面将减小，甚至与砌体脱开，砌体形成内拱来传递上部荷载 N，如图 3.15 所示。此时 σ_0 的存在和扩散对下部砌体有横向约束作用，从而提高了砌体局压承载力，对于这种内拱卸荷的有利作用应给予考虑。但如果 σ_0 较大时，上部砌体的压缩变形增大，梁端顶部与砌体的接触面也增大，内拱卸荷作用逐渐减小，其有利效应也减小，甚至小到可以忽略。《砌体结构设计规范》规定，用上部荷载折减系数 ψ 来考虑内拱卸荷作用的有利影响。试验结果表明，当 $A_0/A_l > 2$ 时，可不考虑上部荷载对砌体局部抗压强度的影响。为安全起见，规定当 $A_0/A_l \geqslant 3$ 时，不考虑上部荷载的有利影响。

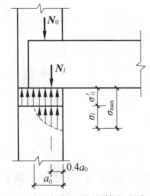

图 3.14　梁端支承处砌体的局部受压

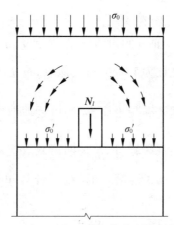

图 3.15　支承处梁上端砌体的内拱卸荷作用

（1）梁端有效支承长度。

从图 3.16 中可看出，当梁端支承在砌体上时，由于梁的挠曲变形和支承处砌体压缩变形的影响，梁端有效的支承长度 $a_0 \leqslant$ 实际的支承长度 a，砌体的局部受压面积为 $A_l = a_0 b$。

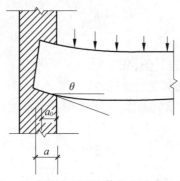

图 3.16　梁端支承处砌体的有效支承长度

假定梁端砌体的变形和压应力服从线性分布，梁端转角为 θ，则砌体边缘处的位移方程为 $y_{\max} = a_0 \tan\theta$，此处的压应力为 $\sigma_{\max} = k y_{\max}$（$k$ 为梁端支承处砌体的压缩刚度系数）。由于实际的应力成曲线分布，应考虑砌体压应力图形完整系数 η，那么平均压应力为 $\sigma = \eta k y_{\max}$。根据竖向力的平衡条件可得

$$N_l = \eta k y_{\max} a_0 b = \eta k a_0^2 b \tan\theta \tag{3.37}$$

根据试验结果，$\eta k = 0.33 f_{\mathrm{m}} = \dfrac{0.33}{0.48} f = 0.692 f$，将此式代入式（3.37）得

$$a_0 = 38 \sqrt{\dfrac{N_l}{b f \tan\theta}} \tag{3.38}$$

式中　a_0——梁端有效支承长度，mm，当 $a_0 > a$ 时，取 $a_0 = a$；

a——梁端实际支承长度，mm；

N_l——梁端荷载设计值产生的支承压力，kN，作用点距墙的内表面可取 $0.4a_0$；

b——梁的截面宽度，mm；

f——砌体的抗压强度设计值，MPa；

$\tan\theta$——梁变形时，梁端轴线倾角的正切，对于受均布荷载的简支梁，当梁的最大挠度与跨度之比为 $1/250$，可近似取 $\tan\theta = \dfrac{1}{78}$。

对受均布荷载 q 作用的钢筋混凝土简支梁，可近似取 $N_l = \dfrac{ql}{2}$，$\tan\theta \approx \theta = \dfrac{ql^3}{24B}$，$\dfrac{h_c}{l} \approx$

$\dfrac{1}{11}$。考虑钢筋混凝土梁允许出现裂缝，以及长期荷载效应对梁刚度的影响，可近似取梁刚度 $B = 0.3E_cI_c$。当梁采用 C20 混凝土时，统一计算单位 $E_c = 2.55 \times 10^4$ N/mm^2 = 25.5 kN/mm^2，则

$$a_0 = 38\sqrt{\frac{ql}{2} \times \frac{1}{bf} \times \frac{24 \times 0.3E_c\frac{bh_c^3}{12}}{ql^3}} = 38\sqrt{\frac{0.3 \times 25.5}{f}\left(\frac{1}{11}\right)^2 h_c} = 9.55\sqrt{\frac{h_c}{f}} \approx 10\sqrt{\frac{h_c}{f}}$$

$$(3.39)$$

为了计算方便，取

$$a_0 = 10\sqrt{\frac{h_c}{f}} \leqslant a \tag{3.40}$$

式中　h_c——梁的截面高度，mm；

　　　f——砌体的抗压强度设计值，MPa。

（2）梁端支承处砌体的局部受压承载力计算。

如图 3.14 所示的梁端支承处砌体，为了保证其局部抗压强度，砌体边缘的应力应满足下式要求：

$$\sigma_{\max} \leqslant \gamma f \tag{3.41}$$

即

$$\sigma_0' + \sigma_l = \sigma_0' + \frac{N_l}{\eta A_l} \leqslant \gamma f \tag{3.42}$$

将上式两边同乘以 ηA_l，得

$$\eta\sigma_0'A_l + N_l \leqslant \eta\gamma fA_l \tag{3.43}$$

并取 $\eta\sigma_0' = \psi\sigma_0$，得

$$\psi\sigma_0 A_l + N_l \leqslant \eta\gamma fA_l \tag{3.44}$$

因为 $\sigma_0 A_l = N_0$，这样就得到了梁端支撑处砌体的局部受压承载力计算公式：

$$\psi N_0 + N_l \leqslant \eta\gamma fA_l \tag{3.45}$$

$$\psi = 1.5 - 0.5\frac{A_0}{A_l} \tag{3.46}$$

$$N_0 = \sigma_0 A_l \tag{3.47}$$

$$A_l = a_0 b \tag{3.48}$$

式中　ψ——上部荷载的折减系数，当 $A_0/A_l \geqslant 3$ 时，应取 $\psi = 0$；

　　　N_0——局部受压面积内上部轴向力设计值，N；

　　　N_l——梁端支承压力设计值，N；

σ_0——上部平均压应力设计值，N/mm^2；

η——梁端底面压应力图形的完整系数，应取 0.7，对于过梁和墙梁应取 1.0；

a_0——梁端有效支承长度，mm；当 a_0 大于 a 时，应取 a_0 等于 a，a 为梁端实际支承长度，mm；

b——梁的截面宽度，mm；

h_c——梁的截面高度，mm；

f——砌体的抗压强度设计值，MPa。

4. 刚性垫块下砌体的局部受压的承载力计算

如图 3.17(a)所示，当梁端支承处砌体局部受压按公式(3.45)计算不能满足要求时，可在梁端下设置垫块。

如图 3.17(b)所示，当壁柱较厚时，为了避免使梁和屋架只搁置在较厚的壁柱上而未伸入墙内，必须设置刚性垫块。

垫块能扩大局部受压面积，其中的刚性垫块还能使梁端压力较好地传至砌体表面上。刚性垫块可设置于梁端下面(图 3.17)，也可与梁端整浇，整浇时可在梁高内设置垫块(图 3.18)。

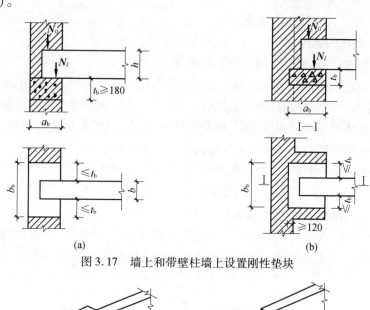

图 3.17　墙上和带壁柱墙上设置刚性垫块

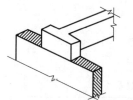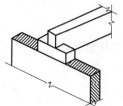

图 3.18　梁端设置现浇刚性垫块

(1)刚性垫块下砌体的局部受压承载力计算。

试验表明，垫块底面积以外的未直接承受局部压力的砌体仍然对直接承受压力部分的砌体的抗压强度能提供有利的影响，但考虑到垫块底面压应力分布不均匀，为了偏于安全，垫块外砌体面积的有利影响系数取局部抗压强度提高系数的 0.8 倍，即 $\gamma_1 = 0.8\gamma$。

由于垫块面积比梁端部要大得多,墙体内拱卸荷作用不大显著,所以上部荷载 N_0 不考虑折减。计算分析表明,刚性垫块下砌体的局部受压应力分布与一般偏心受压的构件相接近,可采用砌体偏心受压的计算模式进行计算。

因此,在梁端下设有刚性垫块时,垫块下砌体的局部受压承载力按下式计算:

$$N_0 + N_l \leqslant \varphi \gamma_1 f A_b \tag{3.49}$$

$$N_0 = \sigma_0 A_b \tag{3.50}$$

$$A_b = a_b b_b \tag{3.51}$$

式中　N_0——垫块面积 A_b 内上部轴向力设计值,N;

　　　φ——垫块上 N_0 与 N_l 合力的影响系数,取 $\beta \leqslant 3$,按公式(3.27)计算或查表 3.18 ~ 3.20;

　　　γ_1——垫块外砌体面积的有利影响系数,$\gamma_1 = 0.8\gamma$,但不小于 1.0。γ 为砌体局部

　　　　　抗压强度提高系数,根据式(3.36),此处 $\gamma = 1 + 0.35 \sqrt{\dfrac{A_0}{A_b} - 1}$;

　　　A_b——垫块面积,mm²;

　　　a_b——垫块伸入墙内的长度,mm;

　　　b_b——垫块的宽度,mm。

必须注意,对于刚性垫块,应符合下列规定:

①垫块的高度 $t_b \geqslant 180$ mm,且垫块自梁边缘起挑出的长度不应大于垫块的高度。

②在带壁柱墙的壁柱内设刚性垫块时(图 3.17(b)),由于翼缘部分多数位于压力较小处,翼缘部分参与工作的程度有限,因此在计算 A_0 时,只取壁柱范围内的面积,而不应计算翼缘部分,同时壁柱上垫块伸入翼墙内的长度不应小于 120 mm。

③为了改善刚性垫块下的应力状况,提高其局压承载力,可以采用图 3.19 的缺角垫块,这样 N_l 对垫块的偏心将减小,垫块下的应力分布趋于均匀。

(2)设置有刚性垫块时的梁端有效支承长度。

根据试验结果和计算分析表明,梁端设有刚性垫块时,垫块上、下表面的梁端有效支承长度并不相等,上表面的大,下表面的小,如图 3.20 所示,取上表面的 a_0,按下式计算:

$$a_0 = \delta_1 \sqrt{\dfrac{h_c}{f}} \leqslant a \tag{3.52}$$

式中　δ_1——刚性垫块的影响系数,可按表 3.22 采用。

表 3.22　系数 δ_1 值

σ_0/f	0	0.2	0.4	0.6	0.8
δ_1	5.4	5.7	6.0	6.9	7.8

注:表中其间的数值可采用插入法求得。

垫块上 N_l 作用点的位置取距墙内边 $0.4a_0$ 处。

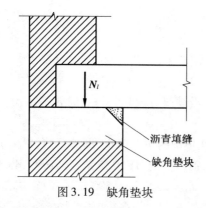

图 3.19　缺角垫块

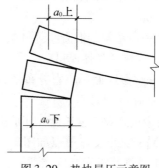

图 3.20　垫块局压示意图

5. 柔性垫梁下砌体的局部受压承载力计算

混合结构房屋中,往往在屋面或楼面大梁底沿砌体墙设有长度大于 πh_0 的垫梁,如钢筋混凝土圈梁,该圈梁也是楼、屋面梁的垫梁。由于垫梁是柔性的,当集中力作用于柔性的钢筋混凝土垫梁上时,置于墙上的垫梁在屋面梁或楼面梁的作用下,相当于承受集中荷载的"弹性地基"上的无限长梁,此时,"弹性地基"的宽度即为墙厚 h,按照弹性力学的平面应力问题求解。上部墙体传来的作用在垫梁上的荷载 N_0 通过垫梁均匀地传递到下面的墙体上,梁端部的集中荷载 N_l 将通过垫梁传到下面一定宽度的墙体上,呈中间大两边小的趋势,因而在垫梁底面、集中力 N_l 作用点处的竖向应力最大为 $\sigma_{y\max}$,如图3.21所示。

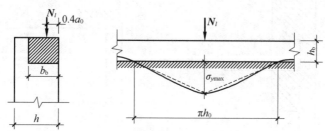

图 3.21　柔性垫梁的局部受压

根据试验,垫梁下砌体局部受压最大应力值应符合下式要求:

$$\sigma_{y\max} \leqslant 1.5f \tag{3.53}$$

当用三角形压力图形代替曲线压应力图形(图(3.21)中虚线所示),即可导出柔性垫梁下的局部受压承载力计算公式。

梁下设有长度大于 πh_0 的垫梁下的砌体局部受压承载力应按下列公式计算:

$$N_0 + N_l \leqslant 2.4\delta_2 f b_b h_0 \tag{3.54}$$

$$N_0 = \pi h_0 b_b \sigma_0 / 2 \tag{3.55}$$

$$N_l = \pi h_0 b_b \sigma_{y\max} / 2 \tag{3.56}$$

$$h_0 = 2\sqrt[3]{\frac{E_c I_c}{Eh}} \tag{3.57}$$

式中　N_0——垫梁上部荷载产生的轴向力设计值,N;

　　　h_0——将垫梁高度 h_b 折算成砌体时的折算高度,mm;

h_b、b_b——垫梁的宽度和高度;

h——墙厚;

E_c、I_c——垫梁的混凝土弹性模量和截面惯性矩;

E——砌体的弹性模量;

δ_2——垫梁底面压应力分布系数,当荷载沿墙厚方向均匀分布时 δ_2 取 1.0,不均匀时 δ_2 可取 0.8。

垫梁上梁端有效支承长度 a_0,可近似按刚性垫块的情况确定,即按公式(3.51)计算。

【例 3.3】 某梁支座节点如图 3.22 所示。砌体采用 MU10 烧结普通砖和 M5 混合砂浆砌筑,施工质量等级为 B 级,钢筋混凝土梁 $b \times h_c = 250\ \text{mm} \times 600\ \text{mm}$,梁端实际支承长度 $a = 240\ \text{mm}$。试问,梁端支承处砌体的局部受压承载力为多少?

【解】 查表 3.10 得 $f = 1.5\ \text{MPa}$,面积大于 $0.3\ \text{m}^2$ 不需要进行调整。

$$A_0 = (250 + 370 \times 2)\ \text{mm} \times 370\ \text{mm} = 366\ 300\ \text{mm}^2$$

$$a_0 = 10 \sqrt{\frac{600}{1.5}}\ \text{mm} = 200\ \text{mm} < 240\ \text{mm}$$

$$A_l = 250\ \text{mm} \times 200\ \text{mm} = 50\ 000\ \text{mm}^2$$

$$\gamma = 1 + 0.35 \sqrt{\frac{366\ 300}{50\ 000} - 1} = 1.88 < 2$$

$$\eta \gamma f A_l = (0.7 \times 1.88 \times 1.5 \times 50\ 000)\,\text{N} = 98.7 \times 10^3\ \text{N} = 98.7\ \text{kN}$$

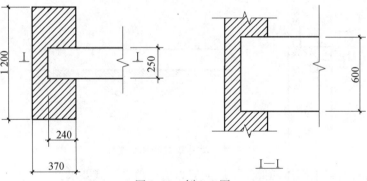

图 3.22 例 3.3 图

【例 3.4】 某带壁柱墙,其截面尺寸如图 3.23 所示,采用 MU10 烧结多孔砖,M10 水泥砂浆砌筑,砌体施工质量等级为 B 级。有一钢筋混凝土梁,截面尺寸 $b \times h = 250\ \text{mm} \times 600\ \text{mm}$,支承在该壁柱上,梁下刚性垫块尺寸为 490 mm × 370 mm × 180 mm。梁端支承压力设计值 $N_l = 202\ \text{kN}$,由上层楼层传来的荷载轴向力设计值 $N_u = 268\ \text{kN}$。试问梁端支承处砌体局部受压承载力是否满足要求?

【解】 查表 3.10 得 $f = 1.89\ \text{MPa}$。

$$A = 1.2 \times 0.24 + 0.25 \times 0.74 = 0.473\ \text{m}^2 > 0.3\ \text{m}^2,\text{不需要进行调整。}$$

$$\sigma_0 = \frac{N_u}{A} = \frac{268}{0.473} = 567\ \text{kPa} = 0.567\ \text{MPa}, \frac{\sigma_0}{f} = \frac{0.567}{1.89} = 0.3$$

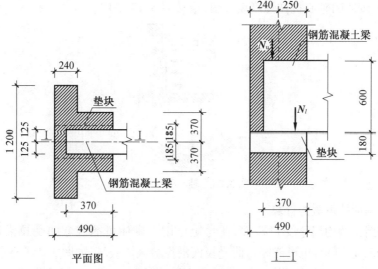

图 3.23　例 3.4 图

查表 3.22 得 $\delta_1 = 5.85$，$a_0 = 5.85\sqrt{\dfrac{600}{1.89}}$ mm $= 104$ mm $< a = 370$ mm

$$N_0 = (567 \times 0.37 \times 0.49)\,\text{kN} = 102.8\ \text{kN}$$

$$e = \frac{N_l e_l}{N_0 + N_l} = \frac{N_l\left(\dfrac{a_b}{2} - 0.4 a_0\right)}{N_0 + N_l} = \frac{202 \times \left(\dfrac{490}{2} - 0.4 \times 104\right)}{102.8 + 202}\,\text{mm} = 134.8\ \text{mm}$$

$\dfrac{e}{a_b} = \dfrac{134.8}{490} = 0.275$，$\beta \leqslant 3$，查表 3.18 得 $\varphi = 0.52$

$A_0 = (370 \times 2)\,\text{mm} \times 490\ \text{mm} = 362\,600\ \text{mm}^2$，只考虑壁柱内的影响面积。

$$A_b = 370\ \text{mm} \times 490\ \text{mm} = 181\,300\ \text{mm}^2$$

$$\gamma = 1 + 0.35\sqrt{\frac{362\,600}{181\,300} - 1} = 1.35 < 2，\gamma_1 = 0.8 \times 1.35 = 1.08 > 1$$

由公式 $N_0 + N_l \leqslant \varphi\gamma_1 f A_b$ 得

$(102.8 + 202)\,\text{kN} = 304.8\ \text{kN} > (0.52 \times 1.08 \times 1\,890 \times 0.181\,3)\,\text{kN} = 192.4\ \text{kN}$

故承载力不满足要求。

3.2.3　无筋砌体轴心受拉、受弯和受剪构件的承载力计算

1. 轴心受拉构件的承载力计算

根据砌体材料的力学性能，其轴心抗拉承载力是很低的，因此工程很少采用砌体轴心受拉构件。但如果是体积较小的圆形水池或筒仓，在液体或松散物料的侧向压力作用下，池壁或筒壁内只产生环向拉力时，如图 3.24 所示，有时也会采用砌体结构。

无筋砌体轴心受拉构件的承载力应按下式计算：

$$N_t \leqslant f_t A \tag{3.58}$$

式中　N_t——轴心拉力设计值；

f_t——砌体的轴心抗拉强度设计值,应按表 3.17 采用。

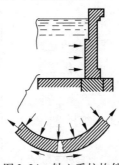

图 3.24　轴心受拉构件

2. 受弯构件的承载力计算

过梁和挡土墙均属于受弯构件,在弯矩作用下砌体可能因弯曲受拉沿通缝截面破坏,如图 3.25(a)所示,也可能因弯曲受拉而沿齿缝截面破坏,如图 3.25(b)所示,此时除了应进行受弯承载力计算以外,因在支座处还存在较大的剪力,还应进行受剪承载力计算。

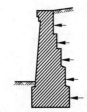　　　　　　

(a)受弯构件沿通缝截面破坏　　　　　　(b)受弯构件沿齿缝截面破坏

图 3.25　受弯构件

无筋砌体受弯构件的受弯承载力应按下式计算:

$$M \leqslant f_{tm}W \tag{3.59}$$

式中　M——弯矩设计值;

　　　f_{tm}——砌体的弯曲抗拉强度设计值,应按表 3.17 采用;

　　　W——截面抵抗矩,对矩形截面 $W = \dfrac{1}{6}bh^2$。

无筋砌体受弯构件的受剪承载力应按下式计算:

$$V \leqslant f_v bz \tag{3.60}$$

$$z = \dfrac{I}{S} \tag{3.61}$$

式中　V——剪力设计值;

　　　f_v——砌体的抗剪强度设计值,应按表 3.17 采用;

　　　z——内力臂,当截面为矩形时取 $z = \dfrac{2}{3}h$,其中 h 为截面高度;

　　　I——截面惯性矩;

　　　S——截面面积矩。

3. 受剪构件的承载力计算

砌体结构中单纯受剪的情况是很少见的,除了前面讲到的受弯构件中的过梁和挡土墙存在受剪情况外,再就是拱支座处在水平截面上砌体会受剪,沿水平通缝破坏,如图3.26(a)所示;墙体在水平地震作用或风荷载作用下也会受剪,沿阶梯形截面破坏,如图3.26(b)所示。后两种受剪往往同时还有竖向荷载的作用,使得墙体处于复合受力状态,其受剪承载力取决于砌体沿灰缝的受剪承载力和作用在截面上的压力所产生的摩擦力。因为随着剪力的加大,由于砂浆产生很大的剪切变形,一皮砌体对另一皮砌体开始移动,当有压力时,内摩擦力将会抵抗滑移,根据试验和分析,砌体沿通缝或沿阶梯形截面破坏时的受剪承载力应按下列简化公式进行计算:

$$V \leqslant (f_{v} + \alpha\mu\sigma_0)A \tag{3.62}$$

当 $\gamma_{G} = 1.2$ 时, $\mu = 0.26 - 0.082\dfrac{\sigma_0}{f}$;

当 $\gamma_{G} = 1.35$ 时, $\mu = 0.23 - 0.065\dfrac{\sigma_0}{f}$。

式中　V——剪力设计值;

f_{v}——砌体的抗剪强度设计值,应按表(3.17)采用,对灌孔的混凝土砌块取 f_{vg};

A——水平截面面积;

α——修正系数。当 $\gamma_{G} = 1.2$ 时,砖(含多孔砖)砌体取 0.60,混凝土砌块砌体取 0.64;当 $\gamma_{G} = 1.35$ 时,砖(含多孔砖)砌体取 0.64,混凝土砌块砌体取 0.66;

μ——剪压复合受力影响系数;

f——砌体抗压强度设计值;

σ_0——永久荷载设计值产生的水平截面平均压应力,根据不同的荷载组合而有 $\gamma_{G} = 1.2$ 和 $\gamma_{G} = 1.35$ 相应的不同 μ 值计算公式,其值不应大于 $0.8f$。

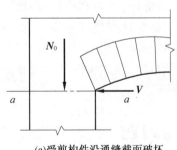 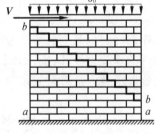

(a)受剪构件沿通缝截面破坏　　　　(b)受剪构件沿齿缝截面破坏

图 3.26　受剪构件

【例 3.5】　某悬臂式矩形水池,壁厚 620 mm,剖面如图 3.27 所示。采用 MU15 烧结普通砖、M10 水泥砂浆砌筑,砌体施工质量控制等级为 B 级。承载力验算时,不计池壁自重;水压力按可变荷载考虑,其荷载分项系数取 1.4;砌体的破坏特征为沿通缝破坏(提示:可取 1 m 宽池壁进行承载力验算)。求:分别按池壁的抗弯和抗剪承载力验算时,该池壁可承受的最大水压高度值 H(m)为多少?

【解】　取 1 m 宽池壁进行承载力验算,水压力按三角形线性分布。查表 3.17 有

$f_{tm} = 0.17$ MPa $= 170$ kN/m^2, $f_v = 0.17$ MPa, 不需要进行调整。

当按池壁的抗弯承载力验算时,验算截面在弯矩最大处即池壁根部,由公式(3.59) $M \leqslant f_{tm}W$ 可得

$$M = \frac{qH \times \dfrac{H}{3}}{2} = \frac{1.4 \times 9.8H^3}{6} \leqslant f_{tm}W = 170 \times \frac{1 \times 0.62^2}{6} \text{kN} \cdot \text{m} = 10.89 \text{ kN} \cdot \text{m}$$

解出 $H \leqslant 1.68$ m。

当按池壁的抗剪承载力验算时,验算截面在弯矩最大处即池壁根部,由公式(3.60) 可得

$$V = \frac{qH}{2} = \frac{1.4 \times 9.8H^2}{2} \leqslant f_v bz = 170 \times 1 \times \frac{2 \times 0.62}{3} \text{kN} = 70.27 \text{ kN}$$

解出 $H \leqslant 3.2$ m。

故该池壁可承受的最大水压高度值为 1.68 m。

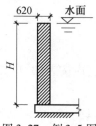

图 3.27　例 3.5 图

本章总结

本章内容主要分为两大块,首先简单地介绍了砌体结构的设计原则,同其他结构形式一样,采用以概率理论为基础的极限状态设计方法,以可靠指标度量结构构件的可靠度,采用分项系数的设计表达式进行计算,要求熟练掌握这些基本概念。接着重点讲解了各种无筋砌体构件的承载力计算方法,其中包括受压构件、局压构件、受拉构件、受弯构件和受剪构件的承载力计算,要求不仅能理解这些公式中的各个参数的含义,并且能够熟练地运用这些承载力计算公式解决实际问题。

思考题与习题

3-1　影响砌体受压承载力的主要因素有哪些?

3-2　轴心受压和偏心受压构件承载力计算有何异同?

3-3　对于无筋砌体受压截面,对轴向力的偏心距有何限制?当超过限值时,该如何处理?

3-4　无筋砌体受压承载力影响系数 φ 与哪些因素有关?

3-5　砌体局部抗压强度为何会提高?

3-6　验算梁端支承处砌体局部受压承载力时,为什么要考虑上部荷载的折减?

3－7　验算梁端刚性垫块下砌体局部受压承载力时,为什么不考虑上部荷载的折减?

3－8　一截面 $b \times h = 370$ mm $\times 370$ mm 的砖柱,其基础平面如图 3.28 所示,柱底反力设计值 $N = 170$ kN。基础采用 MU30 毛石和水泥砂浆砌筑,施工质量等级为 B 级。试问,砌筑该基础所采用的砂浆最低强度等级为多少?

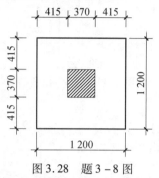

图 3.28　题 3－8 图

3－9　某承受轴心受力的砖柱,截面尺寸为 370 mm $\times 490$ mm,采用 MU10 烧结多孔砖,M7.5 混合砂浆砌筑,柱的计算高度为 4.5 m。试问,该砖柱的轴心受压承载力为多少?

3－10　某窗间墙截面 1 500 mm $\times 370$ mm,采用 MU10 烧结多孔砖,M5 混合砂浆砌筑。墙上钢筋混凝土梁截面尺寸 $b \times h = 300$ mm $\times 600$ mm,如图 3.29 所示。梁端支承压力设计值 $N_l = 60$ kN,由上层楼层传来的荷载轴向力设计值 $N_u = 90$ kN。试问梁端支承处砌体局部所受压力 $\psi N_0 + N_l$ 是多少?

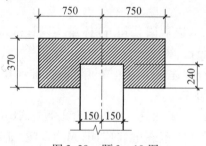

图 3.29　题 3－10 图

3－11　某窗间墙截面尺寸 1 200 mm $\times 370$ mm,有一大梁搁在墙中间,梁截面尺寸 $b \times h = 200$ mm $\times 400$ mm,梁支承长度 $a = 240$ mm,荷载设计值产生的支座反力 $N_l = 80$ kN,墙体的上部荷载 $N_u = 260$ kN,采用 MU10 砖、M2.5 混合砂浆砌筑。试问:梁端砌体局部受压承载力是否满足要求? 如不满足,则在梁端底部设置刚性垫块,尺寸为 $a_b \times b_b \times t_b = 240$ mm $\times 500$ mm $\times 180$ mm,此时局部受压承载力又是否满足要求?

3－12　一砖拱端部窗间墙宽度 600 mm,墙厚 240 mm,采用 MU10 级烧结普通砖和 M7.5 级水泥砂浆砌筑,砌体施工质量控制等级为 B 级,如图 3.30 所示。作用在拱支座端部 $A － A$ 截面由永久荷载设计值产生的纵向力 $N_u = 40$ kN,且由永久荷载控制。试问,该端部截面水平受剪承载力设计值(kN)为多少?

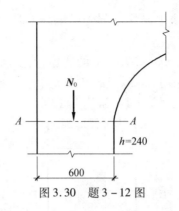

图 3.30 题 3 - 12 图

参考答案

3 - 8 考虑承载力要求和耐久性要求，M5。

3 - 9 220 kN。

3 - 10 60 kN。

3 - 11 不设垫块时局部受压承载力不满足要求；设垫块后，超过 4% ，局部受压承载力可认为满足要求。

3 - 12 22.55 kN。

参考文献

[1] 中国建筑东北设计研究院有限公司. 砌体结构设计规范:GB 50003—2011[S]. 北京:中国建筑工业出版社,2012.

[2] 中华人民共和国建设部. 建筑结构可靠度统一标准:GB 50068—2001[S]. 北京:中国建筑工业出版社,2009.

[3] 唐岱新. 砌体结构[M]. 2 版. 北京:高等教育出版社,2010.

[4] 唐岱新. 砌体结构设计规范理解与应用[M]. 2 版. 北京:中国建筑工业出版社,2012.

[5] 施楚贤. 砌体结构[M]. 3 版. 北京:中国建筑工业出版社,2012.

[6] 丁大钧,蓝宗建. 砌体结构[M]. 2 版. 北京:中国建筑工业出版社,2013.

第 **4** 章

配筋砌体构件的承载力和构造

【学习提要】

本章论述配筋砌体结构构件的受力变形特点及设计方法。要求了解网状配筋砖砌体构件、组合砖砌体构件、配筋混凝土砌块砌体构件的基本受力特点、构造要求及适用范围,另外对配筋砌块砌体剪力墙结构的设计及计算方法应有所了解。应掌握网状配筋砖砌体构件和钢筋混凝土构造柱组合墙的承载力计算方法。

当无筋砌体构件不能满足承载力要求或截面尺寸受到限制时,可采用配筋砌体构件。此外,对混合结构旧房的加固改造,也往往采用配筋砌体构件。配筋砌体是指在砌体中配置钢筋以及砌体和钢筋砂浆或钢筋混凝土组合而成的整体。

在我国应用较早的配筋砌体结构构件主要有网状配筋砖砌体构件、砖砌体和钢筋混凝土面层或钢筋砂浆面层的组合砖砌体构件。自唐山地震以后,为增加地震区砖混结构的抗震承载力及非抗震区砖混结构的承载力和整体性,发展了砖砌体和钢筋混凝土构造柱组合墙。黏土砖由于存在不节能、不环保等缺点,近几年在混合结构中已被淘汰使用,取而代之的是一批新型的砌体材料。而配筋砌块砌体剪力墙结构由于具有节能、环保、施工速度快、承载力较高、受力变形性能与钢筋混凝土剪力墙相似等诸多优点,近些年在中高层及高层房屋中得到了广泛的应用。

4.1　网状配筋砖砌体构件

在砌体砌筑时,将事先做好的钢筋网片按照一定的竖向间距设置在砖砌体的水平灰缝中称为网状配筋砌体或横向配筋砌体。网状配筋砖砌体一般有网片式(图 4.1(a))和连弯式(图 4.1(b))两种,因工程上很少采用连弯钢筋网,故《砌体结构设计规范》(GB 50003—2011)取消了对连弯钢筋网的规定。

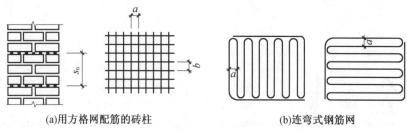

(a)用方格网配筋的砖柱   (b)连弯式钢筋网

图4.1　网状配筋砖砌体

4.1.1　网状配筋砖砌体较无筋砌体承载力提高的原因

砌体受压时,在产生竖向压缩变形的同时还产生横向变形。网状配筋砖砌体构件承受竖向荷载作用后,由于钢筋网与灰缝之间存在摩擦力和粘结力,钢筋被粘结在水平灰缝内和砌体共同工作并能承受较大的横向拉应力。钢筋的弹性模量较砌体的弹性模量高得多,能阻止砌体在纵向受压时横向变形的发展,当砌体出现竖向裂缝后,钢筋便起到横向拉结作用,使被纵向裂缝分割的砌体小柱不至于过早失稳破坏,因而大大提高了砌体的承载力。这也是网状配筋砌体和无筋砌体在受压性能上有较大区别的主要原因。

4.1.2　网状配筋砖砌体构件的受压性能

网状配筋砖砌体构件轴心受压时,从加载开始直到破坏,其破坏过程与无筋砌体类似,按照裂缝的出现和发展,也可分为三个受力阶段,但其破坏特征与无筋砌体有显著的不同。

第一阶段:从开始施加荷载直到随荷载的增加,在个别砖内出现第一条裂缝(或第一批裂缝)。此阶段的受力特征与无筋砌体相同,但出现第一批裂缝时的荷载为破坏荷载的60%~75%,较无筋砌体高。

第二阶段:随着荷载的继续增大至裂缝不断发展,此阶段砌体的破坏特征与无筋砌体的破坏特征有较大不同。主要表现在裂缝数量增多,但裂缝发展较为缓慢,且砌体内的竖向裂缝受横向钢筋网的约束,裂缝展开较小,特别在钢筋网处展开更小些,裂缝不能沿整个砌体高度形成连续裂缝。

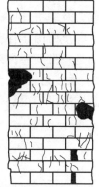

第三阶段:当荷载接近破坏荷载时,砌体内部分砖严重开裂甚至被压碎,网状配筋砖砌体构件完全破坏(图4.2)。此阶段一般不会像无筋砌体那样形成1/2砖的竖向小柱体,砖的强度得到较充分发挥,砌体抗压强度有较大程度的提高。

图4.2　网状配筋砖砌体构件的受压破坏

4.1.3　网状配筋砖砌体构件受压承载力计算

1.网状配筋砖砌体的抗压强度

由于水平钢筋网的横向约束作用,间接提高了砖砌体的抗压强度,依据试验资料并经统计分析,提出了网状配筋砖砌体的抗压强度计算公式为

$$f_n = f + 2\left(1 - \frac{2e}{y}\right)\rho f_y \tag{4.1}$$

$$\rho = \frac{(a+b)A_s}{abs_n} \tag{4.2}$$

式中　f_n——网状配筋砖砌体的抗压强度设计值；

　　　f——砖砌体的抗压强度设计值；

　　　e——轴向力的偏心距；

　　　y——自截面重心至轴向力所在偏心方向截面边缘的距离；

　　　ρ——体积配筋率；

　　　f_y——钢筋的抗拉强度设计值，当 f_y 大于 320 MPa 时，仍采用 320 MPa；

　　　a、b——钢筋网的网格尺寸；

　　　A_s——钢筋的截面面积；

　　　s_n——钢筋网的竖向间距。

2. 网状配筋砖砌体构件的影响系数 φ_n

网状配筋砖砌体矩形截面单向偏心受压构件承载力的影响系数 φ_n，可按表 4.1 或按公式(4.3)计算：

$$\varphi_n = \frac{1}{1 + 12\left[\dfrac{e}{h} + \sqrt{\dfrac{1}{12}\left(\dfrac{1}{\varphi_{0n}} - 1\right)}\right]^2} \tag{4.3}$$

$$\varphi_{0n} = \frac{1}{1 + (0.0015 + 0.45\rho)\beta^2} \tag{4.4}$$

式中　φ_{0n}——网状配筋砖砌体受压构件的稳定系数。

表 4.1　影响系数 φ_n

$\rho/\%$ ＼ β ＼ e/h	0	0.05	0.10	0.15	0.17
0.1　　4	0.97	0.89	0.78	0.67	0.63
6	0.93	0.84	0.73	0.62	0.58
8	0.89	0.78	0.67	0.57	0.53
10	0.84	0.72	0.62	0.52	0.48
12	0.78	0.67	0.56	0.48	0.44
14	0.72	0.61	0.52	0.44	0.41
16	0.67	0.56	0.47	0.40	0.37
0.3　　4	0.96	0.87	0.76	0.65	0.61
6	0.91	0.80	0.69	0.59	0.55
8	0.84	0.74	0.62	0.53	0.49
10	0.78	0.67	0.56	0.47	0.44
12	0.71	0.60	0.51	0.43	0.40
14	0.64	0.54	0.46	0.38	0.36
16	0.58	0.49	0.41	0.35	0.32

续表4.1

ρ/%	e/h β	0	0.05	0.10	0.15	0.17
0.5	4	0.94	0.85	0.74	0.63	0.59
	6	0.88	0.77	0.66	0.56	0.52
	8	0.81	0.69	0.59	0.50	0.46
	10	0.73	0.62	0.52	0.44	0.41
	12	0.65	0.55	0.46	0.39	0.36
	14	0.58	0.49	0.41	0.35	0.32
	16	0.51	0.43	0.36	0.31	0.29
0.7	4	0.93	0.83	0.72	0.61	0.57
	6	0.86	0.75	0.63	0.53	0.50
	8	0.77	0.66	0.56	0.47	0.43
	10	0.68	0.58	0.49	0.41	0.38
	12	0.60	0.50	0.42	0.36	0.33
	14	0.52	0.44	0.37	0.31	0.30
	16	0.46	0.38	0.33	0.28	0.26
0.9	4	0.92	0.82	0.71	0.60	0.56
	6	0.83	0.72	0.61	0.52	0.48
	8	0.73	0.63	0.53	0.45	0.42
	10	0.64	0.54	0.46	0.38	0.36
	12	0.55	0.47	0.39	0.33	0.31
	14	0.48	0.40	0.34	0.29	0.27
	16	0.41	0.35	0.30	0.25	0.24
1.0	4	0.91	0.81	0.70	0.59	0.55
	6	0.82	0.71	0.60	0.51	0.47
	8	0.72	0.61	0.52	0.43	0.41
	10	0.62	0.53	0.44	0.37	0.35
	12	0.54	0.45	0.38	0.32	0.30
	14	0.46	0.39	0.33	0.28	0.26
	16	0.39	0.34	0.28	0.24	0.23

3. 网状配筋砖砌体构件的受压承载力计算

网状配筋砖砌体受压构件的承载力应按公式(4.5)计算：

$$N \leqslant \varphi_n f_n A \tag{4.5}$$

式中　N——轴向力设计值；

　　　A——网状配筋砖砌体构件的截面面积。

4.1.4　网状配筋砖砌体构件的适用范围及其他验算

1. 网状配筋砖砌体构件的适用范围

试验研究表明,网状配筋砖砌体偏心受压构件,当偏心距较大时,钢筋网的横向约束作用减小,砌体受压承载力的提高有限。因此,在设计上要求其偏心距不应超过截面核心范围,对于矩形截面构件,即当 $e/y > 1/3$(即 $e/h > 0.17$)时,或偏心距虽未超过截面核心范围,但构件高厚比 $\beta > 16$(即 $e/h < 0.17$,但构件高厚比 $\beta > 16$)时,均不宜采用网状配筋砖砌体构件。

2.网状配筋砖砌体构件的其他验算

①对于矩形截面构件,当轴向力偏心方向的截面边长大于另一方向的边长时,除按偏心受压计算外,还应对较小边长方向按轴心受压进行验算。

②当网状配筋砖砌体下端与无筋砌体交接时,尚应验算交接处无筋砌体的局部受压承载力。

4.1.5　网状配筋砖砌体构件的构造规定

①网状配筋砖砌体中的体积配筋率,不应小于 0.1% ,并不应大于 1% 。

②采用钢筋网时,钢筋的直径宜采用 3 ~ 4 mm。

③钢筋网中钢筋的间距,不应大于 120 mm,并不应小于 30 mm。

④钢筋网的间距,不应大于五皮砖,并不应大于 400 mm。

⑤网状配筋砖砌体所用的砂浆强度等级不应低于 M7.5;钢筋网应设置在砌体的水平灰缝中,灰缝厚度应保证钢筋上下至少各有 2 mm 厚的砂浆层。

【例4.1】　某网状配筋砖砌体受压构件,如图 4.3 所示,截面尺寸为 620 mm × 800 mm,计算高度 $H_0 = 4.9$ m,采用 MU20 烧结普通砖,M10 水泥混合砂浆砌筑,钢筋网中钢丝为 $\phi^b 4$ 冷拔低碳钢丝,钢丝水平间距为 $a = 60$ mm,$b = 50$ mm,施工质量控制等级为 B 级。该柱承受的轴压力设计值 $N = 550$ kN,沿长边方向的弯矩设计值 $M = 16.5$ kN·m,竖向间距为 $s_n = 180$ mm。试验算该网状配筋砌体构件的受压承载力是否满足要求?

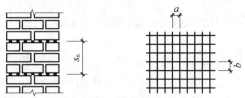

图 4.3　例 4.1 图

【解】　(1)网状配筋砖砌体构件偏心方向受压承载力计算。
$$A = 0.62 \text{ m} \times 0.8 \text{ m} = 0.496 \text{ m}^2 > 0.2 \text{ m}^2$$
$\phi^b 4$ 冷拔低碳钢丝,$f_y = 430$ MPa > 320 MPa,取 $f_y = 320$ MPa
$$\rho = \frac{(a+b)A_s}{abs_n} = \frac{(60+50) \times \frac{1}{4}\pi \times 4^2}{60 \times 50 \times 180} = 0.26\%$$
$$0.1\% < \rho = 0.26\% < 1\%$$
$$e = \frac{M}{N} = \frac{16.5 \times 10^6 \text{ N·mm}}{550 \times 10^3 \text{ N}} = 30 \text{ mm} < 0.17 \ h = 0.17 \times 800 \text{ mm} = 136 \text{ mm}$$
$$y = \frac{1}{2}h = \frac{1}{2} \times 800 \text{ mm} = 400 \text{ mm}$$

MU20 烧结普通砖,M10 水泥混合砂浆,查表得 $f=2.67$ MPa,即

$$f_n = f + 2 \times \left(1 - \frac{2e}{y}\right)\rho f_y = \left[2.67 + 2 \times \left(1 - \frac{2 \times 30}{400}\right) \times 0.26\% \times 320\right] \text{MPa} = 4.08 \text{ MPa}$$

$$\beta = \gamma_\beta \frac{H_0}{h} = 1.0 \times \frac{4\,900 \text{ mm}}{800 \text{ mm}} = 6.125 < 16$$

$$\varphi_{0n} = \frac{1}{1 + (0.001\,5 + 0.45\rho)\beta^2} = \frac{1}{1 + (0.001\,5 + 0.45 \times 0.26\%) \times 6.125^2} = 0.91$$

$$\varphi_n = \frac{1}{1 + 12\left[\frac{e}{h} + \sqrt{\frac{1}{12}\left(\frac{1}{\varphi_{0n}} - 1\right)}\right]^2} = \frac{1}{1 + 12\left[\frac{30}{800} + \sqrt{\frac{1}{12}\left(\frac{1}{0.91} - 1\right)}\right]^2} = 0.84$$

$$N = 550 \text{ kN} < \varphi_n f_n A = (0.84 \times 4.08 \times 0.496 \times 10^6) \text{N} = 1\,699.89 \text{ kN}$$

满足网状配筋砖砌体偏心方向受压承载力要求。

(2)网状配筋砖砌体构件轴心方向受压承载力计算

$$e = 0 < 0.17h = 0.17 \times 620 \text{ mm} = 105.4 \text{ mm}$$

$$f_n = f + 2 \times \left(1 - \frac{2e}{y}\right)\rho f_y = (2.67 + 2 \times 0.26\% \times 320) \text{MPa} = 4.33 \text{ MPa}$$

$$\beta = \gamma_\beta \frac{H_0}{h} = 1.0 \times \frac{4\,900 \text{ mm}}{620 \text{ mm}} = 7.9 < 16$$

$$\varphi_{0n} = \varphi_n = \frac{1}{1 + (0.001\,5 + 0.45\rho)\beta^2} = \frac{1}{1 + (0.001\,5 + 0.45 \times 0.26\%) \times 7.9^2} = 0.86$$

$$N = 550 \text{ kN} < \varphi_n f_n A = (0.86 \times 4.33 \times 0.496 \times 10^6) \text{N} = 1\,847 \text{ kN}$$

满足网状配筋砖砌体轴心方向受压承载力要求。

4.2 砖砌体和钢筋混凝土面层或钢筋砂浆面层的组合砌体构件

在砖砌体内配置纵向钢筋或设置部分钢筋混凝土或钢筋砂浆后能够共同工作的砌体构件皆为组合砖砌体。组合砖砌体构件包括砖砌体和钢筋混凝土面层或钢筋砂浆面层的组合砌体构件(图4.4)以及砖砌体和钢筋混凝土构造柱组合墙(图4.5)。本节讲述前一种组合砖砌体构件。组合砖砌体不但能显著提高砌体的抗弯能力和延性,而且也能提高其抗压能力。

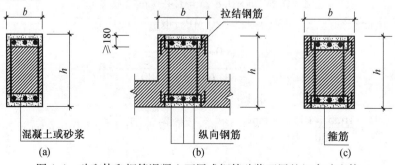

图4.4 砖砌体和钢筋混凝土面层或钢筋砂浆面层的组合砖砌体

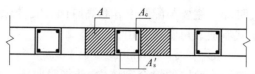

图4.5　砖砌体和钢筋混凝土构造柱组合墙

4.2.1　砖砌体和钢筋混凝土面层或钢筋砂浆面层组合砌体构件适用范围

当荷载偏心距较大($e > 0.6y$,超过截面核心范围),无筋砖砌体承载力不足而截面尺寸又受到限制时,宜采用砖砌体和钢筋混凝土面层或钢筋砂浆面层组成的组合砖砌体构件。近些年,我国在对砌体结构房屋进行加固或改造的过程中,当原有的墙、柱承载力不足时,也常在砖砌体构件表面做钢筋混凝土面层或钢筋砂浆面层形成组合砖砌体构件,以提高原有构件的承载力。

4.2.2　砖砌体和钢筋混凝土面层或钢筋砂浆面层组合砌体构件的受压性能

①组合砖砌体轴心受压时,往往在砌体与面层混凝土或面层砂浆的连接处产生第一批裂缝。随着压力增大,砖砌体内逐渐产生竖向裂缝,但发展较为缓慢,这是由于面层具有一定的横向约束作用。最后,砌体内的砖和面层混凝土或面层砂浆严重脱落甚至被压碎,或竖向钢筋在箍筋范围内压屈,组合砌体宣告破坏,如图4.6所示(该试验墙体图取自湖南大学)。

②组合砖砌体受压时,由于面层的约束,砖砌体的受压变形能力增大,当组合砖砌体达到极限承载力时,其内砌体的强度未充分利用。在有砂浆面层的情况下,组合砖砌体达到极限承载力时的压应变小于钢筋的屈服应变,其内受压钢筋的强度亦未充分利用。根据湖南大学试验结果,混凝土面层的组合砖砌体,其砖砌体的强度系数 $\eta_m = 0.945$,钢筋的强度系数 $\eta_s = 1.0$;有砂浆面层时,其 $\eta_m = 0.928$, $\eta_s = 0.9$。在承载力计算时,对于混凝土面层,可取 $\eta_m = 0.9$, $\eta_s = 1.0$;对于砂浆面层,可取 $\eta_m = 0.85$, $\eta_s = 0.9$。

图4.6　砖砌体和钢筋混凝土面层或钢筋砂浆面层组合砖砌体轴心受压破坏

③砖砌体和钢筋混凝土面层或钢筋砂浆面层组合砌体构件的稳定系数 φ_{com} 介于同样截面的无筋砖砌体构件稳定系数 φ_0 和钢筋混凝土构件的稳定系数 φ_{rc} 之间,经四川省建

筑科学研究院的试验表明,φ_{com} 主要与配筋率 ρ 和高厚比有关,根据试验结果,φ_{com} 可按式(4.6)计算,规范中按上式制成表可直接查用,见表4.2。

$$\varphi_{\text{com}} = \varphi_0 + 100\rho(\varphi_{\text{rc}} - \varphi_0) \leqslant \varphi_{\text{rc}} \tag{4.6}$$

④在砖砌体和钢筋混凝土面层的组合砌体中,砖能吸收混凝土中多余的水分,有利于混凝土的结硬,尤其在混凝土结硬的早期(4~10 d)更为明显,使得组合砌体中的混凝土较一般情况下的混凝土能提前发挥受力作用。当面层为砂浆时也有类似的性能。

表4.2 组合砖砌体构件的稳定系数 φ_{com}

高厚比 β	配筋率 $\rho/\%$					
	0	0.2	0.4	0.6	0.8	$\geqslant 1.0$
8	0.91	0.93	0.95	0.97	0.99	1.00
10	0.87	0.90	0.92	0.94	0.96	0.98
12	0.82	0.85	0.88	0.91	0.93	0.95
14	0.77	0.80	0.83	0.86	0.89	0.92
16	0.72	0.75	0.78	0.81	0.84	0.87
18	0.67	0.70	0.73	0.76	0.79	0.81
20	0.62	0.65	0.68	0.71	0.73	0.75
22	0.58	0.61	0.64	0.66	0.68	0.70
24	0.54	0.57	0.59	0.61	0.63	0.65
26	0.50	0.52	0.54	0.56	0.58	0.60
28	0.46	0.48	0.50	0.52	0.54	0.56

注:组合砖砌体构件截面的配筋率 $\rho = A'_s/(bh)$。

4.2.3 砖砌体和钢筋混凝土面层或钢筋砂浆面层组合砌体构件的受压承载力计算

1. 轴心受压

组合砖砌体轴心受压构件的承载力,应按式(4.7)计算:

$$N \leqslant \varphi_{\text{com}}(fA + f_c A_c + \eta_s f'_y A'_s) \tag{4.7}$$

式中 φ_{com}——组合砖砌体构件的稳定系数,按表4.2采用;

      A——砖砌体的截面面积;

      f_c——混凝土或面层水泥砂浆的轴心抗压强度设计值,砂浆的轴心抗压强度设计值可取为同强度等级混凝土的轴心抗压强度设计值的70%,当砂浆为 M15 时,取 5.0 MPa;当砂浆为 M10 时,取 3.4 MPa;当砂浆为 M7.5 时,取 2.5 MPa;

      A_c——混凝土或砂浆面层的截面面积;

      η_s——受压钢筋的强度系数,当为混凝土面层时,可取 1.0;当为砂浆面层时可取 0.9;

      f'_y——钢筋的抗压强度设计值;

A'_s——受压钢筋的截面面积。

2. 偏心受压

砖砌体和钢筋混凝土面层或钢筋砂浆面层组合砌体偏心受压构件亦分为小偏心受压(图 4.7(a))和大偏心受压(图 4.7(b))两种。

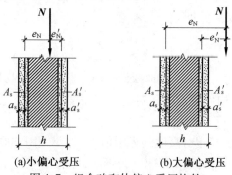

(a)小偏心受压　　　　　(b)大偏心受压
图 4.7　组合砖砌体偏心受压构件

组合砖砌体偏心受压构件的承载力,应按下列公式计算:

$$N \leqslant fA' + f_c A'_c + \eta_s f'_y A'_s - \sigma_s A_s \qquad (4.8)$$

或

$$Ne_N \leqslant fS_s + f_c S_{c,s} + \eta_s f'_y A'_s (h_0 - a'_s) \qquad (4.9)$$

此时受压区高度 x 可按下列公式确定:

$$fS_N + f_c S_{c,N} + \eta_s f'_y A'_s e'_N - \sigma_s A_s e_N = 0 \qquad (4.10)$$

偏心距可按下式计算:

$$e_N = e + e_a + (h/2 - a_s) \qquad (4.11)$$

$$e'_N = e + e_a - (h/2 - a'_s) \qquad (4.12)$$

$$e_a = \frac{\beta^2 h}{2\,200}(1 - 0.022\beta) \qquad (4.13)$$

式中　A'——砖砌体受压部分的面积;

　　　A'_c——混凝土或砂浆面层受压部分的面积;

　　　σ_s——钢筋 A_s 的应力;

　　　A_s——距轴向力 N 较远侧钢筋的截面面积;

　　　S_s——砖砌体受压部分的面积对钢筋 A_s 重心的面积矩;

　　　$S_{c,s}$——混凝土或砂浆面层受压部分的面积对钢筋 A_s 重心的面积矩;

　　　S_N——砖砌体受压部分的面积对轴向力 N 作用点的面积矩;

　　　$S_{c,N}$——混凝土或砂浆面层受压部分的面积对轴向力 N 作用点的面积矩;

　　　e_N、e'_N——钢筋 A_s 和 A'_s 重心至轴向力 N 作用点的距离;

　　　e——轴向力的初始偏心距,按荷载设计值计算,当 e 小于 $0.05h$ 时,应取 e 等于 $0.05h$;

　　　e_a——组合砖砌体构件在轴向力作用下的附加偏心距;

　　　h_0——组合砖砌体构件截面的有效高度,取 $h_0 = h - a_s$;

　　　a_s、a'_s——钢筋 A_s 和 A'_s 重心至截面较近边的距离。

组合砖砌体中钢筋 A_s 的应力 σ_s（单位为 MPa，正值为拉应力，负值为压应力）可按下列规定计算：

（1）小偏心受压，即 $\xi > \xi_b$ 时：

$$\sigma_s = 650 - 800\xi \qquad (4.14)$$

（2）大偏心受压，即 $\xi \leqslant \xi_b$ 时：

$$\sigma_s = f_y \qquad (4.15)$$

$$\xi = x/h_0 \qquad (4.16)$$

式中　σ_s——钢筋的应力，当 $\sigma_s > f_y$ 时，取 $\sigma_s = f_y$；当 $\sigma_s < f_y'$ 时，取 $\sigma_s = f_y'$；

　　　ξ——组合砖砌体构件截面的相对受压区高度；

　　　f_y——钢筋抗拉强度设计值。

组合砖砌体构件受压区相对高度的界限值 ξ_b，对于 HRB400 级钢筋，应取 0.36；对于 HRB335 级钢筋，应取 0.44；对于 HPB300 级钢筋，应取 0.47。

4.2.4　砖砌体和钢筋混凝土面层或钢筋砂浆面层组合砌体构件的构造要求

①面层混凝土强度等级宜采用 C20。面层水泥砂浆强度等级不宜低于 M10，砌筑砂浆的强度等级不宜低于 M7.5。

②砂浆面层的厚度，可采用 30～45 mm。当面层厚度大于 45 mm 时，其面层宜采用混凝土。

③竖向受力钢筋宜采用 HPB300 级钢筋，对于混凝土面层，亦可采用 HRB335 级钢筋。受压钢筋一侧的配筋率，对砂浆面层，不宜小于 0.1%，对混凝土面层，不宜小于 0.2%。受拉钢筋的配筋率，不应小于 0.1%。竖向受力钢筋的直径，不应小于 8 mm，钢筋的净间距，不应小于 30 mm。

④箍筋的直径，不宜小于 4 mm 及 0.2 倍的受压钢筋直径，并不宜大于 6 mm。箍筋的间距，不应大于 20 倍受压钢筋的直径及 500 mm，并不应小于 120 mm。

⑤当组合砖砌体构件一侧的竖向受力钢筋多于 4 根时，应设置附加箍筋或拉结钢筋。

⑥对于截面长短边相差较大的构件如墙体等，应采用穿通墙体的拉结钢筋作为箍筋，同时设置水平分布钢筋。水平分布钢筋的竖向间距及拉结钢筋的水平间距，均不应大于 500 mm（图 4.8）。

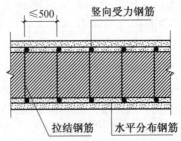

图 4.8　钢筋混凝土或钢筋砂浆面层组合墙

⑦组合砖砌体构件的顶部和底部，以及牛腿部位，必须设置钢筋混凝土垫块。竖向

受力钢筋伸入垫块的长度,必须满足锚固要求。

【例4.2】　图4.9 所示某承重横墙厚 240 mm,计算高度 $H_0 = 3.6$ m,采用 MU10 砖、M10 水泥砂浆砌筑,为双面钢筋水泥砂浆面层组合砖砌体,砂浆面层厚 30 mm,钢筋皆为 HPB300 级,竖向钢筋采用 $\phi8@150$,水平钢筋为 $\phi6@250$,并按规定设置穿墙拉结筋。该墙每米承受轴心压力设计值为 600 kN,试计算该墙体受压承载力是否满足要求。

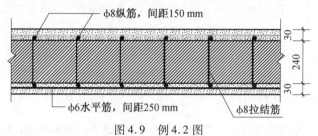

图4.9　例4.2 图

【解】　该墙体为轴心受压,取 1 m 长墙体计算:

$$A'_s = 2 \times \frac{1\ 000\ \text{mm}}{150\ \text{mm}} \times 50.3\ \text{mm}^2 = 670\ \text{mm}^2,\rho = \frac{A'_s}{bh} = \frac{670\ \text{mm}^2}{1\ 000\ \text{mm} \times 300\ \text{mm}} = 0.223\%$$

每侧配筋率 $\rho = 0.112\% > 0.1\%$,满足构造要求。

$$\beta = \gamma_\beta \frac{H_0}{h} = 1.0 \times \frac{3.6\ \text{m}}{0.3\ \text{m}} = 12,由表 4.2 查得$$

$$\varphi_{\text{com}} = 0.853,对于砂浆面层 \eta_s = 0.9$$

MU10 烧结普通砖,M10 水泥砂浆,$f = 1.89$ MPa;M10 水泥砂浆,$f_c = 3.4$ MPa

$$\begin{aligned}
N_u &= \varphi_{\text{com}}(fA + f_c A_c + \eta_s f'_y A'_s)\\
&= 0.853 \times (1.89 \times 1\ 000 \times 240 + 3.4 \times 1\ 000 \times 60 + 0.9 \times 300 \times 670)\text{N}\\
&= 715\ 240.5\ \text{N} = 715.24\ \text{kN} > N = 600\ \text{kN}
\end{aligned}$$

满足轴心受压承载力要求。

【例4.3】　组合砖柱的截面尺寸为 490 mm × 620 mm,如图4.10 所示,计算高度为 4.8 m,承受轴向力 $N = 480$ kN,沿截面长边方向作用弯矩 $M = 180$ kN·m。采用 MU15 烧结普通砖,M10 水泥混合砂浆,混凝土强度等级为 C20,HPB300 级钢筋。求 A_s 及 A'_s。

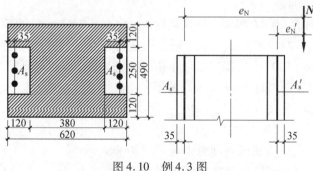

图4.10　例4.3 图

【解】　(1)偏心受压承载力计算。

MU15 烧结普通砖,M10 水泥混合砂浆,查表 3.10,$f = 2.31$ N/mm²。

砌体截面面积 $A = (0.62 \times 0.49 - 2 \times 0.25 \times 0.12)\text{m}^2 = 0.243\ 8\ \text{m}^2 > 0.2\ \text{m}^2$ 不考虑

调整系数。

C20 混凝土,$f_c = 9.6 \text{ N/mm}^2$,$f_y = f_y' = 270 \text{ N/mm}^2$

偏心距

$$e = M/N = \frac{180 \text{ kN} \cdot \text{m}}{480 \text{ kN}} = 0.375 \text{ m} = 375 \text{ mm}$$

$$> 0.6y = 0.6 \times 310 \text{ mm} = 186 \text{ mm} > 0.05 h = 0.05 \times 620 \text{ mm} = 31 \text{ mm}$$

高厚比
$$\beta = \gamma_\beta \frac{H_0}{h} = 1.0 \times \frac{4\,800 \text{ mm}}{620 \text{ mm}} = 7.74$$

附加偏心距

$$e_a = \frac{\beta^2 h}{2\,200}(1 - 0.022\beta) = \frac{7.74^2 \times 620 \text{ mm}}{2\,200} \times (1 - 0.022 \times 7.74) = 14 \text{ mm}$$

正常环境下柱保护层厚度 $c = 25 \text{ mm}$,设钢筋直径 $d = 20 \text{ mm}$,则 A_s 与 A_s' 重心至截面近边的距离:

$$a_s = a_s' = c + \frac{d}{2} = \left(25 + \frac{20}{2}\right) \text{mm} = 35 \text{ mm}$$

$$h_0' = h - a_s = (620 - 35) \text{mm} = 585 \text{ mm}$$

$$e_N = e + e_a + (h/2 - a_s) = \left[375 + 14 + \left(\frac{620}{2} - 35\right)\right] \text{mm} = 664 \text{ mm}$$

$$e_N' = e + e_a - (h/2 - a_s') = \left[375 + 14 - \left(\frac{620}{2} - 35\right)\right] \text{mm} = 114 \text{ mm}$$

先假定该柱为大偏心受压,则

砌体受压区面积为
$$A' = 490x - 120 \times 250$$

混凝土受压区面积为
$$A_c' = 120 \text{ mm} \times 250 \text{ mm} = 30\,000 \text{ mm}^2$$

由 $N = fA' + f_c A_c'$,求 x:
$$480\,000 = 2.31(490x - 30\,000) + 9.6 \times 30\,000$$

得 $x = 230.85 \text{ mm}$。

HPB300 级钢筋 $\xi_b = 0.47$,界限受压区高度,$x_b = \xi_b h_0 = 0.47 \text{ mm} \times 585 \text{ mm} = 274.95 \text{ mm}$,$x = 230.85 \text{ mm} < x_b = 274.95 \text{ mm}$,大偏心受压假定符合。

$x = 230.85 \text{ mm} > 120 \text{ mm}$ 假定混凝土面层均受压,亦符合假定要求。

砖砌体受压部分面积对钢筋 A_s 重心的面积矩 S_s。

截面采用对称配筋,$\eta_s = 1.0$。

$\eta_s A_s' f_y' = \sigma_s A_s = f_y A_s$,代入式 $N \leqslant fA' + f_c A_c' + \eta_s f_y' A_s' - \sigma_s A_s$,可简化为 $N \leqslant fA' + f_c A_c'$。

令 $N = fA' + f_c A_c'$,设受压区高度为 x 且 $x > 120 \text{ mm}$。

受压混凝土面层的面积对钢筋 A_s 重心的面积矩 $S_{s,c}$ 为

$$S_{s,c} = \left[120 \times 250 \times \left(585 - \frac{120}{2}\right)\right] \text{mm}^3 = 15\,750\,000 \text{ mm}^3$$

钢筋面积为

$$A_s = A_s' = \frac{Ne_N - fS_s - f_c S_{c,s}}{\eta_s f_y (h_0 - a_s')} = \frac{480\,000 \times 664 - 2.31 \times 37\,366\,680.5 - 9.6 \times 15\,750\,000}{1.0 \times 300 \times (585 - 35)} \text{mm}^2$$

$$= 492.14 \text{ mm}^2$$

每边选用 $4\phi14$，$A_s = A_s' = 615 \text{ mm}^2$

$$\rho = \frac{A_s}{bh} = \frac{615}{490 \times 620} = 0.202\% > 0.20\% \text{，满足构造要求。}$$

钢筋间距为 $\dfrac{250 - 14 \times 4}{5}$ mm $- 38.8$ mm > 30 mm，满足要求。

(2)截面短边方向轴心受压承载力计算

$$A = (490 \times 620 - 2 \times 120 \times 250)\text{mm}^2 = 243\,800 \text{ mm}^2$$

$$A_c = (2 \times 120 \times 250)\text{mm}^2 = 60\,000 \text{ mm}^2$$

$$A_s = (2 \times 615)\text{mm}^2 = 1\,230 \text{ mm}^2$$

$$\rho = \frac{A_s}{bh} = \frac{1\,230}{490 \times 620} = 0.40\%$$

$$\beta = \gamma_\beta \frac{H_0}{b} = 1.0 \times \frac{4\,800}{490} = 9.8$$

查表 4.2，$\varphi_{com} = 0.95 + \dfrac{0.92 - 0.95}{10 - 8} \times (9.8 - 8) = 0.923$

$$N = \varphi_{com}(fA + f_c A_c + \eta_s f_y' A_s')$$
$$= 0.923 \times (2.31 \times 243\,800 + 9.6 \times 60\,000 + 1.0 \times 300 \times 1\,230)\text{N}$$
$$= 1\,392\,048.29 \text{ N} = 1\,392.05 \text{ kN} > 480 \text{ kN}$$

满足承载力要求。

4.3　砖砌体和钢筋混凝土构造柱组合墙

砖砌体与钢筋混凝土构造柱及圈梁组合而成的整体，称为砖砌体和钢筋混凝土构造柱组合墙。

4.3.1　应用范围

有抗震要求的多层砌体房屋，《建筑抗震设计规范》(GB 50011)指出，应按要求设置钢筋混凝土构造柱，这里的构造柱设置目的主要是为了加强墙体的整体性，增加墙体抗侧延性和一定程度上利用其抵抗侧向地震力。

砖混结构墙体设计中，有时会遇到砖墙竖向承载力不足而增大墙体厚度又不经济时，往往在墙体中设钢筋混凝土柱予以加强，柱的截面高度与墙厚一样，该柱也可以视为构造柱。

构造柱在墙体中的位置，可以设在墙体的两端，也可以在墙体中部，或两者兼而有之。具体设置要求按规范要求确定。

4.3.2 受压性能

1. 受力阶段

根据湖南大学试验及有限元分析,图 4.11 所示砖砌体和钢筋混凝土构造柱组合墙在轴心受压时,其破坏过程可分为三个受力阶段。

(1)弹性受力阶段。

该阶段从砖砌体和钢筋混凝土构造柱组合墙开始受压至压力小于破坏压力的 40%。砌体内竖向压应力的分布与有限元分析结果大致相同,图 4.12(a)为主应力迹线示意图,图中实线为主压应力迹线,它明显向构造柱扩散(图中虚线为主拉应力迹线,其值很小);砌体内竖向压应力的分布不均匀,图 4.12(b)中虚线为墙体开裂前的竖向压应力的分布,在墙顶部中部和底部截面上(分别为Ⅰ－Ⅰ、Ⅱ－Ⅱ和Ⅲ－Ⅲ截面),竖向压应力为上部大、下部小,它沿墙体水平方向是中间大、两端小。

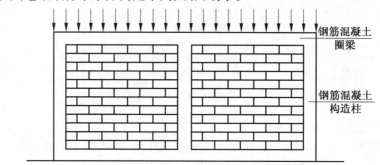

图 4.11　砖砌体和钢筋混凝土构造柱组合墙

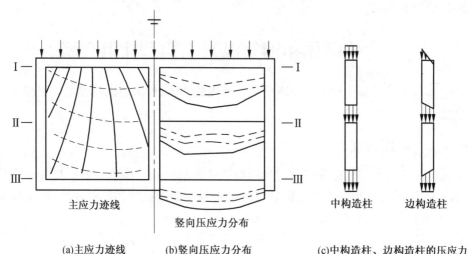

(a)主应力迹线　　　(b)竖向压应力分布　　　(c)中构造柱、边构造柱的压应力

图 4.12　按有限元分析的组合墙的受力

(2)弹塑性工作阶段。

随着压力的增加,上部圈梁与构造柱连接的附近及构造柱之间中部砌体出现竖向裂缝,且上部圈梁在跨中处产生自下而上的竖向裂缝,如图 4.13 所示。图 4.12(b)中点画线为按有限元分析开裂时砌体内的竖向压应力分布。由于构造柱与圈梁形成的约束作

用,直至压力达破坏压力的约 70% 时,裂缝发展缓慢,裂缝走向大多指向构造柱柱脚。这一阶段经历的时间较长,所施加压力可达破坏压力的 90% 。图 4.12(b)中实线为临近破坏时砌体内的竖向压应力分布。按有限元分析,构造柱下部截面压应力较上部截面压应力增加较多,中部构造柱为均匀受压,边构造柱则处于小偏心受压,如图 4.12(c)所示。由于边构造柱横向变形的增大,试验时可观测到边构造柱略向外鼓,如图 4.13 所示。

图 4.13　组合墙轴心受压破坏形态

(3)破坏阶段。

试验中未出现构造柱与砌体交接处竖向开裂或脱离现象,但砌体内裂缝贯通,最终裂缝穿过构造柱柱脚,构造柱内钢筋压屈,混凝土被压碎、剥落,与此同时构造柱之间中部的砌体亦受压破坏,如图 4.13 所示。

2. 影响因素

试验结果和有限元的分析表明,组合墙在使用阶段,构造柱和砖墙体具有良好的整体工作性能。组合墙受压时,构造柱的作用主要反映在两个方面:一是因混凝土构造柱和砖墙的刚度不同及内力重分布,它直接分担作用于墙体上的压力;二是构造柱与圈梁形成"弱框架",砌体的横向变形受到约束,间接提高了墙体的受压承载力。在影响组合墙受压承载力的诸多因素中,经对比分析,随着房屋层数的增加,组合墙的受力较为有利;房屋层高的影响不明显,如当墙高由 2.8 m 增到 3.6 m 时,构造柱内压应力的增加和砌体内压应力的减小幅度均在 5% 以内;构造柱间距的影响最为显著。组合墙的受压承载力随构造柱间距的减小而明显增加,构造柱间距为 2 m 左右时,构造柱的作用得到充分发挥。构造柱间距较大时,它约束砌体横向变形的能力减弱,间距大于 4 m 时,构造柱对组合墙受压承载力的提高很小。

4.3.3　受压承载力

砖砌体和钢筋混凝土构造柱组合墙(图 4.14)的轴心受压承载力应按下列公式计算:

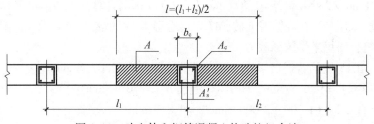

图 4.14　砖砌体和钢筋混凝土构造柱组合墙

$$N \leqslant \varphi_{\mathrm{com}}\left[fA + \eta(f_{\mathrm{c}}A_{\mathrm{c}} + f_{\mathrm{y}}'A_{\mathrm{s}}')\right] \tag{4.17}$$

$$\eta = \left[\cfrac{1}{\cfrac{l}{b_{\mathrm{c}}} - 3}\right]^{\frac{1}{4}} \tag{4.18}$$

式中 φ_{com}——组合砖墙的稳定系数,可按表4.2采用;

η——强度系数,当 $l/b_{\mathrm{c}} < 4$ 时,取 $l/b_{\mathrm{c}} = 4$;

l——沿墙长方向构造柱的间距;

b_{c}——沿墙长方向构造柱的宽度;

A——扣除孔洞和构造柱的砖砌体截面面积;

A_{c}——构造柱的截面面积。

4.3.4 砖砌体和钢筋混凝土构造柱组合墙的材料和构造要求

①砂浆的强度等级不应低于 M5,构造柱的混凝土强度等级不宜低于 C20。

②构造柱的截面尺寸不宜小于 240 mm × 240 mm,其厚度不应小于墙厚,边柱、角柱的截面宽度宜适当加大。柱内竖向受力钢筋,对于中柱,钢筋数量不宜少于 4 根、直径不宜小于 12 mm;对于边柱、角柱,钢筋数量不宜少于 4 根,直径不宜小于 14 mm。构造柱的竖向受力钢筋的直径也不宜大于 16 mm。其箍筋,一般部位宜采用直径 6 mm、间距 200 mm,楼层上下 500 mm 范围内宜采用直径 6 mm、间距 100 mm。构造柱的竖向受力钢筋应在基础梁和楼层圈梁中锚固,并应符合受拉钢筋的锚固要求。

③组合砖墙砌体结构房屋,应在纵横墙交接处、墙端部和较大洞口的洞边设置构造柱,其间距不宜大于 4 m。各层洞口宜设置在相应位置,并宜上下对齐。

④组合砖墙砌体结构房屋应在基础顶面、有组合墙的楼层处设置现浇钢筋混凝土圈梁。圈梁的截面高度不宜小于 240 mm;纵向钢筋数量不宜少于 4 根、直径不宜小于 12 mm,纵向钢筋应伸入构造柱内,并应符合受拉钢筋的锚固要求;圈梁的箍筋直径宜采用 6 mm、间距 200 mm。

⑤砖砌体与构造柱的连接处应砌成马牙槎,并应沿墙高每隔 500 mm 设 2 根直径 6mm 的拉结钢筋,且每边伸入墙内不宜小于 600 mm。

⑥构造柱可不单独设置基础,但应伸入室外地坪下 500 mm,或与埋深小于 500 mm 的基础梁相连。

⑦组合砖墙的施工顺序应为先砌墙后浇混凝土构造柱。

【例4.4】 如图 4.15 所示,砖砌体和钢筋混凝土构造柱组合墙,墙厚 240 mm,构造柱截面尺寸 240 mm × 240 mm,$l_1 = 1\,700$ mm,$l_2 = 2\,000$ mm,计算高度 $H_0 = 3.6$ m。配置 4ϕ14 HPB300 钢筋,采用 MU15 烧结普通砖,M7.5 混合砂浆,C20 混凝土。求该砖砌体和钢筋混凝土构造柱组合墙每米受压承载力。

【解】 MU15 烧结普通砖,M7.5 混合砂浆,查表 $f = 2.07 \text{ N/mm}^2$。

C20 混凝土 $f_{\mathrm{c}} = 9.6 \text{ N/mm}^2$,HPB300 钢筋,$f_{\mathrm{y}}' = 270 \text{ N/mm}^2$

$l = (l_1 + l_2)/2 = (1\,700 + 2\,000) \text{ mm}/2 = 1\,850 \text{ mm}$

砖砌体净截面面积 $A = (1\,850 - 240) \text{ mm} \times 240 \text{ mm} = 386\,400 \text{ mm}^2$

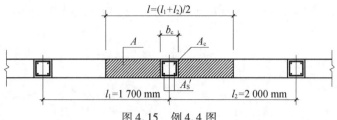

图 4.15 例 4.4 图

构造柱截面面积 $A_c = 240\ mm \times 240\ mm = 57\ 600\ mm^2$

全部受压钢筋截面面积 $A_s' = (4 \times 153.86)\ mm^2 = 615\ mm^2$

强度系数 η，取 $l = 1\ 850\ mm$，$l/b_c = \dfrac{1\ 850\ mm}{240\ mm} = 7.71 > 4$

$$\eta = \left[\dfrac{1}{\dfrac{l}{b_c} - 3} \right]^{\frac{1}{4}} = \left[\dfrac{1}{\dfrac{1\ 850}{240} - 3} \right]^{\frac{1}{4}} = 0.68$$

求稳定系数 φ_{com}：

$$\beta = \gamma_\beta \dfrac{H_0}{h} = 1.0 \times \dfrac{3.6\ m}{0.24\ m} = 15,\ \rho = \dfrac{A_s'}{bh} = \dfrac{615\ mm^2}{1\ 850\ mm \times 240\ mm} = 0.14\%$$

查表 4.2 得 $\varphi_{com} = 0.77$。

受压承载力为

$$\begin{aligned}
N_u &= \varphi_{com}[fA + \eta(f_c A_c + f_y' A_s')] \\
&= 0.77 \times [2.07 \times 386\ 400 + 0.68 \times (9.6 \times 57\ 600 + 270 \times 615)]\ N \\
&= 992\ 357\ N = 992.36\ kN
\end{aligned}$$

组合砖砌体每米墙长的承载力为

$$N_u = \dfrac{992.36\ kN}{1.85\ m} = 536.41\ kN/m$$

【例 4.5】 一多层砌体房屋承重横墙，其局部平面如图 4.16 所示，用 MU15 烧结多孔砖，M10 混合砂浆砌筑，构造柱截面尺寸 240 mm × 240 mm，采用 C25 混凝土，竖向受力钢筋为 4φ14 HPB300 钢筋，箍筋为 φ6@150，计算高度 $H_0 = 3.3\ m$。

求：砖砌体和钢筋混凝土构造柱组合墙的轴心受压承载力。

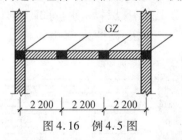

图 4.16 例 4.5 图

【解】 MU15 烧结多孔砖，M10 混合砂浆，查表 $f = 2.31\ N/mm^2$。

C25 混凝土 $f_c = 11.9\ N/mm^2$，HPB300 钢筋，$f_y' = 270\ N/mm^2$。

砖砌体净截面面积 $A = (2200 - 240)\ mm \times 240\ mm = 470\ 400\ mm^2$

构造柱截面面积 $A_c = 240\ mm \times 240\ mm = 57\ 600\ mm^2$

全部受压钢筋截面面积 $A_s' = (4 \times 153.86)\ mm^2 = 615\ mm^2$

强度系数 η，取 $l = 2\ 200$ mm，$l/b_c = 2\ 200$ mm$/(240$ mm$) = 9.17 > 4$

$$\eta = \left[\frac{1}{\dfrac{l}{b_c} - 3}\right]^{\frac{1}{4}} = \left[\frac{1}{9.17 - 3}\right]^{\frac{1}{4}} = 0.63$$

求稳定系数 φ_{com}：

$$\beta = \gamma_\beta \frac{H_0}{h} = 1.0 \times \frac{3.3\ \text{m}}{0.24\ \text{m}} = 13.75,\ \rho = \frac{A'_s}{bh} = \frac{615\ \text{mm}^2}{2\ 200\ \text{mm} \times 240\ \text{mm}} = 0.12\%$$

查表 4.2，利用内插法有

$$\beta = 12,\ \rho = 0.12\%,\ \varphi_{com} = 0.82 + \frac{0.85 - 0.82}{0.2} \times 0.12 = 0.838$$

$$\beta = 14,\ \rho = 0.12\%,\ \varphi_{com} = 0.77 + \frac{0.80 - 0.77}{0.2} \times 0.12 = 0.788$$

$$\beta = 13.75,\ \rho = 0.12\%,\ \varphi_{com} = 0.838 + \frac{0.788 - 0.838}{2} \times (13.75 - 12) = 0.79$$

受压承载力为

$$\begin{aligned}
N_u &= \varphi_{com}\left[fA + \eta(f_c A_c + f'_y A'_s)\right] \\
&= 0.79 \times \left[2.31 \times 470\ 400 + 0.63 \times (11.9 \times 57\ 600 + 270 \times 615)\right] \text{N} \\
&= 1\ 282\ 219\ \text{N} = 1\ 282.22\ \text{kN}
\end{aligned}$$

4.4　配筋砌块砌体构件

如图 4.17 所示配筋砌块砌体剪力墙结构的成型工艺是采用混凝土空心砌块砌筑而成，砌筑时按设计要求在砌体的水平凹槽中布置水平钢筋，砌筑完成并清除孔洞内残留的砂浆后，自墙顶向孔洞内插入竖向钢筋，在竖向孔洞内灌注专用混凝土，形成装配整体式钢筋混凝土墙，其受力性能与钢筋混凝土剪力墙构件相似。由于配筋砌块砌体剪力墙结构与其他结构类型的建筑相比具有造价低、施工速度快、承载力高的特点，故哈尔滨工业大学、同济大学、西安科技大学、吉林建筑大学及部分科研单位等对该类结构的受力及变形特点进行研究，且在北京、哈尔滨、大庆、吉林等地区被广泛应用，现中国建造的较高的配筋砌块砌体剪力墙结构有上海 18 层（51.4 m）的上海园南校区，最高的配筋砌块砌体剪力墙结构为科盛科技大厦办公楼，高度达 98.8 m。

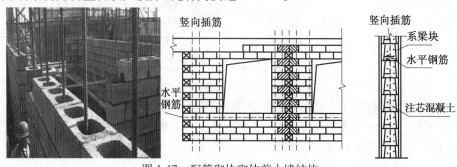

图 4.17　配筋砌块砌体剪力墙结构

4.4.1　配筋砌块砌体剪力墙构件轴心受压承载力

1. 受压性能

根据湖南大学的试验研究可知,配筋砌块砌体剪力墙构件在轴心压力作用下,经历三个受力阶段。

(1)初裂阶段。

砌体和竖向钢筋的应变均很小,第一条或第一批竖向裂缝大多在有竖向钢筋的附近砌体内产生。墙体产生第一条裂缝时的压力为破坏压力的40%～70%。随竖向钢筋配筋率的增加,该比值有所降低,但变化不大。

(2)裂缝发展阶段。

随着压力的增大,墙体裂缝增多、加长,且大多分布在竖向钢筋之间的砌体内,形成条带状。由于钢筋的约束作用,裂缝分布较均匀,裂缝密而细;在水平钢筋处,上、下竖向裂缝不贯通而有错位。

(3)破坏阶段。

破坏时竖向钢筋可达屈服强度。最终因墙体竖向裂缝较宽,甚至个别砌块被压碎而破坏,如图4.18所示。由于钢筋的约束,墙体破坏时仍保持良好的整体性。

图 4.18　配筋砌块砌体剪力墙结构的轴心受压破坏

2. 正截面承载力计算基本假定

配筋混凝土砌块砌体剪力墙的受力性能与钢筋混凝土剪力墙的受力性能相似。现行《砌体结构设计规范》中规定该结构正截面承载力计算应采用以下假定:

①截面应变分布保持平面。

②竖向钢筋与其毗邻的砌体、灌孔混凝土的应变相同。

③不考虑砌体、灌孔混凝土的抗拉强度。

④根据材料选择砌体、灌孔混凝土的极限压应变:当轴心受压时不应大于0.002;偏心受压时的极限压应变不应大于0.003。

⑤根据材料选择钢筋的极限拉应变,且不应大于0.01。

⑥纵向受拉钢筋屈服与受压区砌体破坏同时发生时的相对界限受压区的高度,应按

下式计算：

$$\xi_b = \frac{0.8}{1 + \dfrac{f_y}{0.003E_s}} \tag{4.19}$$

式中　ξ_b——相对界限受压区高度，为界限受压区高度与截面有效高度的比值；

　　　f_y——钢筋的抗拉强度设计值；

　　　E_s——钢筋的弹性模量。

注：相对界限受压区高度的取值，对 HPB300 级钢筋取 ξ_b 等于 0.57，对 HRB335 级钢筋取 ξ_b 等于 0.55，对 HRB400 级钢筋取 ξ_b 等于 0.52。

⑦大偏心受压时受拉钢筋考虑在 $h_0 - 1.5x$ 范围内屈服并参与工作。

3. 轴心受压承载力计算

轴心受压配筋砌块砌体构件，当配有箍筋或水平分布钢筋时其正截面受压承载力应按下列公式计算：

$$N \leqslant \varphi_{0g}(f_g A + 0.8 f_y' A_s') \tag{4.20}$$

$$\varphi_{0g} = \frac{1}{1 + 0.001\beta^2} \tag{4.21}$$

式中　N——轴向力设计值；

　　　f_g——灌孔砌体抗压强度设计值，应按第 3 章第 3.1 节采用；

　　　f_y'——钢筋的抗压强度设计值；

　　　A——构件的截面面积；

　　　A_s'——全部竖向钢筋的截面面积；

　　　φ_{0g}——轴心受压构件的稳定系数；

　　　β——构件的高厚比。

注：①无箍筋或水平分布钢筋时，仍应按式(4.20)计算，但应取 $f_y' A_s' = 0$；

　　②配筋砌块砌体构件的计算高度 H_0 可取层高。

【例 4.6】　某配筋砌块砌体剪力墙墙肢，墙高 3.6 m，截面尺寸为 190 mm × 3 800 mm，竖向配筋如图 4.19 所示（该墙按设计要求配有水平钢筋，图中未绘出），竖向钢筋为 HRB335 级钢筋。采用 MU20 单排孔混凝土砌块（孔洞率 45%）和 M10 水泥混合砂浆砌筑，用 Cb30 混凝土全部灌孔。施工质量控制等级为 B 级，作用于该墙肢的轴向力 $N = 3\,857.61$ kN。确定该墙肢的受压承载力是否满足要求。

【解】　MU20 单排孔混凝土砌块，M10 水泥混合砂浆砌筑。

查表 3.13，$f = 4.95$ N/mm²，则

$$\alpha = \delta\rho = 0.45 \times 1 = 0.45$$

$$\begin{aligned} f_g &= f + 0.6\alpha f_c = (4.95 + 0.6 \times 0.45 \times 14.3)\,\text{N/mm}^2 = 8.81\ \text{N/mm}^2 < 2f \\ &= 2 \times 4.95\ \text{N/mm}^2 = 9.9\ \text{N/mm}^2 \end{aligned}$$

$$\beta = \frac{H_0}{h} = \frac{3.6}{0.19} = 18.95$$

$$\varphi_{0g} = \frac{1}{1 + 0.001\beta^2} = \frac{1}{1 + 0.001 \times 18.95^2} = 0.74$$

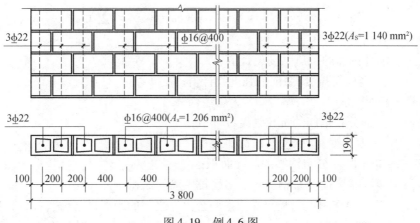

图 4.19　例 4.6 图

由公式(4.20),得

$$N_u = \varphi_{0g}(f_g A + 0.8 f'_y A'_s)$$

$$= 0.74 [8.81 \times 190 \times 3\ 800 + 0.8 \times 300 \times (1\ 206 + 1/4 \times \pi \times 22^2 \times 6)] \times 10^{-3}\ \text{kN}$$

$$= 5\ 326.06\ \text{kN} > N = 3\ 857.61\ \text{kN}$$

该墙肢轴心受压承载力符合要求。

4.4.2　配筋砌块砌体剪力墙构件正截面偏心受压承载力

配筋砌块砌体剪力墙构件在偏心受压时,按照其受力性能和破坏性能的不同,可分为大偏心受压和小偏心受压两种偏心受压构件。

当 $x \leqslant \xi_b h_0$ 时,为大偏心受压构件;

当 $x > \xi_b h_0$ 时,为小偏心受压构件,其中 x 为截面受压区高度。

1. 矩形截面配筋砌块砌体剪力墙构件大偏心受压正截面承载力计算

图 4.20(a)为矩形截面配筋砌块砌体剪力墙构件大偏心受压正截面承载力计算简图,它采用了与钢筋混凝土剪力墙相同的计算模式。按图 4.20(a)根据轴向力和力矩的平衡条件,大偏心受压正截面承载力应按下列公式计算:

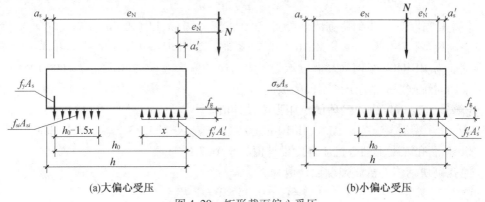

(a)大偏心受压　　　　　　　　　(b)小偏心受压

图 4.20　矩形截面偏心受压

$$N \leqslant f_g bx + f'_y A'_s - f_y A_s - \sum (f_{si} A_{si}) \tag{4.22}$$

$$Ne_{\mathrm{N}} \leqslant f_{\mathrm{g}}bx(h_0 - x/2) + f'_{\mathrm{y}}A'_{\mathrm{s}}(h_0 - a'_{\mathrm{s}}) - \sum(f_{\mathrm{si}}S_{\mathrm{si}}) \tag{4.23}$$

式中　N——轴向力设计值；

$\quad\quad f_{\mathrm{g}}$——灌孔砌体的抗压强度设计值；

$\quad\quad f_{\mathrm{y}}、f'_{\mathrm{y}}$——竖向受拉、压主筋的强度设计值；

$\quad\quad b$——截面宽度；

$\quad\quad f_{\mathrm{si}}$——竖向分布钢筋的抗拉强度设计值；

$\quad\quad A_{\mathrm{s}}、A'_{\mathrm{s}}$——竖向受拉、压主筋的截面面积；

$\quad\quad A_{\mathrm{si}}$——单根竖向分布钢筋的截面面积；

$\quad\quad S_{\mathrm{si}}$——第 i 根竖向分布钢筋对竖向受拉主筋的面积矩；

$\quad\quad e_{\mathrm{N}}$——轴向力作用点到竖向受拉主筋合力点之间的距离，按公式(4.11)计算；

$\quad\quad a_{\mathrm{s}}$——受拉区纵向钢筋合力点至截面受拉区边缘的距离，对 T 形、L 形、工字形截面，当翼缘受压时取 300 mm，其他情况取 100 mm；

$\quad\quad a'_{\mathrm{s}}$——受压区纵向钢筋合力点至截面受压区边缘的距离，对 T 形、L 形、工字形截面，当翼缘受压时取 100 mm，其他情况取 300 mm。

当大偏心受压计算的受压区高度 $x < 2a'_{\mathrm{s}}$ 时，其正截面承载力按下列公式计算：

$$Ne'_{\mathrm{N}} \leqslant f_{\mathrm{y}}A_{\mathrm{s}}(h_0 - a'_{\mathrm{s}}) \tag{4.24}$$

式中　e'_{N}——轴向力作用点至竖向受压主筋合力点之间的距离，按公式(4.12)计算。

当采用对称配筋时，取 $f'_{\mathrm{y}}A'_{\mathrm{s}} = f_{\mathrm{y}}A_{\mathrm{s}}$。设计中可先选择竖向分布钢筋，之后代入公式(4.22)求得截面受压区高度 x。若竖向分布钢筋的配筋率为 ρ_{w}，则

$$\sum(f_{\mathrm{yi}}A_{\mathrm{si}}) = f_{\mathrm{yw}}\rho_{\mathrm{w}}(h_0 - 1.5x)b$$

得

$$x = \frac{N + f_{\mathrm{yw}}\rho_{\mathrm{w}}bh_0}{(f_{\mathrm{g}} + 1.5f_{\mathrm{yw}}\rho_{\mathrm{w}})b} \tag{4.25}$$

由公式(4.23)可求得受拉、受压主筋的截面面积，即

$$A'_{\mathrm{s}} = A_{\mathrm{s}} = \frac{Ne_{\mathrm{N}} - f_{\mathrm{g}}bx\left(h_0 - \dfrac{x}{2}\right) + 0.5f_{\mathrm{yw}}\rho_{\mathrm{w}}b(h_0 - 1.5x)^2}{f'_{\mathrm{y}}(h_0 - a'_{\mathrm{s}})} \tag{4.26}$$

【例 4.7】　某配筋砌块砌体墙段，长 2.0 m，高 3.0 m，厚 190 mm，由 MU20 小型混凝土空心砌块（孔洞率为 45%），Mb10 混合砂浆砌筑，灌孔混凝土为 Cb35（灌孔率 100%），竖向钢筋为 HRB400 级钢筋。墙段承受的内力设计值为 $N = 1\ 200$ kN，$M = 600$ kN·m。

采用对称配筋时，确定该墙段的纵向钢筋。

【解】　(1)确定砌块砌体的抗压强度设计值。

MU20 小型混凝土空心砌块，Mb10 混合砂浆砌筑，查表 3.13，$f = 4.95$ N/mm²。

Cb35 灌孔混凝土轴心抗压强度设计值 $f_{\mathrm{c}} = 16.7$ N/mm²。

灌孔砌块砌体的抗压强度设计值为

$$\alpha = \delta\rho = 0.45 \times 1 = 0.45$$

$$f_{\mathrm{g}} = f + 0.6\alpha f_{\mathrm{c}} = (4.95 + 0.6 \times 0.45 \times 16.7)\ \text{N/mm}^2 = 9.46\ \text{N/mm}^2 < 2f$$

$$= (2 \times 4.95)\ \text{N/mm}^2 = 9.9\ \text{N/mm}^2$$

（2）墙段正截面承载力计算。

假设墙段为大偏心受压，采用对称配筋，取竖向分布钢筋为三级钢$\Phi 10@200$，则

$$\rho_{w} = \frac{A_{s}}{bs} = \frac{78.5}{190 \times 200} = 0.002$$

按构造要求，每端暗柱截面高度取 600 mm，则

$$h_{0} = h - a_{s} = (2\,000 - 300)\,\text{mm} = 1\,700\,\text{mm}$$

HRB400 级钢筋，$f_{y} = f_{y}' = 360\,\text{N/mm}^{2}$，代入公式（4.25）得

$$
\begin{aligned}
x &= \frac{N + f_{yw}\rho_{w}bh_{0}}{(f_{g} + 1.5 f_{yw}\rho_{w})b} = \frac{1\,200\,000 + 360 \times 0.002 \times 190 \times 1\,700}{(9.46 + 1.5 \times 360 \times 0.002) \times 190}\,\text{mm} \\
&= 715.35\,\text{mm} < \xi_{b}h_{0} = 0.52 \times 1\,700\,\text{mm} = 884\,\text{mm}
\end{aligned}
$$

故假设为大偏心受压成立。

（3）偏心距计算。

初始偏心距：

$$e_{0} = \frac{M}{N} = \frac{60\,\text{kN}\cdot\text{m}}{120\,\text{kN}} = 0.5\,\text{m} = 500\,\text{mm}$$

附加偏心距：

$$e_{a} = \frac{\beta^{2}h}{2\,200}(1 - 0.002\beta) = \frac{\left(\dfrac{3\,000}{190}\right)^{2} \times 2\,000}{2\,200} \times \left(1 - 0.022 \times \frac{3\,000}{190}\right)\text{mm} = 147.91\,\text{mm}$$

轴向力到受拉主筋合力作用点的距离为

$$e_{N} = e_{0} + e_{a} + \left(\frac{h}{2} - a_{s}\right) = \left[500 + 147.91 + \left(\frac{2\,000}{2} - 300\right)\right]\text{mm} = 1\,347.91\,\text{mm}$$

由公式（4.26）得

$$A_{s}' = A_{s} = \frac{Ne_{N} - f_{g}bx\left(h_{0} - \dfrac{x}{2}\right) + 0.5 f_{yw}\rho_{w}b(h_{0} - 1.5x)^{2}}{f_{y}'(h_{0} - a_{s}')}$$

$$= \frac{1\,200\,000 \times 1\,347.91 - 9.46 \times 190 \times 715.35 \times \left(1\,700 - \dfrac{715.35}{2}\right) + 0.5 \times 360 \times 0.002 \times 190 \times (1\,700 - 1.5 \times 715.35)^{2}}{360 \times (1\,700 - 300)}\,\text{mm}^{2}$$

$$= -215.05\,\text{mm}^{2} < 0\,(\text{按构造配筋})$$

根据构造要求，两端暗柱（每侧各 3 个孔洞）配 3 $\Phi 14$，竖向分布钢筋为$\Phi 10@200$。

2. 矩形截面配筋砌块砌体剪力墙构件小偏心受压正截面承载力计算

配筋砌块砌体剪力墙小偏心受压构件，按照图 4.20（b）截面应力图，这里忽略了竖向分布筋的作用且相对受拉边的钢筋应力为未知，根据力的平衡条件，其正截面承载力计算公式为

$$N \leqslant f_{g}bx + f_{y}'A_{s}' - \sigma_{s}A_{s} \tag{4.27}$$

$$Ne_{N} \leqslant f_{g}bx(h_{0} - x/2) + f_{y}'A_{s}'(h_{0} - a_{s}') \tag{4.28}$$

$$\sigma_{s} = \frac{f_{y}}{\xi_{b} - 0.8}\left(\frac{x}{h_{0}} - 0.8\right) \tag{4.29}$$

注：当受压区竖向受压主筋无箍筋或无水平钢筋约束时，可不考虑竖向受压主筋的

作用,即取 $f'_y A'_s = 0$。

矩形截面对称配筋砌块砌体剪力墙小偏心受压时,也可近似按下列公式计算:

$$\xi = \frac{x}{h_0} = \frac{N - \xi_b f_g b h_0}{\dfrac{N e_N - 0.43 f_g b h_0^2}{(0.8 - \xi_b)(h_0 - a'_s)} + f_g b h_0} + \xi_b \qquad (4.30)$$

$$A_s = A'_s = \frac{N e_N - \xi(1 - 0.5\xi) f_g b h_0^2}{f'_y(h_0 - a'_s)} \qquad (4.31)$$

3. T 形、L 形、工字形截面偏心受压构件承载力计算

T 形、L 形、工字形截面偏心受压构件,当翼缘和腹板的相交处采用错缝搭接砌筑和同时设置中距不大于 1.2 m 的水平配筋带(截面高度大于等于 60 mm,钢筋不少于 $2\phi12$)时,可考虑翼缘的共同工作,翼缘的计算宽度应按表 4.3 中的最小值采用,其正截面受压承载力应按下列规定计算:

表 4.3 T 形、L 形、工字形截面偏心受压构件翼缘计算宽度 b'_f

考 虑 情 况	T 形、工字形截面	L 形截面
按构件计算高度 H_0 考虑	$H_0/3$	$H_0/6$
按腹板间距 L 考虑	L	$L/2$
按翼缘厚度 h'_f 考虑	$b + 12 h'_f$	$b + 6 h'_f$
按翼缘的实际宽度 b'_f 考虑	b'_f	b'_f

(1)当受压区高度 $x \leqslant h'_f$ 时,应按宽度为 b'_f 的矩形截面计算。

(2)当受压区高度 $x > h'_f$ 时,则应考虑腹板的受压作用,应按下列公式计算:

①当为大偏心受压时,截面应力图简化为图 4.20(a),根据力的平衡条件,其正截面承载力计算公式为

$$N \leqslant f_g[bx + (b'_f - b)h'_f] + f'_y A'_s - f_y A_s - \sum f_{si} A_{si} \qquad (4.32)$$

$$N e_N \leqslant f_g[bx(h_0 - x/2) + (b'_f - b)h'_f(h_0 - h'_f/2)] + f'_y A'_s(h_0 - a'_s) - \sum f_{si} S_{si} \qquad (4.33)$$

②当为小偏心受压时,忽略竖向分布筋的作用,类似于图 4.20(b)矩形截面应力图,其正截面承载力计算公式为

$$N \leqslant f_g[bx + (b'_f - b)h'_f] + f'_y A'_s - \sigma_s A_s \qquad (4.34)$$

$$N e_N \leqslant f_g[bx(h_0 - x/2) + (b'_f - b)h'_f(h_0 - h'_f/2)] + f'_y A'_s(h_0 - a'_s) \qquad (4.35)$$

4.4.3 配筋砌块砌体剪力墙构件斜截面受剪承载力

1. 受力性能

配筋砌块砌体剪力墙构件的斜截面受剪承载力与钢筋混凝土剪力墙的斜截面受剪承载力相似。根据湖南大学等单位的试验研究表明,影响抗剪承载力的主要因素是材料强度、垂直压应力、墙体的剪跨比及水平钢筋的配筋率。

①灌孔砌块砌体随块体、砌筑砂浆和灌孔混凝土强度等级的提高以及灌孔率的增大,灌孔砌块砌体的抗剪强度提高,其中灌孔混凝土的影响尤为明显。

②墙体截面上的垂直压应力,直接影响墙体的破坏形态和抗剪强度。在轴压比较小时,墙体的抗剪能力和变形能力随垂直压应力的增加而增加。但当轴压比较大时,墙体转成不利的斜压破坏,垂直压应力的增大反而使墙体的抗剪承载力减小。

③随剪跨比的不同,墙体产生不同的应力状态和破坏形态。小剪跨比时,墙体趋于剪切破坏。大剪跨比时,则趋于弯曲破坏。墙体剪切破坏的抗剪承载力远大于弯曲破坏的抗剪承载力。

④水平和竖向钢筋提高了墙体的变形能力和抗剪能力,其中水平钢筋在墙体产生斜裂缝后直接受拉抗剪,影响明显。

2. 承载力计算

偏心受压和偏心受拉配筋砌块砌体剪力墙,其斜截面受剪承载力应根据下列情况进行计算。

(1)剪力墙的截面。

为防止墙体产生斜压破坏,剪力墙的截面应符合式(4.36)的要求:

$$V \leqslant 0.25 f_g b h_0 \tag{4.36}$$

式中　V——剪力墙的剪力设计值;

　　　b——剪力墙截面宽度或 T 形、倒 L 形截面腹板宽度;

　　　h_0——剪力墙截面的有效高度。

(2)剪力墙在偏心受压时的斜截面受剪承载力。

剪力墙在偏心受压时的斜截面受剪承载力,应按下列公式计算:

$$V \leqslant \frac{1}{\lambda - 0.5}\left(0.6 f_{vg} b h_0 + 0.12 N \frac{A_w}{A}\right) + 0.9 f_{yh}\frac{A_{sh}}{s}h_0 \tag{4.37}$$

$$\lambda = \frac{M}{V h_0} \tag{4.38}$$

式中　f_{vg}——灌孔砌体的抗剪强度设计值,应按 3.1 节公式(3.8)采用;

　　　M、N、V——计算截面的弯矩、轴向力和剪力设计值,当 $N > 0.25 f_g b h$ 时,取 $N = 0.25 f_g b h$;

　　　A——剪力墙的截面面积,其中翼缘的有效面积可按表4.3的规定确定;

　　　A_w——T 形或倒 L 形截面腹板的截面面积,对矩形截面取 $A_w = A$;

　　　λ——计算截面的剪跨比,当 λ 小于 1.5 时取 1.5,当 λ 大于或等于 2.2 时取 2.2;

　　　h_0——剪力墙截面的有效高度;

　　　A_{sh}——配置在同一截面内的水平分布钢筋或网片的全部截面面积;

　　　s——水平分布钢筋的竖向间距;

　　　f_{yh}——水平钢筋的抗拉强度设计值。

(3)剪力墙在偏心受拉时的斜截面受剪承载力。

剪力墙在偏心受拉时的斜截面受剪承载力应按下列公式计算:

$$V \leqslant \frac{1}{\lambda - 0.5}\left(0.6f_{vg}bh_0 - 0.22N\frac{A_w}{A}\right) + 0.9f_{yh}\frac{A_{sh}}{s}h_0 \tag{4.39}$$

【例4.8】 某高层房屋采用配筋混凝土砌块砌体剪力墙承重,其中计算墙片的墙肢高4.2 m,截面尺寸为190 mm×5 500 mm,采用混凝土砌块 MU20(孔洞率45%),水泥混合砂浆 M10 砌筑,灌孔混凝土强度等级为Cb30,灌孔率$\rho = 33\%$,配筋如图4.21所示,施工质量控制等级为 A 级。墙肢承受的内力 $N = 1\ 855$ kN,$M = 1\ 656$ kN·m,$V = 400$ kN。试验算该墙肢偏心受压斜截面受剪承载力。

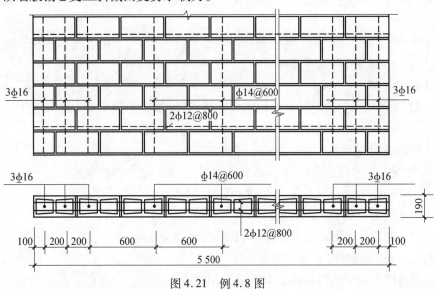

图4.21 例4.8图

【解】 为了确保高层配筋砌块砌体剪力墙的可靠度,该剪力墙的施工质量控制等级选为 A 级,但计算中仍采用施工质量控制等级为 B 级的强度指标。

MU20 小型混凝土空心砌块,Mb10 混合砂浆砌筑,查表 3.13,$f = 4.95$ N/mm²。

Cb30 灌孔混凝土轴心抗压强度设计值,$f_c = 14.3$ N/mm²。

灌孔砌块砌体的抗压强度设计值为

$$\alpha = \delta\rho = 0.45 \times 0.33 = 0.15$$

$$f_g = f + 0.6\alpha f_c = (4.95 + 0.6 \times 0.15 \times 14.3)\ \text{N/mm}^2 = 6.24\ \text{N/mm}^2 < 2f$$
$$= 2 \times 4.95\ \text{N/mm}^2 = 9.9\ \text{N/mm}^2$$

HRB335 级钢筋,$f_y = f_y' = 300$ N/mm²。

由图4.21可知,剪力墙端部设置3 Φ16 竖向受力主筋,配筋率为

$$\rho = \frac{603}{190 \times 600} \times 100\% = 0.53\%$$

竖向分布钢筋ф14@600,配筋率为

$$\rho = \frac{154}{190 \times 600} \times 100\% = 0.14\% > 0.07\%$$

水平分布钢筋2ф12@800,配筋率为

$$\rho = \frac{226}{190 \times 800} \times 100\% = 0.15\% > 0.07\%$$

所选用的钢筋满足要求。

根据公式(4.36)有

$$0.25f_g bh_0 = 0.25 \times 6.24 \times 190 \times (5\,500 - 300)\,\text{N} = 1\,541.28\ \text{kN} > 400\ \text{kN}$$

该墙肢截面符合要求。

$$\lambda = \frac{M}{Vh_0} = \frac{1\,656 \times 10^3}{400 \times 5\,200} = 0.80 < 1.5,\text{取}\ \lambda = 1.5$$

$$0.25f_g bh = (0.25 \times 6.24 \times 190 \times 5\,500)\,\text{N} = 1\,630.2\ \text{kN} < 1\,855\ \text{kN}$$

取 $N = 1\,630.2\ \text{kN}$,则

$$f_{vg} = 0.2f_g^{0.55} = 0.2 \times 6.24^{0.55}\ \text{N/mm}^2 = 0.55\ \text{N/mm}^2$$

根据公式(4.37)有

$$V \leqslant \frac{1}{\lambda - 0.5}\left(0.6f_{vg}bh_0 + 0.12N\frac{A_w}{A}\right) + 0.9f_{yh}\frac{A_{sh}}{s}h_0$$

$$= \left[\frac{1}{1.5 - 0.5}(0.6 \times 0.55 \times 190 \times 5\,200 + 0.12 \times 1\,630\,200 \times 1) + \right.$$

$$\left. 0.9 \times 270 \times \frac{2 \times 113.1}{800} \times 5\,200\right]\text{N} = 878.95\ \text{kN} > V = 400\ \text{kN}$$

满足偏心受压斜截面受剪承载力要求。

4.4.4 配筋砌块砌体剪力墙中连梁的承载力

配筋混凝土砌块砌体连梁承载力计算公式的模式与钢筋混凝土连梁的相同。剪力墙的连梁除满足正截面承载力外,还必须满足受剪承载力要求,以避免连梁产生受剪破坏后导致剪力墙的延性降低。

1. 正截面受弯承载力

当连梁采用钢筋混凝土时,连梁的承载力应按现行国家标准《混凝土结构设计规范》(GB 50010)的有关规定进行计算,当采用配筋砌块砌体时,应采用其相应的计算参数和指标。

2. 斜截面受剪承载力

当连梁采用配筋砌块砌体时,应符合下列规定:

(1)连梁的截面,应符合下列规定:

$$V_b \leqslant 0.25f_g bh_0 \tag{4.40}$$

(2)连梁的斜截面受剪承载力应按下列公式计算:

$$V_b \leqslant 0.8f_{vg}bh_0 + f_{yv}\frac{A_{sv}}{s}h_0 \tag{4.41}$$

式中 V_b——连梁的剪力设计值;

b——连梁的截面宽度;

h_0——连梁截面的有效高度;

A_{sv}——配置在同一截面内箍筋各肢的全部截面面积;

f_{yv}——箍筋的抗拉强度设计值;

s——沿构件长度方向箍筋的间距。

4.4.5 配筋砌块砌体剪力墙构造规定

1.钢筋的规定

配筋砌块砌体钢筋的规格要受到孔洞和灰缝的限制;钢筋的接头宜采用搭接或非接触搭接接头,以便于先砌墙后插筋、就位绑扎和浇灌混凝土的施工工艺。配置在水平灰缝中的受力钢筋,其握裹条件较灌孔混凝土中的钢筋要差一些,因此在保证足够的砂浆保护层的条件下,其搭接长度较其他条件下要长,具体规定如下。

(1)钢筋的规格应符合下列规定:

①钢筋的直径不宜大于 25 mm,当设置在灰缝中时不应小于 4 mm,在其他部位不应小于 10 mm。

②配置在孔洞或空腔中的钢筋面积不应大于孔洞或空腔面积的 6%。

(2)钢筋的设置,应符合下列规定:

①设置在灰缝中钢筋的直径不宜大于灰缝厚度的 1/2。

②两平行的水平钢筋间的净距不应小于 50 mm。

③柱和壁柱中的竖向钢筋的净距不宜小于 40 mm(包括接头处钢筋间的净距)。

(3)钢筋在灌孔混凝土中的锚固,应符合下列规定:

①当计算中充分利用竖向受拉钢筋强度时,其锚固长度 l_a 对 HRB335 级钢筋不应小于 $30d$;对 HRB400 和 RRB400 级钢筋不应小于 $35d$;在任何情况下钢筋(包括钢筋网片)锚固长度不应小于 300 mm。

②竖向受拉钢筋不应在受拉区截断。如必须截断时,应延伸至按正截面受弯承载力计算不需要该钢筋的截面以外,延伸的长度不应小于 $20d$。

③竖向受压钢筋在跨中截断时,必须伸至按计算不需要该钢筋的截面以外,延伸的长度不应小于 $20d$;对绑扎骨架中末端无弯钩的钢筋,不应小于 $25d$。

④钢筋骨架中的受力光圆钢筋,应在钢筋末端做弯钩,在焊接骨架、焊接网以及轴心受压构件中,不做弯钩;绑扎骨架中的受力带肋钢筋,在钢筋的末端不做弯钩。

(4)钢筋的直径大于 22 mm 时宜采用机械连接接头,接头的质量应符合国家现行有关标准的规定。其他直径的钢筋可采用搭接接头,并应符合下列规定:

①钢筋的接头位置宜设置在受力较小处。

②受拉钢筋的搭接接头长度不应小于 $1.1l_a$,受压钢筋的搭接接头长度不应小于 $0.7l_a$,且不应小于 300 mm。

③当相邻接头钢筋的间距不大于 75 mm 时,其搭接长度应为 $1.2l_a$。当钢筋间的接头错开 $20d$ 时,搭接长度可不增加。

(5)水平受力钢筋(网片)的锚固和搭接长度应符合下列规定:

①在凹槽砌块混凝土带中钢筋的锚固长度不宜小于 $30d$,且其水平或垂直弯折段的长度不宜小于 $15d$ 和 200 mm;钢筋的搭接长度不宜小于 $35d$。

②在砌体水平灰缝中,钢筋的锚固长度不宜小于 $50d$,且其水平或垂直弯折段的长度不宜小于 $20d$ 和 250 mm;钢筋的搭接长度不宜小于 $55d$。

③在隔皮或错缝搭接的灰缝中为 $55d+2h$，d 为灰缝受力钢筋的直径，h 为水平灰缝的间距。

2. 配筋砌块砌体剪力墙、连梁的规定

(1)配筋砌块砌体剪力墙、连梁的砌体材料强度等级应符合下列规定：

①砌块不应低于 MU10。

②砌筑砂浆不应低于 Mb7.5。

③灌孔混凝土不应低于 Cb20。

注：对安全等级为一级或设计使用年限大于 50 年的配筋砌块砌体房屋，所用材料的最低强度等级应至少提高一级。

(2)配筋砌块砌体剪力墙厚度、连梁截面宽度不应小于 190 mm。

(3)配筋砌块砌体剪力墙的构造配筋应符合下列规定：

①应在墙的转角、端部和孔洞的两侧配置竖向连续的钢筋，钢筋直径不应小于 12 mm。

②应在洞口的底部和顶部设置不小于 2ϕ10 的水平钢筋，其伸入墙内的长度不应小于 40d 和 600 mm。

③应在楼(屋)盖的所有纵横墙处设置现浇钢筋混凝土圈梁，圈梁的宽度和高度应等于墙厚和块高，圈梁主筋不应少于 4ϕ10，圈梁的混凝土强度等级不应低于同层混凝土块体强度等级的 2 倍，或该层灌孔混凝土的强度等级，也不应低于 C20。

④剪力墙其他部位的竖向和水平钢筋的间距不应大于墙长、墙高的 1/3，也不应大于 900 mm。

⑤剪力墙沿竖向和水平方向的构造钢筋配筋率均不应小于 0.07%。

(4)按壁式框架设计的配筋砌块砌体窗间墙除应符合上述(1)～(3)条规定外，尚应符合下列规定。

①窗间墙的截面应符合下列要求规定：

a. 墙宽不应小于 800 mm。

b. 墙净高与墙宽之比不宜大于 5。

②窗间墙中的竖向钢筋应符合下列规定：

a. 每片窗间墙中沿全高不应少于 4 根钢筋。

b. 沿墙的全截面应配置足够的抗弯钢筋。

c. 窗间墙的竖向钢筋的配筋率不宜小于 0.2%，也不宜大于 0.8%。

③窗间墙中的水平分布钢筋应符合下列规定：

a. 水平分布钢筋应在墙端部纵筋处向下弯折 90°，弯折段长度不小于 15d 和150 mm。

b. 水平分布钢筋的间距：在距梁边 1 倍墙宽范围内不应大于 1/4 墙宽，其余部位不应大于 1/2 墙宽。

c. 水平分布钢筋的配筋率不宜小于 0.15%。

(5)配筋砌块砌体剪力墙，应按下列情况设置边缘构件。

①当利用剪力墙端部的砌体受力时，应符合下列规定：

a. 应在一字墙的端部至少 3 倍墙厚范围内的孔中设置不小于 ϕ12 通长竖向钢筋。

b. 应在 L、T 或十字形墙交接处 3 或 4 个孔中设置不小于 φ12 通长竖向钢筋。

c. 当剪力墙的轴压比大于 $0.6f_g$ 时,除按上述规定设置竖向钢筋外,尚应设置间距不大于 200 mm、直径不小于 6 mm 的钢箍。

②当在剪力墙墙端设置混凝土柱作为边缘构件时,应符合下列规定:

a. 柱的截面宽度宜不小于墙厚,柱的截面高度宜为 1～2 倍的墙厚,并不应小于 200 mm。

b. 柱的混凝土强度等级不宜低于该墙体块体强度等级的 2 倍,或不低于该墙体灌孔混凝土的强度等级,也不应低于 Cb20。

c. 柱的竖向钢筋不宜小于 4φ12,箍筋不宜小于 φ6、间距不宜大于 200 mm。

d. 墙体中的水平钢筋应在柱中锚固,并应满足钢筋的锚固要求。

e. 柱的施工顺序宜为先砌砌块墙体,后浇捣混凝土。

(6)配筋砌块砌体剪力墙中当连梁采用钢筋混凝土时,连梁混凝土的强度等级不宜低于同层墙体块体强度等级的 2 倍,或同层墙体灌孔混凝土的强度等级,也不应低于 C20;其他构造尚应符合现行国家标准《混凝土结构设计规范》(GB 50010)的有关规定。

(7)配筋砌块砌体剪力墙中当连梁采用配筋砌块砌体时,连梁应符合下列规定。

①连梁的截面应符合下列规定:

a. 连梁的高度不应小于两皮砌块的高度和 400 mm。

b. 连梁应采用 H 型砌块或凹槽砌块组砌,孔洞应全部浇灌混凝土。

②连梁的水平钢筋宜符合下列规定:

a. 连梁上、下水平受力钢筋宜对称、通长设置,在灌孔砌体内的锚固长度不宜小于 $40d$ 和 600 mm。

b. 连梁水平受力钢筋的含钢率不宜小于 0.2%,也不宜大于 0.8%。

③连梁的箍筋应符合下列规定:

a. 箍筋的直径不应小于 6 mm。

b. 箍筋的间距不宜大于 1/2 梁高和 600 mm。

c. 在距支座等于梁高范围内的箍筋间距不应大于 1/4 梁高,距支座表面第一根箍筋的间距不应大于 100 mm。

d. 箍筋的面积配筋率不宜小于 0.15%。

e. 箍筋宜为封闭式,双肢箍末端弯钩为 135°;单肢箍末端的弯钩为 180°,或弯 90° 加 12 倍箍筋直径的延长段。

3. 配筋砌块砌体柱规定

(1)配筋砌块砌体柱(图 4.22)除应符合本节关于配筋砌块砌体剪力墙、连梁的砌体材料强度等级的要求外,尚应符合下列规定:

①柱截面边长不宜小于 400 mm,柱高度与截面短边之比不宜大于 30。

②柱的竖向受力钢筋的直径不宜小于 12 mm,数量不应少于 4 根,全部竖向受力钢筋的配筋率不宜小于 0.20%。

③柱中箍筋的设置应根据下列情况确定:

a. 当纵向钢筋的配筋率大于 0.25%,且柱承受的轴向力大于受压承载力设计值的

25%时,柱应设箍筋;当配筋率小于等于 0.25% 时,或柱承受的轴向力小于受压承载力设计值的 25% 时,柱中可不设置箍筋。

　　b. 箍筋直径不宜小于 6 mm。

　　c. 箍筋的间距不应大于 16 倍的纵向钢筋直径、48 倍箍筋直径及柱截面短边尺寸中较小者。

　　d. 箍筋应封闭,端部应弯钩或绕纵筋水平弯折 90°,弯折段长度不小于 10d。

　　e. 箍筋应设置在灰缝或灌孔混凝土中。

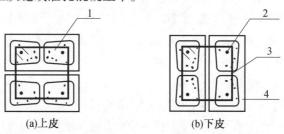

图 4.22　配筋砌块砌体柱截面示意图

1—灌孔混凝土;2—钢筋;3—箍筋;4—砌块

本章小结

　　1. 当无筋砌体构件不能满足承载力要求和截面尺寸受到限制时,可采用配筋砌体构件,包括网状配筋砖砌体构件、组合砖砌体构件和配筋砌块砌体构件。

　　2. 在网状配筋砖砌体构件这节中,分析了网状配筋砖砌体构件较无筋砌体构件承载力提高的原因,讲述了配筋砖砌体构件从加载到破坏经历的三个阶段,推导出了网状配筋砖砌体构件受压承载力计算公式并给出了公式的适用范围,另外还应注意该类配筋砌体构件的其他验算及构造规定。

　　3. 组合砖砌体包括钢筋混凝土面层或钢筋砂浆面层和砖砌体的组合构件及砖砌体和钢筋混凝土构造柱组合墙两种组合砖砌体构件,这节中主要讲述了两种组合砖砌体构件的承载力计算及构造要求。

　　4. 在混凝土砌块的水平凹槽中放置水平钢筋,在砌块孔洞中配置竖向钢筋,并通过灌注混凝土而形成配筋砌块砌体剪力墙结构。本节中主要讲述了配筋砌块砌体剪力墙构件及连梁的承载力计算,并给出了相应的构造规定。

思考题与习题

　　4-1　什么是配筋砌体?配筋砌体主要分为哪几种形式?

　　4-2　网状配筋砖砌体较无筋砌体承载力提高的原因有哪些?

　　4-3　网状配筋砖砌体构件从加载到破坏经历了哪几个阶段?

　　4-4　网状配筋砖砌体的适用范围是什么?

4－5　砖砌体和钢筋混凝土构造柱组合墙提高砌体承载力的原因是什么？

4－6　什么是配筋砌块砌体剪力墙结构？

4－7　一网状配筋砖柱,截面尺寸为 490 mm × 490 mm,柱的计算高度 $H_0 = 4.5$ m,柱采用 MU10 烧结普通砖及 M7.5 混合砂浆砌筑,承受轴向压力设计值 $N = 480$ kN。网状配筋选用 $\phi^b 4$ 冷拔低碳钢丝方格网, $f_y = 430$ N/mm², $A_s = 12.6$ mm², $s_n = 240$ mm(四皮砖), $a = b = 50$ mm。试确定该网状配筋砖柱的受压承载力。

4－8　一偏心受压网状配筋砖柱,截面尺寸为 490 mm × 620 mm,柱的计算高度 $H_0 = 4.2$ m,柱采用 MU10 烧结普通砖及 M7.5 水泥砂浆砌筑,承受轴向压力设计值 $N = 180$ kN,弯矩设计值 $M = 18$ kN·m(沿截面长边)。网状配筋选用 $\phi^b 4$ 冷拔低碳钢丝方格网, $f_y = 430$ N/mm², $A_s = 12.6$ mm², $s_n = 180$ mm(三皮砖), $a = b = 60$ mm。试确定该偏心受压网状配筋砖柱的承载力。

4－9　有一开间为 6 m 的多层砌体房屋承重横墙,底层从室外地坪至楼层高度为 5.4 m,墙厚 240 mm,组合墙平面尺寸如图 4.23 所示。墙体采用 MU10 多孔砖,M7.5 混合砂浆砌筑,构造柱截面尺寸为 240 mm × 240 mm,采用 C20 混凝土,边柱、中柱竖向受力钢筋均为 4 ϕ 14。

求:每米砖砌体和钢筋混凝土构造柱组合墙的轴心受压承载力。

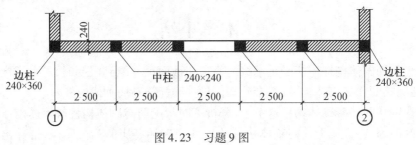

图 4.23　习题 9 图

4－10　如图 4.24 所示组合砖柱,柱的计算高度为 7.2 m,配置 HRB335 级钢筋,混凝土强度等级为 C25,砌体采用 MU10 烧结普通砖和 M10 混合砂浆砌筑。柱承受的轴向压力设计值 $N = 500$ kN,弯矩设计值 $M = 150$ kN·m,如果采用对称配筋,则所需的钢筋面积 $A_s = A_s'$ 为多少？

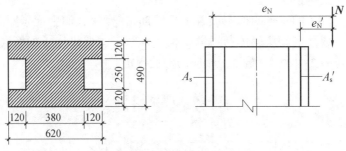

图 4.24　习题 10 图

4－11　混凝土小型空心砌块砌筑的柱子,截面尺寸为 390 mm × 390 mm,柱子计算高度 $H_0 = 5.5$ m,采用 MU10(孔洞率 46%)砌块和 Mb10 混合砂浆砌筑,灌注 Cb20 混凝土,纵筋 4 ⨎ 18,箍筋 ⨎ 6@200,施工质量控制等级为 B 级。求:该配筋砌块砌体柱的轴心受压承载力。

本章部分习题答案

4 - 7　$\beta = 9.2, \rho = 0.21\%, f_n = 3.03 \text{ N/mm}^2, \varphi_n = 0.82, N_u = \varphi_n f_n A = 596.0 \text{ kN}$。

4 - 8　$\rho = 0.233\%, f_n = 2.22 \text{ N/mm}^2, \beta = 6.77, \varphi_{0n} = 0.895, \varphi_n = 0.55, N_u = \varphi_n f_n A = 370.9 \text{ kN}$。

4 - 9　$H_0 = 1.0H = (5.4 + 0.5) \text{ m} = 5.9 \text{ m}, \beta = 24.6, \rho = 0.103\%, \varphi_{com} = 0.542, \eta = 0.606, N_u = 739.05 \text{ kN}$,每米承载力为 $N_{u1} = 295.6 \text{ kN}$。

4 - 10　$\beta = 11.61, e = 300 \text{ mm} > 0.05 h = 31 \text{ mm}$,附加偏心距 $e_a = \dfrac{\beta^2 h}{2\,200}(1 - 0.022\beta) = 28.3 \text{ mm}$。

钢筋 A_s 至轴向力 N 的作用点的距离为

$$e_N = e + e_a + (h/2 - a_s) = 603.3 \text{ mm},\text{其中 } a_s = 35 \text{ mm}$$

先假设为大偏心受压,设中和轴进入砖砌体部分 x' 处(从柱边 120 mm 处算起),$x' = 95.6 \text{ mm}$,则

$x = x' + 120 = 215.6 \text{ mm}, \xi = 0.368 < \xi_b = 0.44$,假设大偏心受压成立。

$S_s = 34\,663\,316.8 \text{ mm}^3, S_{c,s} = 15\,750\,000 \text{ mm}^3, A_s' = 295.22 \text{ mm}^2, \rho' = \dfrac{A_s'}{bh} = 0.097\% < 0.2\%$,结合配筋率具体选配钢筋。

4 - 11　$A = 0.39 \text{ m} \times 0.39 \text{ m} = 0.152\,1 \text{ m}^2 < 0.2 \text{ m}^2, \gamma_a = 0.8 + 0.152\,1 = 0.952, f_g = \gamma_a f + 0.6\alpha f_c = 5.31 \text{ MPa}, \beta = 14.1, \varphi_{0g} = 0.834, N_u = 877.22 \text{ kN}$。

参考文献

[1]　中国建筑东北设计研究院有限公司. 砌体结构设计规范:GB 50003—2011[S]. 北京:中国建筑工业出版社,2012.

[2]　四川省建筑科学研究院,等. 混凝土小型空心砌块建筑技术规程:JGJ/T 14—2011[S]. 北京:中国建筑工业出版社,2011.

[3]　施楚贤. 砌体结构[M]. 3 版. 北京:中国建筑工业出版社,2007.

[4]　丁大钧,蓝宗建. 砌体结构[M]. 2 版. 北京:中国建筑工业出版社,2013.

[5]　苏小卒. 砌体结构设计[M]. 2 版. 上海:同济大学出版社,2013.

[6]　张洪学. 砌体结构设计[M]. 哈尔滨:哈尔滨工业大学出版社,2007.

[7]　熊丹安,李京玲. 砌体结构[M]. 2 版. 武汉:武汉理工大学出版社,2010.

[8]　施楚贤,施宇红. 砌体结构疑难释义[M]. 4 版. 北京:中国建筑工业出版社,2013.

[9]　唐岱新. 砌体结构设计规范理解与应用[M]. 2 版. 北京:中国建筑工业出版社,2012.

第 *5* 章

混合结构房屋的静力计算和墙体设计

【学习提要】

本章主要介绍了混合结构房屋的结构布置方案和静力计算方案,墙、柱、刚性基础的设计计算及构造要求。应掌握混合结构房屋的结构布置方案,房屋静力计算方案的确定,墙、柱计算高度的确定,刚性方案房屋墙、柱的计算及刚性基础的计算;熟悉混合结构中墙、柱及圈梁的构造要求;了解刚弹性方案及弹性方案墙、柱的计算。

混合结构房屋是指主要承重构件由不同材料组成的建筑物。例如,房屋中的墙、柱、基础等竖向构件采用砌体材料,而楼盖、屋盖等水平构件则采用木屋架、轻钢屋架;或者基础及墙、柱采用钢筋混凝土构件,楼盖、屋盖采用网架、网壳的结构。通常,我们将基础及墙体采用砌体材料砌筑而成,楼板、屋面板采用钢筋混凝土板建造的房屋称为砖混结构,砖混结构为混合结构的一种。本章中混合结构泛指砖混结构。砖混结构由于具有造价低廉、施工速度快等优点,在 2005 年墙改中"禁止使用黏土实心砖"政策发布以前,该结构体系在全国范围内广泛建造。

5.1 混合结构房屋的结构布置和静力计算方案

混合结构房屋设计时,首先进行墙体和柱的布置,然后确定房屋的静力计算方案并进行墙、柱内力分析,最后验算墙、柱的承载力及采取相应的构造措施。

5.1.1 混合结构房屋的结构布置

混合结构房屋中,承重墙、柱的布置不仅影响房屋的平面划分、房间的大小和使用要求,还影响房屋的空间刚度,同时也决定了荷载的传递路径。

混合结构房屋根据荷载传递路径的不同,其结构布置方案可分为横墙承重体系、纵墙承重体系、纵横墙混合承重体系、内框架承重体系和底部框架承重体系。

1. 横墙承重体系

楼盖屋盖上的荷载主要传递到横墙上,纵墙主要起维护作用,该承重体系称为横墙承重体系,如图 5.1 所示。对于预制单向板两边直接搁置在横墙上和当楼(屋)盖为单向板肋梁楼盖时其主梁直接搁置在横墙上这两种情况皆属于横墙承重体系。

竖向荷载传递路径为:楼(屋)盖荷载→横墙→基础→地基。

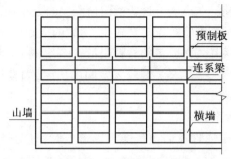

图 5.1　横墙承重体系

横墙承重体系的特点:

(1)横墙数量多,间距较小,纵、横墙及楼屋盖一起形成刚度很大的空间受力体系,整体性好。对抵抗沿横墙方向的水平风荷载和地震作用较为有利,也有利于调整地基的不均匀沉降。

(2)纵墙的作用主要是围护、隔断以及与横墙拉结在一起,保证横墙的侧向稳定;对纵墙上设置门窗洞口的限制较少,外纵墙的立面处理比较灵活。

(3)结构布置简单,施工方便,楼屋盖的材料用量较少,但基础、墙体的用料较多。

(4)因横墙较密,建筑平面布局不灵活。

横墙承重体系适用于小开间的民用房屋,如住宅、宿舍、旅馆和小房间组成的办公楼等。

2. 纵墙承重体系

楼屋盖上的荷载主要传递到纵墙上,称为纵墙承重体系,如图 5.2 所示。

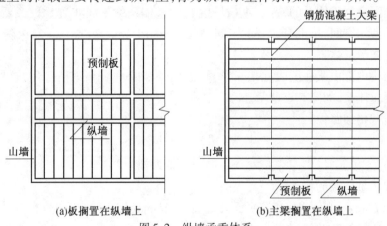

(a)板搁置在纵墙上　　　　(b)主梁搁置在纵墙上

图 5.2　纵墙承重体系

图 5.2(a)为预制板两边直接搁在纵墙上,这种房屋平面布局上进深相对较小,开间相对较大;图 5.2(b)为预制板上的荷载主要传递到主梁上,主梁将荷载传递到纵墙。

竖向荷载传递路径为:屋(楼)面荷载 → 屋架(梁) → 纵墙 → 基础 → 地基。

纵墙承重体系的特点:

(1)横墙数量较少,横墙的设置主要是满足房间的使用要求,保证纵墙的侧向稳定和房屋的整体刚度,为此房屋的平面布局比较灵活。

(2)由于纵墙为承重墙,在纵墙上设置的门窗洞口的大小和位置都受到一定的限制。

(3)纵墙间距一般较大,横墙数量相对较少,房屋的空间刚度比横墙承重体系小。

(4)与横墙承重体系相比,楼屋盖的材料用量较多,墙体的材料用量较少。

纵墙承重体系适用于使用要求上有较大空间的房屋,如教学楼、图书馆、食堂、俱乐部、中小型工业厂房等建筑。

3.纵横墙混合承重体系

当楼、屋盖的荷载既传递到横墙也传递到纵墙上时,且两个方向上墙体承受的荷载相差不是很多,该承重体系称为纵、横墙混合承重体系,如图5.3所示。

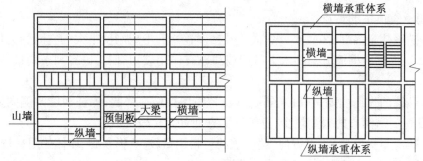

图5.3　纵横墙混合承重体系

竖向荷载传递路径:

$$层(楼)面荷载 \nearrow 纵墙 \searrow 基础 \rightarrow 地基$$
$$\searrow 横墙 \nearrow$$

纵横墙混合承重体系的特点:纵横墙混合承重体系的平面布置比较灵活,既可使房间有较大的使用空间,也可有较好的空间刚度。适用于教学楼、办公楼及医院等建筑。

4.内框架承重体系

建筑结构内部由梁柱组成框架来承重,砌体外墙起承重和围护作用,这样的结构称为内框架承重体系,如图5.4所示。

竖向荷载传递路径:

$$屋(楼)面荷载 \nearrow (梁) \rightarrow 外墙 \searrow 基础 \rightarrow 地基$$
$$\searrow 梁 \rightarrow 框架柱 \nearrow$$

内框架承重体系的特点:

(1)可以有较大的使用空间,平面布置灵活,易满足使用要求。

(2)由于横墙少,房屋的空间刚度和整体性较差。

(3)由于钢筋混凝土柱和砖墙的压缩性能不同,且柱基础和墙基础的沉降量也不易一致,故结构易产生不均匀的竖向变形。

(4)框架和墙的变形性能相差较大且该结构体系抗震性能较差,在地震时易由于变形不协调而破坏,另外该结构类型在抗震设防区很少使用,为此,《建筑抗震设计规范》(GB 50011—2010)取消了内框架砖房的相关内容。

（5）与框架结构相比,可节约钢材、水泥,降低工程造价。

内框架承重体系适用于非抗震设防区层数不多的工业厂房、仓库和商店等需要有较大空间的房屋。

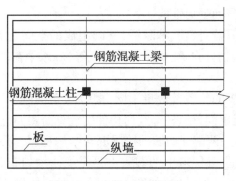

图 5.4　内框架承重体系

5. 底部框架承重体系

底部一层或两层为钢筋混凝土框架,上部为多层砌体结构,该结构体系称为底部框架承重体系,如图 5.5 所示。

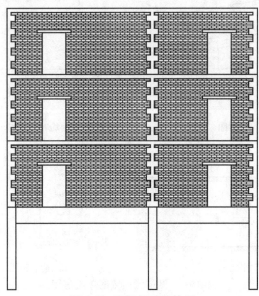

图 5.5　底框架承重体系

竖向荷载传递路径为:屋(楼)面荷载 → 上层墙休 → 墙梁 → 框架柱 → 基础 → 地基。

底部框架承重体系的特点:

（1）与框架结构相比,可节约钢材、水泥,降低房屋造价。

（2）由于该体系上部和下部所用材料和结构形式不同,因此其抗震性能较差,在抗震设防地区只允许采用底层或底部两层框架－抗震墙结构。

该结构体系适用于底层为商场或餐厅有大空间使用要求的房间,上部为住宅、招待所的建筑。

5.1.2 混合结构房屋的静力计算方案

1. 混合结构房屋的空间受力性能

混合结构房屋是由屋盖、楼盖、墙、柱及基础组成的空间受力体系,该结构体系需要承受竖向荷载(包括结构构件自重、楼屋面活荷载等)和水平荷载(包括水平风荷载、地震荷载)的作用。

由于房屋中横墙布置的位置及数量不同,楼(屋)盖的刚度不同,故在水平荷载作用下,房屋的空间受力性能不同,墙、柱等竖向构件的计算简图亦有所不同。

如图 5.6(a)所示为一端无山墙的单层混合结构房屋。假定作用于纵墙迎风面上的水平荷载是均匀分布的,外纵墙上的洞口也是有规律均匀布置的,则水平荷载作用下整个房屋墙顶的水平位移是相同的,如图 5.6(b)所示。如果任意从两个窗口中线截取一个单元,这个单元的受力状态与整个房屋的受力状态相同,则这个单元的受力状态可以代替整个房屋的受力状态,这个单元称为计算单元,如图 5.6(c)所示。

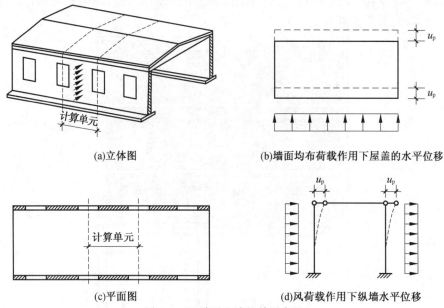

(a)立体图　　　　　　　　　　(b)墙面均布荷载作用下屋盖的水平位移

(c)平面图　　　　　　　　　　(d)风荷载作用下纵墙水平位移

图 5.6　两端无山墙的单层房屋

这类房屋中荷载作用下墙顶的水平位移主要取决于纵墙的刚度,屋盖结构的刚度需要保证传递水平荷载时两边纵墙的位移是相同的。此时若将计算单元中的纵墙比拟为排架柱,屋盖结构比拟为绝对刚性的横梁,横梁与柱之间为铰接,柱与基础之间的连接为刚接,柱的下端为固定端支座,则该受力单元的计算简图可简化为排架结构。在风荷载作用下,每个计算单元纵墙顶的水平位移是相同的,而与房屋的长度无关,图 5.6(d)纵墙顶的水平位移为 u_p(平面位移),u_p 的大小主要取决于纵墙本身的刚度。

实际工程中,图 5.6 所示的无山墙和横墙的房屋是很少见的,图 5.7 为纵墙两端有山墙的情况,由于两端山墙的约束,其传力路径发生了变化。在均匀的水平荷载作用下,整个房屋纵墙顶的水平位移不再相同,如图 5.7(a)所示纵墙墙长方向中部墙顶部的水平位移最大,距山墙较近的纵墙顶水平位移较小。其原因是水平风荷载不仅在纵墙和屋盖组成的平面排架内传递,也通过屋盖平面和山墙进行传递,此时的结构受力体系为空间受力体系。由于山墙的存在,其纵墙顶的水平位移沿纵向是变化的,与屋盖结构水平方向的位移一致,呈现两端小,中间大的特点,用 u_s 表示中间排架柱顶的水平位移(最大水平位移)。

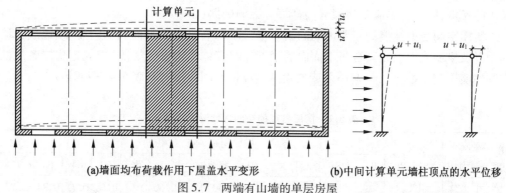

(a)墙面均布荷载作用下屋盖水平变形　　　(b)中间计算单元墙柱顶点的水平位移

图 5.7　两端有山墙的单层房屋

u_s 的大小除了取决于纵墙本身的刚度外,还取决于两山墙间的距离,山墙的刚度和屋盖的水平刚度。当山墙的距离很远时,即屋盖水平梁的跨度很大时,跨中水平位移最大。山墙的刚度较差时,山墙顶的水平位移大,也即屋盖水平梁的支座位移大,因而屋盖水平梁的跨中位移也大。屋盖本身的刚度差时,也会加大屋盖水平梁的跨中水平位移。反之,当山墙的刚度足够大时,两端山墙的距离越近,屋盖的水平刚度越大,房屋的空间受力作用越显著,则 u_s 越小,如图 5.7(b)所示,u_s 的确定如下式:

$$u_s = u + u_1 \leqslant u_p \tag{5.1}$$

式中　u_s——中间计算单元墙柱顶点的水平位移;

　　　u——山墙顶点的水平位移;

　　　u_1——屋盖水平梁的最大水平位移;

　　　u_p——平面排架顶点的水平位移。

房屋的空间受力性能减小了房屋的水平位移。房屋空间作用的大小可以用空间性能影响系数 η 表示,假定屋盖为在水平面内支承于横墙上的剪切型弹性地基梁,纵墙(柱)为弹性地基,按照理论分析房屋空间性能影响系数可按下列公式计算:

$$\eta = \frac{u_s}{u_p} = 1 - \frac{1}{\mathrm{ch}\,ks} \leqslant 1 \tag{5.2}$$

式中　k——弹性常数,取决于屋盖的刚度;

　　　s——横墙间距。

k 值按理论计算来确定是比较困难的,《砌体结构设计规范》采用半理论、半经验的方法确定该值。以实测的 u_s、u_p 值计算出 η 值,确定出横墙间距后,代入公式(5.2),则可计算出各类屋盖系统的 k 值,各类屋盖系统按照刚度的不同可以划分为三类,具体见表 5.1。通过理论分析和工程经验对各类屋盖的 k 值进行统计,可以得到:

第 1 类屋盖,$k = 0.03$;

第 2 类屋盖,$k = 0.05$;

第 3 类屋盖,$k = 0.065$。

η 值越大,表示考虑空间工作后的排架柱顶最大水平位移与平面排架的柱顶位移越接近,房屋的空间作用越小;反之,η 越小,房屋的空间刚度则越大,房屋考虑空间受力后侧移减小,因此,η 又称为考虑空间作用后的侧移折减系数。它可作为衡量房屋空间刚度大小的尺度,同时也是确定房屋静力计算方案的依据。

房屋空间受力性能的主要影响因素有楼(屋)盖在其自身平面内的刚度、横墙或山墙间距以及横墙或山墙在其自身平面内的刚度,故《砌体结构设计规范》中规定房屋各层的空间性能影响系数 η 可根据屋盖或楼盖类别及横墙间距通过查表 5.1 来确定。

表 5.1　房屋各层的空间性能影响系数 η

屋盖或楼盖类别	横墙间距 s/m														
	16	20	24	28	32	36	40	44	48	52	56	60	64	68	72
1	—	—	—	—	0.33	0.39	0.45	0.50	0.55	0.60	0.64	0.68	0.71	0.74	0.77
2	—	0.35	0.45	0.54	0.61	0.68	0.73	0.78	0.82	—	—	—	—	—	—
3	0.37	0.49	0.60	0.68	0.75	0.81	—	—	—	—	—	—	—	—	—

注:i 取 $1 \sim n$,其中 n 为房屋的层数。

2. 房屋静力计算方案的分类

根据房屋的空间工作性能不同,静力计算方案可划分为刚性方案、弹性方案和刚弹性方案三种。

(1)刚性方案房屋。

刚性方案房屋是指在荷载作用下,房屋的水平位移很小,可忽略不计,墙、柱的内力按屋架、大梁与墙、柱为不动铰支承的竖向构件计算的房屋。这种房屋的横墙间距较小,楼盖和屋盖的水平刚度较大,房屋的空间刚度也较大,因而在水平荷载作用下房屋墙、柱顶端的侧向位移 u_s 很小,接近于 0。房屋的空间性能影响系数 η,对于第 1 类屋盖 $\eta < 0.33$,第 2 类屋盖 $\eta < 0.35$,第 3 类屋盖 $\eta < 0.37$。混合结构的多层教学楼、办公楼、宿舍、医院和住宅等一般均属刚性方案房屋。

(2)弹性方案房屋。

弹性方案房屋是指在荷载作用下,房屋的水平位移较大,在水平荷载作用下 $u_s \approx u_p$。墙、柱的内力按屋架、大梁与墙、柱为铰接的不考虑空间工作的平面排架或框架计算的房屋。这种房屋横墙间距较大,楼(屋)盖的水平刚度较小,房屋的空间刚度亦较小,因而在水平荷载作用下房屋墙柱顶端的水平位移较大,房屋的空间性能影响系数 η,对于第 1 类屋盖 $\eta > 0.77$,第 2 类屋盖 $\eta > 0.82$,第 3 类屋盖 $\eta > 0.81$。混合结构的单层厂房、仓库、礼堂、食堂等多属于弹性方案房屋。

（3）刚弹性方案房屋。

刚弹性方案房屋是指介于"刚性"与"弹性"两种方案之间的房屋，即在荷载作用下，墙、柱的内力按屋架、大梁与墙、柱为铰接的考虑空间工作的平面排架或框架计算的房屋。这种房屋在水平荷载作用下，墙、柱顶端的水平位移较弹性方案房屋的小，但又不可忽略不计。房屋的空间性能影响系数 η，对于第 1 类屋盖 $0.33 \leqslant \eta \leqslant 0.77$，第 2 类屋盖 $0.35 \leqslant \eta \leqslant 0.82$，第 3 类屋盖 $0.37 \leqslant \eta \leqslant 0.81$。刚弹性方案房屋墙柱的内力计算，可根据房屋刚度的大小，将其水平荷载作用下的反力进行折减，然后按平面排架或框架计算。

按照上述原则，为方便设计，《砌体结构设计规范》中按屋盖或楼盖刚度及房屋的横墙间距来确定静力计算方案，见表5.2。

表 5.2　房屋的静力计算方案

	屋盖或楼盖类别	刚性方案	刚弹性方案	弹性方案
1	整体式、装配整体和装配式无檩体系钢筋混凝土屋盖或钢筋混凝土楼盖	$s < 32$	$32 \leqslant s \leqslant 72$	$s > 72$
2	装配式有檩体系钢筋混凝土屋盖、轻钢屋盖和有密铺望板的木屋盖或木楼盖	$s < 20$	$20 \leqslant s \leqslant 48$	$s > 48$
3	瓦材屋面的木屋盖和轻钢屋盖	$s < 16$	$16 \leqslant s \leqslant 36$	$s > 36$

注：1. 表中 s 为房屋横墙间距，其长度单位为 m；

2. 当屋盖、楼盖类别不同或横墙间距不同时，对于计算上柔下刚多层房屋时，顶层可按单层房屋计算，其空间性能影响系数可根据屋盖类别按表 5.1 采用；

3. 对无山墙或伸缩缝处无横墙的房屋，应按弹性方案考虑。

3. 刚性方案和刚弹性方案房屋的横墙

房屋的静力计算方案是根据房屋空间刚度的大小确定的，房屋的空间刚度取决于屋（楼）盖类别和房屋中横墙间距及横墙刚度的大小。对于刚性方案和刚弹性方案房屋的横墙应具有足够的刚度，从而保证屋（楼）盖水平梁支座位移不致过大，因此《砌体结构设计规范》中规定，刚性和刚弹性方案房屋中的横墙，应符合下列规定：

①横墙中开有洞口时，洞口的水平截面面积不应超过横墙截面面积的50%。

②横墙的厚度不宜小于 180 mm。

③单层房屋的横墙长度不宜小于其高度，多层房屋的横墙长度不宜小于 $H/2$（H 为横墙总高度）。

注：①当横墙不能同时符合上述要求时，应对横墙的刚度进行验算。如其最大水平位移值 $u_{max} \leqslant \dfrac{H}{4\,000}$ 时，仍可视作刚性或刚弹性方案房屋的横墙。

②凡符合注①刚度要求的一段横墙或其他结构构件（如框架等），也可视作刚性或刚弹性方案房屋的横墙。

计算横墙的水平位移时，可将其视作竖向悬臂梁，如图 5.8 所示。在水平集中力 F 作用下，墙顶最大水平位移由其弯曲变形和剪切变形两部分组成，即

$$u_{max} = u_b + u_v = \frac{FH^3}{3EI} + \frac{FH}{\zeta GA} \qquad (5.3)$$

式中　F——作用于横墙顶端的水平集中力；

　　　　H——横墙高度；

　　　　E——砌体的弹性模量；

　　　　I——横墙截面惯性矩；

　　　　ζ——考虑墙体剪应力分布不均匀和墙体洞口影响的折减系数；

　　　　G——砌体的剪变模量，$G = 0.4E$；

　　　　A——横墙截面面积。

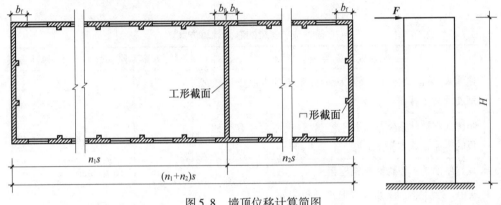

图 5.8　墙顶位移计算简图

在计算横墙的截面面积和惯性矩时,可将一部分纵墙视为横墙的翼缘,每边翼缘长度取 $0.3H$,按工字形或匚形截面计算。当横墙洞口的水平截面面积不大于横墙截面面积的 75% 时,可近似按毛截面计算 A 和 I,此时 A 和 I 取值均偏大,I 取值偏大的幅度一般在 20% 以内,这对弯曲变形影响不大,而 A 取值偏大对剪切变形的影响则较大。为了减小由此产生的误差,同时考虑剪应力分布不均匀的特点,取 $\zeta = 0.5$。将 ζ 和 G 值代入式 (5.3) 得

$$u_{max} = \frac{FH^3}{3EI} + \frac{5FH}{EA} \qquad (5.4)$$

如果横墙洞口较大,则应按净截面计算横墙的 A 和 I。

5.2　混合结构房屋的构造要求

混合结构房屋设计时,墙柱构件除满足承载力要求外,还应保证房屋的空间刚度和整体连接的可靠性,从而确保房屋具有良好的工作性能和耐久性。因此,为确保砌体结构的安全和正常使用,一般情况下,混合结构房屋墙柱需要满足以下几个方面的构造要求:

(1)墙、柱高厚比要求。

(2)墙、柱的一般构造要求。

(3)防止或减轻墙体开裂的主要措施。

（4）圈梁设置的构造要求（详见第 6 章 6.1 节）。

5.2.1　墙、柱的高厚比验算

混合结构房屋中的墙、柱均为受压构件，除满足承载力要求外，还必须保证其稳定性。

高厚比验算是确定墙、柱稳定性的一项重要构造措施，属于正常使用极限状态的范畴。

砌体墙、柱的高厚比是墙、柱的计算高度与规定厚度的比值。规定厚度对墙取墙厚，对柱取对应的边长，对带壁柱墙取截面的折算厚度。

高厚比验算包括两方面：一是墙、柱实际高厚比的确定；二是允许高厚比限值的确定。

1. 矩形截面墙、柱高厚比的验算

矩形截面墙、柱高厚比按下式验算：

$$\beta = \frac{H_0}{h} \leqslant \mu_1 \mu_2 [\beta] \tag{5.5}$$

式中　H_0——墙、柱的计算高度，按表 5.3 采用；

　　　h——墙厚或矩形柱与 H_0 相对应的边长；

　　　μ_1——自承重墙允许高厚比的修正系数；

　　　μ_2——有门窗洞口墙允许高厚比的修正系数；

　　　$[\beta]$——墙、柱的允许高厚比，应按表 5.4 采用。

（1）受压构件计算高度 H_0 的确定。

受压构件的计算高度 H_0 应根据房屋类别和构件支承条件等按表 5.3 采用。表中的构件高度 H，应按下列规定采用：

①在房屋底层，为楼板顶面到构件下端支点的距离。下端支点的位置，可取在基础顶面。当埋置较深且有刚性地坪时，可取室外地面下 500 mm 处。

②在房屋其他层，为楼板或其他水平支点间的距离。

③对于无壁柱的山墙，可取层高加山墙尖高度的 1/2；对于带壁柱的山墙可取壁柱处的山墙高度。

表 5.3　受压构件的计算高度 H_0

房屋类别			柱		带壁柱墙或周边拉接的墙		
			排架方向	垂直排架方向	$s > 2H$	$2H \geqslant s > H$	$s \leqslant 2H$
有吊车的单层房屋	变截面柱上段	弹性方案	$2.5H_u$	$1.25H_u$	$2.5H_u$		
		刚性、刚弹性方案	$2.0H_u$	$1.25H_u$	$2.0H_u$		
	变截面柱下段		$1.0H_l$	$0.8H_l$	$1.0H_l$		

续表 5.3

房屋类别			柱		带壁柱墙或周边拉接的墙		
			排架方向	垂直排架方向	$s > 2H$	$2H \geqslant s > H$	$s \leqslant 2H$
无吊车的单层和多层房屋	单跨	弹性方案	1.5H	1.0H	1.5H		
		刚弹性方案	1.2H	1.0H	1.2H		
	多跨	弹性方案	1.25H	1.0H	1.25H		
		刚弹性方案	1.10H	1.0H	1.10H		
	刚性方案		1.0H	1.0H	1.0H	0.4s + 0.2H	0.6s

注:1. 表中 H_u 为变截面柱的上段高度,H_l 为变截面柱的下段高度。

2. 对于上端为自由端的构件,$H_0 = 2H$。

3. 独立砖柱,当无柱间支撑时,柱在垂直排架方向的 H_0 应按表中数值乘以 1.25 后采用。

4. s 为房屋横墙间距。

5. 自承重墙的计算高度应根据周边支承或拉接条件确定。

(2)变截面柱计算高度 H_0 的确定。

对有吊车的房屋,当荷载组合不考虑吊车作用时,变截面柱上段的计算高度可按本规范表 5.3 规定采用;变截面柱下段的计算高度,可按下列规定采用:

①当 $H_u/H \leqslant 1/3$ 时,取无吊车房屋的 H_0。

②当 $1/3 < H_u/H < 1/2$ 时,取无吊车房屋的 H_0 乘以修正系数,修正系数 μ 可按下列公式计算:

$$\mu = 1.3 - 0.3 I_u/I_l \tag{5.6}$$

式中 I_u——变截面柱上段的惯性矩;

I_l——变截面柱下段的惯性矩。

③当 $H_u/H \geqslant 1/2$ 时,取无吊车房屋的 H_0,但在确定 β 时,应采用上柱截面。

注:本条规定也适用于无吊车房屋的变截面柱。

(3)自承重墙允许高厚比修正系数 μ_1 的确定。

厚度不大于 240 mm 的自承重墙,允许高厚比修正系数 μ_1,应按下列规定采用:

①墙厚为 240 mm 时,μ_1 取 1.2;墙厚为 90 mm 时,μ_1 取 1.5;墙厚大于 90 mm 小于 240 mm 时,μ_1 按插入法取值。

②上端为自由端墙的允许高厚比,除按上述规定提高外,尚可提高 30%。

③对厚度小于 90 mm 的墙,当双面采用不低于 M10 的水泥砂浆抹面,包括抹面层的墙厚不小于 90 mm 时,可按墙厚等于 90 mm 验算高厚比。

(4)有门窗洞口墙允许高厚比修正系数 μ_2 的确定。

①允许高厚比修正系数,应按下式计算:

$$\mu_2 = 1 - 0.4 \frac{b_s}{s} \tag{5.7}$$

式中　b_s——在宽度 s 范围内的门窗洞口总宽度,如图 5.9 所示;

　　　s——相邻横墙或壁柱之间的距离,如图 5.9 所示。

②当按公式(5.7)计算的 μ_2 值小于 0.7 时,μ_2 取 0.7。

③当洞口高度等于或小于墙高的 1/5 时,μ_2 取 1.0。

④当洞口高度大于或等于墙高的 4/5 时,可按独立墙段验算高厚比。

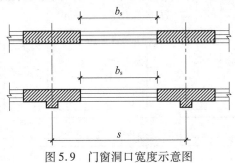

图 5.9　门窗洞口宽度示意图

(5)墙、柱允许高厚比的确定。

允许高厚比限值 $[\beta]$ 的确定,主要是根据房屋中墙、柱的稳定性由实践经验确定的。由《砌体结构设计规范》中的规定知,墙、柱的允许高厚比限值主要与砌体类型和砂浆的强度等级等因素有关,具体见表 5.4。

表 5.4　墙、柱的允许高厚比 $[\beta]$ 值

砌体类型	砂浆强度等级	墙	柱
无筋砌体	M2.5	22	15
	M5.0 或 Mb5.0、Ms5.0	24	16
	≥M7.5 或 Mb7.5、Ms7.5	26	17
配筋砌块砌体	—	30	21

注:1. 毛石墙、柱的允许高厚比应按表中数值降低 20%。

　　2. 带有混凝土或砂浆面层的组合砖砌体构件的允许高厚比,可按表中数值提高 20%,但不得大于 28。

　　3. 验算施工阶段砂浆尚未硬化的新砌砌体构件高厚比时,允许高厚比对墙取 14,对柱取 11。

(6)矩形截面墙、柱高厚比验算的注意事项:

①当与墙连接的相邻两墙间的距离 $s \leqslant \mu_1 \mu_2 [\beta] h$ 时,墙的高度可不受公式(5.5)的限制。

②变截面柱的高厚比可按上、下截面分别验算,其计算高度可按前述(2)条的规定采用。验算上柱的高厚比时,墙、柱的允许高厚比可按表(5.4)的数值乘以 1.3 后采用。

【例 5.1】　某办公楼一层平面布置如图 5.10 所示,采用现浇钢筋混凝土楼板,纵横承重墙厚均为 240 mm,采用 MU15 烧结普通砖和 M7.5 混合砂浆砌筑,底层墙高 $H = 4.8$ m(从基础顶面至一层楼板顶面),隔墙厚 120 mm、高度 3.6 m,洞口高度与墙高之比均大于 $\dfrac{1}{5}$ 小于 $\dfrac{4}{5}$,验算各墙高厚比是否满足要求。

【解】 (1)确定房屋静力计算方案。

由表5.2,横墙最大间距 $s=12$ m <32 m,现浇钢筋混凝土楼板为1类楼盖,静力计算方案为刚性方案。

(2)外纵墙高厚比验算。

$s=12$ m $>2H=2\times4.8=9.6$ m,由表5.3得

$$H_0=1.0H=4.8 \text{ m}$$

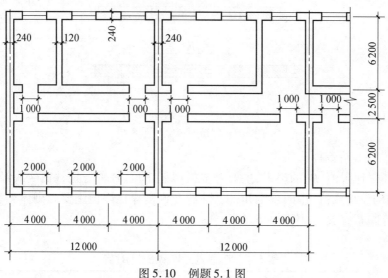

图5.10 例题5.1图

外纵墙为承重墙, $\mu_1=1.0$。

有门窗洞口墙允许高厚比修正系数 μ_2 为

$$\mu_2=1-0.4\frac{b_s}{s}=1-0.4\times\frac{2\times3}{12}=0.8>0.7$$

砂浆强度等级为M7.5,查表5.4得 $[\beta]=26$。

由公式(5.5), $\beta=\dfrac{H_0}{h}=\dfrac{4.8}{0.24}=20<\mu_1\mu_2[\beta]=1.0\times0.8\times26=20.8$

外纵墙高厚比满足要求。

(2)承重横墙高厚比验算。

$$H=4.8 \text{ m}<s=6.2 \text{ m}<2H=2\times4.8 \text{ m}=9.6 \text{ m}$$

由表5.3, $H_0=0.4s+0.2H=(0.4\times6.2+0.2\times4.8)$ m $=3.44$ m

由公式(5.5), $\beta=\dfrac{H_0}{h}=\dfrac{3.44}{0.24}=14.33<\mu_1\mu_2[\beta]=1.0\times1.0\times26=26$

横墙高厚比满足要求。

(3)由于内纵墙的厚度、砂浆强度等级、墙体高度均与外纵墙相同,且内纵墙的洞口宽度小于外纵墙洞口宽度,因外纵墙高厚比满足要求,故内纵墙高厚比亦满足要求。

(4)隔墙高厚比验算。

隔墙上端在砌筑时,一般将红砖(或青砖)斜砌顶住楼板,故顶端可按不动铰支点考

虑。设隔墙与纵墙间留斜槎咬槎砌筑，$H = 3.6$ m $< s = 6.2$ m $< 2H = 2 \times 3.6 = 7.2$ m，由表 5.3，$H_0 = 0.4s + 0.2H = (0.4 \times 6.2 + 0.2 \times 3.6)$ m $= 3.2$ m。

自承重墙修正系数 $\mu_1 = 1.2 + \dfrac{1.5 - 1.2}{240 - 90} \times (240 - 120) = 1.44$

门窗洞口修正系数 $\mu_2 = 1.0$

由公式 (5.5)，$\beta = \dfrac{H_0}{h} = \dfrac{3.2}{0.12} = 26.67 < \mu_1 \mu_2 [\beta] = 1.44 \times 1.0 \times 26 = 37.44$

隔墙高厚比满足要求。

注：本题中若设隔墙与纵墙间采用马牙槎和设置拉结钢筋相连接，则一般情况下，计算高厚比时，取计算高度 $H_0 = 1.0H$。

【例 5.2】　某单层、单跨有吊车砖柱厂房，如图 5.11 所示。砖柱采用 MU15 烧结普通砖和 M10 砂浆砌筑，砌体施工质量控制等级为 B 级；屋盖为装配式无檩体系钢筋混凝土结构，静力计算方案为弹性方案。求：考虑吊车作用时砖柱的高厚比验算。

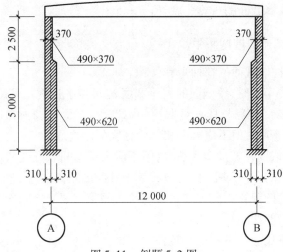

图 5.11　例题 5.2 图

【解】　(1) 变截面柱下段高度 $H_l = 5\,000$ mm，变截面柱上段高度 $H_u = 2\,500$ mm。

(2) 根据表 5.3 平行排架方向柱的计算高度为

$$H_{l0} = 1.0 \times 5\,000 \text{ mm} = 5\,000 \text{ mm}, \beta = \frac{5\,000}{620} = 8.06$$

$$H_{u0} = 2.5 \times 2\,500 \text{ mm} = 6\,250 \text{ mm}, \beta = \frac{6\,250}{370} = 16.89$$

(3) 垂直排架方向柱的计算高度为

$$H_{l0} = 0.8 \times 5\,000 \text{ mm} = 4\,000 \text{ mm}, \beta = \frac{4\,000}{490} = 8.16$$

$$H_{u0} = 1.25 \times 2\,500 \text{ mm} = 3\,125 \text{ mm}, \beta = \frac{3\,125}{490} = 6.38$$

(4) M10 砂浆，根据表 5.4，变截面柱下段允许高厚比 $[\beta] = 17$。

根据矩形截面墙、柱高厚比验算的注意事项中规定可知：

变截面柱上段允许高厚比 $[\beta] = 1.3 \times 17 = 22.1$。

（5）平行排架方向变截面柱下段 $\beta = 8.06 < [\beta] = 17$，满足要求。

平行排架方向变截面柱上段 $\beta = 16.89 < [\beta] = 22.1$，满足要求。

垂直排架方向变截面柱下段 $\beta = 8.16 < [\beta] = 17$，满足要求。

垂直排架方向变截面柱上段 $\beta = 6.38 < [\beta] = 22.1$，满足要求。

2. 带壁柱墙和带构造柱墙的高厚比验算

墙中设混凝土构造柱时可提高墙体使用阶段的稳定性和刚度。对于带壁柱和带构造柱的墙体，需要分别对整片墙和壁柱间墙或构造间墙进行高厚比验算。

（1）整片墙高厚比验算。

①带壁柱墙高厚比验算。

带壁柱墙高厚比应按式(5.8)进行验算：

$$\beta = \frac{H_0}{h_T} \leqslant \mu_1 \mu_2 [\beta] \tag{5.8}$$

式中　h_T——带壁柱墙截面的折算厚度，$h_T = 3.5i$；

　　　i——带壁柱墙截面的回转半径，$i = \sqrt{\dfrac{I}{A}}$；

　　　I、A——带壁柱墙截面的惯性矩和面积。

在确定截面回转半径时，墙截面的翼缘宽度 b_f 可按下述规定采用：

a. 多层房屋，当有门窗洞口时，可取窗间墙宽度；当无门窗洞口时，每侧翼墙宽度可取壁柱高度(层高)的 1/3，但不应大于相邻壁柱间的距离。

b. 单层房屋，可取壁柱宽加 2/3 墙高，但不应大于窗间墙宽度和相邻壁柱间的距离。

c. 计算带壁柱墙的条形基础时，可取相邻壁柱间的距离。

当确定带壁柱墙的计算高度 H_0 时，应取与之相交相邻墙之间的距离。

②带构造柱墙高厚比验算。

带构造柱墙高厚比应按下式进行验算：

$$\beta = \frac{H_0}{h} \leqslant \mu_1 \mu_2 \mu_c [\beta] \tag{5.9}$$

$$\mu_c = 1 + \gamma \frac{b_c}{l} \tag{5.10}$$

式中　h——墙厚；

　　　μ_c——带构造柱墙在使用阶段的允许高厚比提高系数；

　　　γ——系数。对细料石砌体，$\gamma = 0$；对混凝土砌块、混凝土多孔砖、粗料石、毛料石及毛石砌体，$\gamma = 1.0$；其他砌体，$\gamma = 1.5$；

　　　b_c——构造柱沿墙长方向的宽度；

　　　l——构造柱的间距。

当 $b_c/l > 0.25$ 时，取 $b_c/l = 0.25$；当 $b_c/l < 0.05$ 时，取 $b_c/l = 0$。

注：考虑构造柱有利作用的高厚比验算不适用于施工阶段。

当确定带构造柱墙的计算高度 H_0 时，s 应取相邻横墙间的距离。

（2）壁柱间墙或构造柱间墙高厚比验算。

对壁柱间墙或构造柱间墙高厚比验算，是为保证壁柱间墙或带构造柱墙的局部稳定。

①对壁柱间墙或构造柱间墙高厚比验算可按公式（5.5）进行计算，其中在确定计算高度 H_0 时，其静力计算方案按刚性方案考虑，s 应取相邻壁柱间或相邻构造柱间的距离。

②如壁柱间墙或构造柱间墙高厚比验算不能满足公式（5.5）的要求，可在墙中设置钢筋混凝土圈梁。当 $b/s \geqslant 1/30$ 时，圈梁可视作壁柱间墙或构造柱间墙的不动铰支点（b 为圈梁宽度）。当不满足上述条件且不允许增加圈梁宽度时，可按墙体平面外等刚度原则增加圈梁高度，此时，圈梁仍可视为壁柱间墙或构造柱间墙的不动铰支点。

【例 5.3】　如图 5.12 所示某单层无吊车车间，全长 24 m，宽 15 m，层高 4.2 m，四周墙体用 MU10 烧结普通砖和 M5 混合砂浆砌筑，屋面采用预制钢筋混凝土大型屋面板，地坪按刚性地坪考虑。要求：验算带壁柱纵墙的高厚比。（注：图（b）中 ±0.000 仅代表一层地面标高非基础顶面标高）

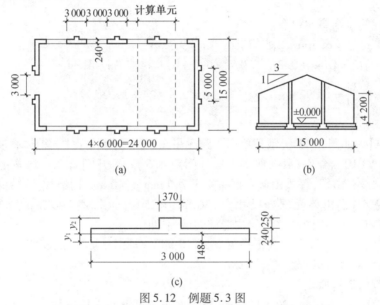

图 5.12　例题 5.3 图

【解】　（1）计算壁柱截面的几何特征。

截面的面积为

$$A = (3\,000 \times 240 + 370 \times 250)\ \text{mm}^2 = 812\,500\ \text{mm}^2$$

形心位置：

$$y_1 = \left[\frac{3\,000 \times 240 \times 120 + 370 \times 250 \times (240 + 250/2)}{812\,500}\right]\text{mm} = 148\ \text{mm}$$

$$y_2 = (240 + 250 - 148)\ \text{mm} = 342\ \text{mm}$$

对形心轴的惯性矩为

$$I = \left[\frac{3\,000 \times 148^3}{3} + \frac{370 \times 342^3}{3} + \frac{(3\,000 - 370) \times (240 - 148)^3}{3}\right]\text{mm}^4 = 8.86 \times 10^9\ \text{mm}^4$$

回转半径为

$$i = \sqrt{\frac{I}{A}} = \sqrt{\frac{8.86 \times 10^9}{812\,500}}\ \text{mm} = 104\ \text{mm}$$

折算厚度为　　　　　　$h_T = 3.5i = 3.5 \times 104 \text{ mm} = 364 \text{ mm}$

（2）确定壁柱计算高度 H_0。

壁柱下端嵌固于距室内地面以下 0.5 m 处，柱高 $H = (4.2 + 0.5) \text{ m} = 4.7 \text{ m}, s = 24 \text{ m} > 2H = 2 \times 4.7 \text{ m} = 9.4 \text{ m}$

查表 5.3，$H_0 = 1.0H = 4.7 \text{ m}$。

（3）整片纵墙高厚比验算。

根据表 5.4，M5 混合砂浆，$[\beta] = 24$

承重墙修正系数 $\mu_1 = 1.0$

门窗洞口修正系数 $\mu_2 = 1 - 0.4 \times \dfrac{4 \times 3}{4 \times 6} = 0.8 > 0.7$

由公式（5.5），$\beta = \dfrac{H_0}{h_T} = \dfrac{4.7}{0.364} = 12.91 < \mu_1\mu_2[\beta] = 1.0 \times 0.8 \times 24 = 19.2$

满足要求。

（4）壁柱间墙高厚比验算。

$H = 4.7 \text{ m} < s = 6.0 \text{ m} < 2H = 2 \times 4.7 \text{ m} = 9.4 \text{ m}$

查表 5.3，$H_0 = 0.4s + 0.2H = (0.4 \times 6.0 + 0.2 \times 4.7) \text{ m} = 3.34 \text{ m}$

$$\beta = \frac{H_0}{h} = \frac{3.34}{0.24} = 13.92 < \mu_1\mu_2[\beta] = 1.0 \times 0.8 \times 24 = 19.2$$

满足要求。

【例 5.4】　如图 5.13 所示某单层单跨无吊车厂房采用装配式无檩体系屋盖，其纵横承重墙采用 MU10 烧结普通砖，纵墙上壁柱间距 4.5 m，每开间有 2.0 m 宽的窗洞，车间长 27 m，两端设有山墙，每边山墙上设有 4 个 240 mm × 240 mm 构造柱。自基础顶面算起墙高 5.4 m，壁柱凸出墙面部分尺寸为 370 mm × 250 mm，墙厚 240 mm，砂浆强度等级 M7.5。确定该厂房山墙的高厚比与构造柱间墙高厚比。

【解】　由表 5.2，该厂房为 1 类屋盖，横墙间距 $s = 27 \text{ m} < 32 \text{ m}$，属刚性方案。

根据表 5.4，M7.5 砂浆，$[\beta] = 26$。

（1）验算山墙高厚比。

山墙截面为厚 240 mm 的矩形截面，但设置了钢筋混凝土构造柱。

$s = 12 \text{ m} > 2H = 10.8 \text{ m}$，查表 5.3，$H_0 = 1.0H = 5.4 \text{ m}$

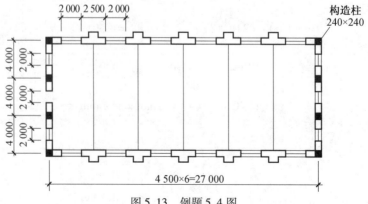

图 5.13　例题 5.4 图

承重墙修正系数 $\mu_1 = 1.0$

门窗洞口修正系数 $\mu_2 = 1 - 0.4 \times \dfrac{2}{4} = 0.8 > 0.7$

$$b_c / l = 240/4\,000 = 0.06 > 0.05$$

$$\mu_c = 1 + \gamma\,\frac{b_c}{l} = 1 + 1.5 \times 0.06 = 1.09$$

$$\beta = \frac{II_0}{h} = \frac{5\,400}{240} = 22.5 < \mu_1\mu_2\mu_c[\beta] = 1.0 \times 0.8 \times 1.09 \times 26 = 22.67$$

（2）构造柱间墙高厚比验算。

构造柱间距 $s = 4$ m $< H = 5.4$ m

查表 5.3，$H_0 = 0.6s = 0.6 \times 4\,000$ mm $= 2\,400$ mm

门窗洞口修正系数 $\mu_2 = 1 - 0.4 \times \dfrac{2}{4} = 0.8 > 0.7$

$$\beta = \frac{H_0}{h} = \frac{2\,400}{240} = 10 < \mu_1\mu_2[\beta] = 1.0 \times 0.8 \times 26 = 20.8$$

满足要求。

5.2.2　墙、柱的一般构造要求

1. 墙、柱截面、垫块、支承及连接构造要求

（1）预制混凝土板的支承构造要求。

汶川地震灾害的经验表明，预制钢筋混凝土板之间有可靠连接，预制混凝土板在其支承构件上有足够的支承长度，并与支承构件可靠连接，才能保证楼面板的整体作用，增加墙体约束，减小墙体竖向变形，避免楼板在较大位移时坍塌。为此《砌体结构设计规范》中有如下规定：

预制钢筋混凝土板在混凝土圈梁上的支承长度不应小于 80 mm，板端伸出的钢筋应与圈梁可靠连接，且同时浇筑；预制钢筋混凝土板在墙上的支承长度不应小于 100 mm，并应按下列方法进行连接：

①板支承于内墙时，板端钢筋伸出长度不应小于 70 mm，且与支座处沿墙配置的纵筋绑扎，用强度等级不应低于 C25 的混凝土浇筑成板带。

②板支承于外墙时，板端钢筋伸出长度不应小于 100 mm，且与支座处沿墙配置的纵筋绑扎，并用强度等级不应低于 C25 的混凝土浇筑成板带。

③预制钢筋混凝土板与现浇板对接时，预制板端钢筋应伸入现浇板中进行连接后，再浇筑现浇板。

（2）墙体转角处及纵横墙交接处拉结筋设置的构造要求。

工程实践表明，墙体转角处和纵横墙交接处设拉结钢筋是提高墙体稳定性和房屋整体性的重要措施之一。该项措施对防止墙体温度或干缩变形引起的开裂也有一定作用。为此，拉结钢筋的设置应满足如下要求：

墙体转角处和纵横墙交接处应沿竖向每隔 400～500 mm 设拉结钢筋，其数量为每

120 mm 墙厚不少于 1 根直径 6 mm 的钢筋;或采用焊接钢筋网片,埋入长度从墙的转角或交接处算起,对实心砖墙每边不小于 500 mm,对多孔砖墙和砌块墙不小于 700 mm。

（3）填充墙、隔墙与墙、柱的连接。

为防止填充墙、隔墙与墙、柱等主体结构构件连接处因变形和沉降不同引起裂缝,应采用拉结钢筋等措施来加强填充墙、隔墙与墙、柱的连接,连接构造和嵌缝材料应能满足传力、变形、耐久和防护要求。

（4）在砌体中留槽洞及埋设管道时,应遵守下列规定:

①不应在截面长边小于 500 mm 的承重墙体、独立柱内埋设管线。

②不宜在墙体中穿行暗线或预留、开凿沟槽,当无法避免时应采取必要的措施或按削弱后的截面验算墙体的承载力。

注:对受力较小或未灌孔的砌块砌体,允许在墙体的竖向孔洞中设置管线。

（5）墙、柱截面尺寸的构造要求。

承重的独立砖柱截面尺寸不应小于 240 mm ×370 mm。毛石墙的厚度不宜小于350 mm,毛料石柱较小边长不宜小于 400 mm。

注:当有振动荷载时,墙、柱不宜采用毛石砌体。

（6）吊车梁、屋架及跨度超过一定数值的预制梁与墙、柱锚固的构造要求。

当屋架或大梁的跨度较大,而屋架或大梁与墙、柱的接触面积却相对较小,此时,屋架或大梁与墙、柱接触面上的摩擦力难以有效传递水平力,为此,应采用锚固件加强屋架或大梁与墙、柱的锚固连接。具体规定如下:

支承在墙、柱上的吊车梁、屋架及支承在砖砌体墙上跨度大于等于 9 m 或支承在砌块、料石砌体墙上跨度大于等于 7.2 m 的预制梁的端部,应采用锚固件与墙、柱上的垫块锚固。

（7）垫块设置的要求。

屋架、大梁搁置在墙、柱上时,屋架、大梁端部支承处的砌体处于局部受压状态。当局部受压面积较小而局部受压面积上由上部墙体传来的轴向力荷载设计值及梁端支承处的支承压力设计值均较大时,容易发生局部受压破坏。为此,屋架、大梁应按下列规定在支承处砌体上设置垫块:

跨度大于 6 m 的屋架和跨度大于下列数值的梁,应在支承处砌体上设置混凝土或钢筋混凝土垫块;当墙中设有圈梁时,垫块与圈梁宜浇成整体。

①对砖砌体为 4.8 m。

②对砌块和料石砌体为 4.2 m。

③对毛石砌体为 3.9 m。

（8）壁柱的设置要求。

当墙体高度较大且厚度较薄,而支承在墙体上的梁或屋架跨度大于或等于下列数值时,为保证墙体的刚度和稳定性,可在墙体的适当位置设置壁柱。具体规定如下:

①对支承在 240 mm 厚的砖墙上,梁的跨度大于或等于 6 m。

②支承在 180 mm 厚的砖墙上,梁的跨度大于或等于 4.8 m。

③支承在砌块、料石墙上,梁的跨度大于或等于 4.8 m。

如加设壁柱后影响房间的使用功能,也可采用配筋砌体或在墙中设置钢筋混凝土柱等措施对墙体予以加强。

山墙处的壁柱或构造柱宜砌至山墙顶部,且屋面构件应与山墙可靠拉结。

2. 混凝土砌块墙体的构造要求。

为增强混凝土砌块墙房屋的整体性和抗裂能力,根据理论和工程实践经验,混凝土砌块墙体的设计和施工需满足下列构造要求:

(1)砌块砌体应分皮错缝搭砌,上、卜皮搭砌长度不得小于 90 mm。当搭接长度不满足上述要求时,应在水平灰缝内设置不少于 2 根直径不小于 4 mm 的焊接钢筋网片(横向钢筋的间距不应大于 200 mm ,网片每端均应超过该垂直缝不小于 300 mm)。

(2)砌块墙与后砌隔墙交接处,应沿墙高每 400 mm 在水平灰缝内设置不少于 2 根直径不小于 4 mm、横筋间距不应大于 200 mm 的焊接钢筋网片,如图 5.14 所示。

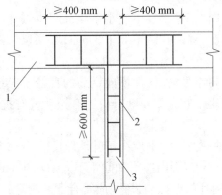

图 5.14　砌块墙与后砌隔墙交接处钢筋网片

1—砌块墙;2—焊接钢筋网片;3—后砌隔墙

(3)混凝土砌块房屋,宜将纵横墙交接处,距墙中心线每边不小于 300 mm 范围内的孔洞,采用不低于 Cb20 混凝土沿全墙高灌实。

(4)混凝土小型砌块房屋在顶层和底层门窗洞口两边易出现裂缝,为保证门窗洞口两边一定范围内墙体的质量,需满足以下要求:

混凝土砌块墙体的下列部位,如未设圈梁或混凝土垫块,应采用不低于 Cb20 混凝土将孔洞灌实:

①搁栅、檩条和钢筋混凝土楼板的支承面下,高度不应小于 200 mm 的砌体。

②屋架、梁等构件的支承面下,长度不应小于 600 mm,高度不应小于 600 mm 的砌体。

③挑梁支承面下,距墙中心线每边不应小于 300 mm,高度不应小于 600 mm 的砌体。

3. 夹心墙的构造要求

(1)夹心墙的夹层厚度,不宜大于 120 mm。

(2)外叶墙的砖及混凝土砌块的强度等级,不应低于 MU10。

(3)夹心墙的有效面积,应取承重或主叶墙的面积。高厚比验算时,夹心墙的有效厚

度,应按下式计算:

$$h_l = \sqrt{h_1^2 + h_2^2} \qquad (5.11)$$

式中 h_l——夹心复合墙的有效厚度;

h_1、h_2——内、外叶墙的厚度。

(4)夹心墙外叶墙的最大横向支承间距,宜按下列规定采用:设防烈度为 6 度时不宜大于 9 m;7 度时不宜大于 6 m;8、9 度时不宜大于 3 m。

(5)夹心墙的内、外叶墙,应由拉结件可靠拉结,拉结件宜符合下列规定:

①当采用环形拉结件时,钢筋直径不应小于 4 mm,当为 Z 形拉结件时,钢筋直径不应小于 6 mm;拉结件应沿竖向梅花形布置,拉结件的水平和竖向最大间距分别不宜大于 800 mm 和 600 mm;当有振动或有抗震设防要求时,其水平和竖向最大间距分别不宜大于 800 mm 和 400 mm。

②当采用可调拉结件时,钢筋直径不应小于 4 mm,拉结件的水平和竖向最大间距均不宜大于 400 mm。叶墙间灰缝的高差不大于 3 mm,可调拉结件中孔眼和扣钉间的公差不大于 1.5 mm。

③当采用钢筋网片作拉结件时,网片横向钢筋的直径不应小于 4 mm;其间距不应大于 400 mm;网片的竖向间距不宜大于 600 mm;当有振动或有抗震设防要求时,不宜大于 400 mm。

④拉结件在叶墙上的搁置长度,不应小于叶墙厚度的 2/3,并不应小于 60 mm。

⑤门窗洞口周边 300 mm 范围内应附加间距不大于 600 mm 的拉结件。

(6)夹心墙拉结件或网片的选择与设置,应符合下列规定:

①夹心墙宜用不锈钢拉结件。拉结件用钢筋制作或采用钢筋网片时,应先进行防腐处理,并应符合本书 2.1.3 节耐久性的有关规定。

②非抗震设防地区的多层房屋,或风荷载较小地区的高层的夹芯墙可采用环形或 Z 形拉结件;风荷载较大地区的高层建筑房屋宜采用焊接钢筋网片。

③抗震设防地区的砌体房屋(含高层建筑房屋)夹心墙应采用焊接钢筋网作为拉结件。焊接网应沿夹心墙连续通长设置,外叶墙至少有一根纵向钢筋。钢筋网片可计入内叶墙的配筋率,其搭接与锚固长度应符合有关规范的规定。

④可调节拉结件宜用于多层房屋的夹心墙,其竖向和水平间距均不应大于 400 mm。

5.2.3 防止和减轻墙体开裂的措施

混合结构的墙体出现裂缝,不仅影响建筑物外观,还影响墙体整体性、耐久性,过大的裂缝,会影响房屋的正常使用,进一步会影响到结构的承载力及抗震性能。

混合结构房屋墙体裂缝形成的原因主要包括内因和外因。内因是楼屋盖采用的钢筋混凝土材料与砌体墙材料的物理力学特性和刚度存在明显差异。外因主要包括温度变化、地基不均匀沉降、构件之间的相互约束、设计质量、材料质量、施工质量等因素。具体分析如下:

(1)由于楼(屋)盖材料与墙体材料线膨胀系数及刚度不同,在温度变化时出现的墙体裂缝。

钢筋混凝土的线膨胀系数为 $(1.0 - 1.4) \times 10^{-5}/℃$，烧结普通砖砌体为 $5 \times 10^{-6}/℃$，混凝土砌块砌体则为 $1.0 \times 10^{-5}/℃$，毛料石砌体为 $8 \times 10^{-6}/℃$。由此可见，钢筋混凝土和砌体材料的线膨胀系数不同；另外，屋盖和墙体的刚度也不相同，当温度升高时，钢筋混凝土屋盖和墙体变形不协调，前者的变形大于后者的变形。然而墙体与屋盖相互支承和约束，屋盖伸长变形受到墙体的阻碍，屋盖处于受压状态而墙体则处于受拉和受剪状态。实际工程中，由于屋顶温差大，因此房屋顶层端部墙体的应力最大。当墙体中的主拉应力或剪应力超过砌体的抗拉或抗剪强度时，墙体中将出现斜裂缝和水平裂缝。顶层墙体开裂最为严重，外纵墙和横墙上端裂缝呈八字形分布，屋盖与墙体之间产生水平裂缝，纵横墙交接处呈包角裂缝。

（2）由于楼（屋）盖材料与墙体材料收缩率及刚度不同，在温度变化时出现的墙体裂缝。

钢筋混凝土材料的收缩率大于砖砌体的收缩率，因此这两种不同材料的构件因收缩变形差异也会使墙体产生裂缝。当温度降低或钢筋混凝土干缩时，则屋盖或楼盖处于受拉和受剪状态，当主拉应力超过混凝土的抗拉强度时，屋盖或楼盖将出现裂缝。在负温差和砌体干缩共同作用下，则可能在房屋的中部产生拉应力，从而在墙体中形成上下贯通裂缝。

根据表 2.10（表中的收缩系数是由达到收缩允许标准的块体砌筑 28 d 的砌体收缩系数）可知，不同砌体材料的干缩率相差很大，如烧结普通砖砌体、烧结多孔砖砌体的收缩率为 -0.1 mm/m、蒸压灰砂普通砖砌体及混凝土砌块砌体的收缩率为 -0.2 mm/m、轻集料混凝土砌块砌体的收缩率为 -0.3 mm/m，且块体干缩变形的特征是早期发展较快，如混凝土小型空心砌块，在正常生产工艺条件下，其最终收缩值可达到 0.37 mm/m，浇筑完混凝土后经 28 d 的养护收缩值可完成 60%，为此《混凝土小型空心砌块建筑技术规程》（JGJ/T 14—2004）中规定为减少小砌块收缩过多而引起的墙体裂缝，要求小砌块在厂内的自然养护龄期或蒸汽养护期及其后的停放期总时间必须确保 28 d。通过上述可知材料的干缩性可导致墙体出现干缩裂缝。且实际工程中干缩裂缝分布广，数量多，开裂程度也较严重。例如，房屋内外纵墙两端对称分布的倒八字裂缝、建筑底层 1~2 层窗台边出现的斜裂缝或竖向裂缝、屋顶圈梁下出现的水平裂缝和水平包角裂缝等。

框架填充墙与钢筋混凝土柱因材料间存在差异变形，也易出现墙体裂缝。

（3）由于设计不合理、无针对性防裂措施、材料质量不合格、施工质量差等导致墙体开裂。

如墙体在砌筑时没有按照上下皮块体错缝搭接的要求施工，出现贯通的竖向灰缝，且贯通竖向灰缝长度已超过规范规定的范围；或者多排孔混凝土小型空心砌块砌筑墙体，当上下皮错缝搭接长度小于主规格小型空心砌块长度的 1/4，按规范要求在上下皮灰缝内设置了钢筋网片，但钢筋网片的长度不满足要求，这样在日后建筑物的使用过程中这些部位的墙体很容易出现裂缝。

（4）由于设计和施工的原因，导致地基不均匀沉降，从而出现墙体裂缝。

（5）上述几种原因中若干个原因同时出现导致墙体出现裂缝。

实际工程中裂缝出现的主要原因是楼屋盖采用的钢筋混凝土材料与砌体墙材料的物理力学特性和刚度存在明显差异、干缩变形、温度变化、地基不均匀沉降。

针对上述墙体裂缝产生的原因不同,规范规定采取如下措施来防止和减轻墙体产生的裂缝:

(1)防止或减轻由温差和砌体干缩引起的墙体竖向裂缝的措施——设置温度伸缩缝。

墙体因温差和砌体干缩引起的拉应力与房屋的长度成正比。当房屋很长时,为了防止或减轻房屋在正常使用条件下由温差和砌体干缩引起墙体出现竖向裂缝,应在因温度和收缩变形可能引起应力集中、砌体产生裂缝可能性最大的墙体中设置伸缩缝,如房屋平面转折处、体型变化处、房屋的中间部位以及房屋的错层处。伸缩缝的间距与屋盖、楼盖的类别、砌体的类别以及是否设置保温层或隔热层等因素有关。当屋盖、楼盖的刚度较大,砌体的干缩变形又较大且无保温层或隔热层时,可能产生较大的温度和收缩变形,此时伸缩缝的间距则宜小些。在不同情况下,伸缩缝的最大间距见表5.5。

表5.5　砌体房屋伸缩缝的最大间距(m)

屋盖或楼盖类别		间距
整体式或装配整体式钢筋混凝土结构	有保温层或隔热层的屋盖、楼盖	50
	无保温层或隔热层的屋盖	40
装配式无檩体系钢筋混凝土结构	有保温层或隔热层的屋盖、楼盖	60
	无保温层或隔热层的屋盖	50
装配式有檩体系钢筋混凝土结构	有保温层或隔热层的屋盖	75
	无保温层或隔热层的屋盖	60
瓦材屋盖、木屋盖或楼盖、轻钢屋盖		100

注:1.对烧结普通砖、烧结多孔砖、配筋砌块砌体房屋,取表中数值;对石砌体、蒸压灰砂普通砖、蒸压粉煤灰普通砖、混凝土砌块、混凝土普通砖和混凝土多孔砖房屋,取表中数值乘以0.8的系数,当墙体有可靠外保温措施时,其间距可取表中数值。

2.在钢筋混凝土屋面上挂瓦的屋盖应按钢筋混凝土屋盖采用。

3.层高大于5 m的烧结普通砖、烧结多孔砖、配筋砌块砌体结构单层房屋,其伸缩缝间距可按表中数值乘以1.3。

4.温差较大且变化频繁地区和严寒地区不采暖的房屋及构筑物墙体的伸缩缝的最大间距,应按表中数值予以适当减小。

5.墙体的伸缩缝应与结构的其他变形缝相重合,缝宽度应满足各种变形缝的变形要求;在进行立面处理时,必须保证缝隙的变形作用。

按表5.5设置的墙体伸缩缝,一般不能同时防止由于钢筋混凝土屋盖的温度变形和墙体干缩变形引起的局部裂缝。

(2)防止或减轻房屋顶层墙体的裂缝。

为了防止或减轻房屋顶层墙体的裂缝,可采取降低屋盖与墙体之间的温差、选择整体性和刚度较小的屋盖、减小屋盖与墙体之间的约束以及提高墙体本身的抗拉、抗剪强度等措施。具体可采取如下措施：

①屋面应设置保温、隔热层。

屋面设置的保温、隔热层可降低屋面顶板的温度，缩小屋盖与墙体的温差，从而可推迟或阻止顶层墙体裂缝的出现。

②屋面保温（隔热）层或屋面刚性面层及砂浆找平层应设置分隔缝，分隔缝间距不宜大于 6 m，其缝宽不小于 30 mm，并与女儿墙隔开；该措施的主要目的是为了减小屋面板温度应力以及屋面板与墙体之间的约束。

③采用装配式有檩体系钢筋混凝土屋盖和瓦材屋盖。

④顶层屋面板下设置现浇钢筋混凝土圈梁，并沿内外墙拉通，房屋两端圈梁下的墙体内宜设置水平钢筋。

现浇钢筋混凝土圈梁可增加墙体的整体性和刚度，从而缩小屋盖与墙体之间刚度的差异。房屋两端墙体易出现水平裂缝或斜裂缝，在该部位墙体内配置水平钢筋可提高墙体本身的抗拉、抗剪强度。

⑤顶层墙体有门窗等洞口时，在过梁上的水平灰缝内设置 2~3 道焊接钢筋网片或 2 根直径 6 mm 钢筋，焊接钢筋网片或钢筋应伸入洞口两端墙内不小于 600 mm。

门窗洞口过梁上的水平灰缝内配置钢筋网片或钢筋的作用，主要是为了提高墙体本身的抗拉或抗剪强度。

⑥顶层及女儿墙砂浆强度等级不低于 M7.5（Mb7.5、Ms7.5）。

⑦女儿墙应设置构造柱，构造柱间距不宜大于 4 m，构造柱应伸至女儿墙顶并与现浇钢筋混凝土压顶整浇在一起。

女儿墙受外界温度变化的影响较大，设置构造柱可加强女儿墙的整体性，提高墙体墙体的抗拉、抗剪强度。

⑧对顶层墙体施加竖向预应力（本规定为《砌体结构设计规范》（GB 50003—2011）新增内容），具体施加方法如下：

a. 在顶层端开间纵墙墙体布置后张无粘结预应力钢筋，预应力钢筋可采用热轧 HRB400 钢筋，间距宜为 400~600 mm，直径宜为 16~18 mm，预应力钢筋的张拉控制应力宜为 $(0.50 \sim 0.65)f_{yk}$，在墙体内产生 0.35~0.55 MPa 的有效压应力，预应力总损失可取 25%。

b. 采用后张法施加预应力，预应力钢筋可采用扭矩扳手或液压千斤顶张拉，扭矩扳手使用前需进行标定，施加预应力时，砌体抗压强度及混凝土立方体抗压强度不宜低于设计值的 80%。

c. 预应力钢筋下端（固定端）可以锚固于下层楼面圈梁内，锚固长度不宜小于 30d，预应力钢筋上端（张拉端）可采用螺丝端杆锚具锚固于屋面圈梁上，屋面圈梁应进行局部承压验算。

d. 预应力钢筋应采取可靠的防锈措施，可直接在钢筋表面涂刷防腐涂料、包缠防腐材料等措施。

（3）防止或减轻房屋底层墙体的裂缝。

房屋底层墙体受地基不均匀沉降的敏感程度较其他楼层大，底层窗洞边则受墙体干缩和温度变化的影响产生应力集中。增大基础圈梁的刚度,尤其增大圈梁的高度以及在窗台下墙体灰缝内配筋,可提高墙体的抗拉、抗剪强度。工程中,可根据具体情况采取如下措施:

①增大基础圈梁的刚度。

②在底层的窗台下墙体灰缝内设置 3 道焊接钢筋网片或 2 根直径 6 mm 钢筋,并应伸入两边窗间墙内不小于 600 mm。

(4)在每层门、窗过梁上方的水平灰缝内及窗台下第一和第二道水平灰缝内,宜设置焊接钢筋网片或 2 根直径 6 mm 钢筋,焊接钢筋网片或钢筋应伸入两边窗间墙内不小于 600 mm。当墙长大于 5 m 时,宜在每层墙高度中部设置 2～3 道焊接钢筋网片或 3 根直径 6 mm 的通长水平钢筋,竖向间距为 500 mm。

(5)房屋两端和底层第一、第二开间门窗洞处,可采取下列措施:

①在门窗洞口两边墙体的水平灰缝中,设置长度不小于 900 mm、竖向间距为 400 mm 的 2 根直径 4 mm 的焊接钢筋网片。

②在顶层和底层设置通长钢筋混凝土窗台梁,窗台梁高宜为块材高度的模数,梁内纵筋不少于 4 根,直径不小于 10 mm,箍筋直径不小于 6 mm,间距不大于 200 mm,混凝土强度等级不低于 C20。

③在混凝土砌块房屋门窗洞口两侧不少于一个孔洞中设置直径不小于 12 mm 的竖向钢筋,竖向钢筋应在楼层圈梁或基础内锚固,孔洞用不低于 Cb20 混凝土灌实。

(6)填充墙砌体与梁、柱或混凝土墙体结合的界面处(包括内、外墙),宜在粉刷前设置钢丝网片,网片宽度可取 400 mm,并沿界面缝两侧各延伸 200 mm,或采取其他有效的防裂、盖缝措施。

(7)设置竖向控制缝。

根据砌体材料的干缩特性,通过设置沿墙长方向能自由伸缩的缝,将较长的砌体房屋的墙体划分成若干个较小的区段,使砌体因温度、干缩变形引起的应力小于砌体的抗拉、抗剪强度或者裂缝很小,从而达到控制裂缝出现或减小裂缝宽度的目的,这种构造缝称为控制缝。该缝具体设置的位置如下:

当房屋刚度较大时,可在窗台下或窗台角处墙体内、在墙体高度或厚度突然变化处设置竖向控制缝。竖向控制缝宽度不宜小于 25 mm,缝内填以压缩性能好的填充材料,且外部用密封材料密封,并采用不吸水的、闭孔发泡聚乙烯实心圆棒(背衬)作为密封膏的隔离物,如图 5.15 所示。

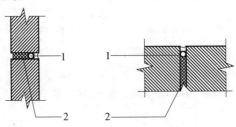

图 5.15　控制缝构造

1—不吸水的、闭孔发泡聚乙烯实心圆棒;2—柔软、可压缩的填充物

（8）夹心复合墙的外叶墙宜在建筑墙体适当部位设置控制缝，其间距宜为 6~8 m。

（9）防止由于地基不均匀沉降引起的墙体裂缝。

根据《建筑地基基础设计规范》（GB 50007—2011），实际工程中可以采用建筑措施（设置沉降缝）和结构措施来防止地基不均匀沉降产生的墙体裂缝。

①建筑措施——沉降缝的设置。

当建筑体型比较复杂时，宜根据其平面形状和高差差异情况，在适当部位用沉降缝将其划分成若干个刚度好的单元；当高差或荷载差异较大时，可将两者隔开一定距离，当拉开后的两单元必须连接时，应采用能自由沉降的连接构造。沉降缝与伸缩缝不同的是必须自基础起将两侧房屋在结构构造上完全分开。沉降缝的设置部位及宽度按如下规定来确定：

a. 建筑物的下列部位宜设置沉降缝：建筑平面的转折部位；高度差异或荷载差异处；长高比过大的砌体承重结构的适当部位；地基土的压缩性有显著差异处；基础类型不同处；分期建造房屋的交界处。

b. 沉降缝应有足够的宽度，其宽度按表 5.6 采用。

表 5.6　房屋沉降缝宽度

房屋层数	沉降缝宽度/mm
二~三	50~80
四~五	80~120
五层以上	不小于 120

②结构措施。对于砌体承重结构的房屋，宜采用下列措施增强整体刚度和承载力。

a. 对于三层和三层以上的房屋，其长高比 L/H_f 宜小于或等于 2.5（其中，L 为建筑物长度或沉降缝分隔的单元长度，H_f 为自基础底面标高算起的建筑物高度）；当房屋的长高比为 $2.5 < L/H_f \leqslant 3.0$ 时，宜做到纵墙不转折或少转折，并应控制其内横墙间距或增强基础刚度和承载力。当房屋的预估最大沉降量小于或等于 120 mm 时，其长高比可不受限制。

b. 墙体内宜设置钢筋混凝土圈梁或钢筋砖圈梁（圈梁的具体设置要求详见 6.1 节）。

c. 在墙体上开洞时，宜在开洞部位配筋或采用构造柱及圈梁加强。

5.3　刚性方案房屋墙、柱计算

混合结构房屋墙、柱的承载力计算，实际上是根据不同静力计算方案确定所选取计算单元的力学计算简图（即确定力学计算模型，并汇集荷载），然后求出控制截面的最大内力，最后对墙、柱截面的承载力进行验算。本节中主要讲述单层、多层刚性方案房屋墙、柱的内力计算，刚弹性方案及弹性方案房屋墙、柱的内力计算在 5.4 节中讲述。

5.3.1 单层刚性方案房屋墙、柱的计算

单层刚性方案房屋由于横墙数量多,屋盖刚度大,房屋的空间作用较大,纵墙顶端的水平位移很小(在静力计算时可以取水平位移值为零),因此对于单层刚性方案房屋在荷载作用下其墙体计算单元或柱的计算简图可以按下列假定来确定:

单层刚性方案房屋墙、柱为上端不动铰支承于屋盖,下端嵌固于基础的竖向构件,如图5.16(a)所示。

1. 内力分析

单层刚性方案房屋承重纵墙、柱在竖向荷载和水平荷载作用下的内力按下述方法计算。

(1)竖向荷载作用。

竖向荷载包括屋盖自重、屋面活荷载或雪荷载以及墙、柱自重。

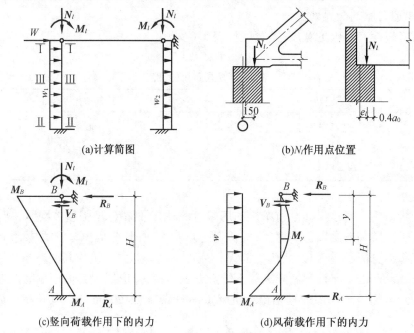

(a)计算简图 (b)N_l作用点位置

(c)竖向荷载作用下的内力 (d)风荷载作用下的内力

图5.16 单层刚性方案房屋承重纵墙墙或柱内力分析

①屋面荷载作用。

屋面荷载通过屋架或大梁作用于墙体顶部,屋架或屋面大梁的支承反力为N_l,其作用点位置与纵墙或柱轴线偏心距为e_l,如图5.16(b)所示,所以作用于墙体顶端的屋面荷载可视为由轴心压力N_l和弯矩$M_l = N_l e_l$组成。屋面荷载作用下,单层刚性方案承重纵墙或柱的支座反力及内力如图5.16(c)所示,其值分别为

$$\left. \begin{array}{l} R_A = -R_B = -3M_l/2H \\ M_B = M_l \\ M_A = -M_l/2 \end{array} \right\} \qquad (5.12)$$

②墙、柱自重荷载作用。

墙、柱自重荷载包括砌体、内外粉刷及门窗自重,其作用点位于墙、柱截面的重心。当墙、柱为等截面时,自重不引起弯矩;当墙、柱为变截面时,上阶柱自重 G_1 对下阶柱各截面形心处产生弯矩 $M_1 = G_1 e_1 (e_1$ 为上下阶墙、柱形心轴线间距离)。因 M_1 在施工阶段上阶柱施工完成后就已存在,为安全起见,应按悬臂墙、柱计算。

(2)水平荷载作用——风荷载。

风荷载包括屋面风荷载和墙面风荷载两部分。由于屋面风荷载(包括作用在女儿墙墙面上的风荷载)一般简化为作用于墙、柱顶端的集中荷载,对于刚性方案房屋,屋面风荷载以集中力形式通过屋架而传递,通过不动铰支点由屋盖复合梁传给横墙,再由横墙传至基础后传给地基,因此不会对墙、柱的内力造成影响。经上述分析知这里仅考虑墙面风荷载对墙、柱内力的影响。图 5.16(d)为墙面风荷载作用下墙、柱支座反力及内力图,其值分别为

$$\left. \begin{aligned} R_A &= 5\omega H/8 \\ R_B &= 3\omega H/8 \\ M_A &= \omega H^2/8 \\ M_y &= -\omega Hy(3 - 4y/H)/8 \\ M_{max} &= -9\omega H^2/128 \ (y = 3H/8) \end{aligned} \right\} \tag{5.13}$$

在计算风荷载时,迎风面取 $\omega = \omega_1$,背风面取 $\omega = -\omega_1$。

2. 内力组合

在进行承重墙、柱设计时,应按《建筑结构荷载规范》求出控制截面上由几种荷载共同作用下的截面内力组合,并取最不利者进行验算。通常,墙、柱的控制截面有三个,如图 5.16(a)所示,墙、柱的上端截面Ⅰ-Ⅰ、下端截面Ⅱ-Ⅱ、均布墙面风荷载作用下的最大弯矩截面Ⅲ-Ⅲ。

3. 截面承载力验算

对上述三个控制截面按偏心受压承载力验算。其中,对截面Ⅰ-Ⅰ即屋架或大梁支承处的砌体还应进行局部受压承载力验算。

5.3.2　多层刚性方案房屋墙、柱的计算

1. 多层刚性方案房屋承重纵墙、柱的计算

对于多层教学楼、公寓、住宅等建筑,因横墙间距小,一般皆属于刚性方案房屋。多层刚性方案承重纵墙验算承载力时,要考虑竖向荷载作用下的受力分析和水平荷载作用下的受力分析。

(1)计算单元的选取。

设计时可仅取其中有代表性的一段墙(通常为一个开间)作为计算单元。如图 5.17 所示,一般情况下,计算单元的受荷宽度为 $s = \dfrac{s_1 + s_2}{2}$(即相邻两开间的平均值)。有门窗洞口时,内外纵墙的计算截面宽度亦可取一个开间的门间墙或窗间墙的宽度。

(2)竖向荷载作用下多层刚性方案承重纵墙的内力分析。

①竖向荷载作用下的计算简图。

在竖向荷载作用下,墙、柱在每层高度范围内可近似地视作两端铰支的竖向构件,其计算简图如图 5.18 所示。

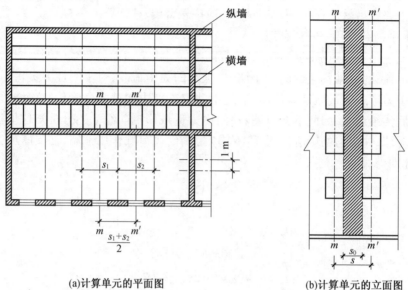

(a)计算单元的平面图   (b)计算单元的立面图

图 5.17 多层刚性方案房屋承重纵墙计算单元的选取

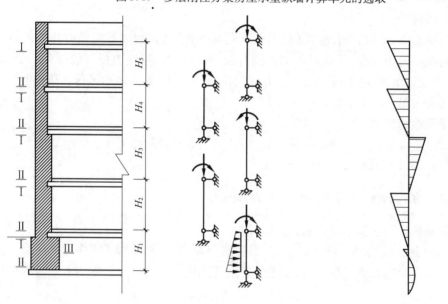

(a)墙体控制截面的位置   (b)竖向荷载作用下的计算简图   (c)竖向荷载作用下各层墙体的弯矩图

图 5.18 多层刚性方案房屋承重纵墙在竖向荷载作用下的计算简图及内力图

由于楼盖的梁或板嵌砌于墙体内,墙体在楼盖支承处截面被削弱,在支承点处被削弱的截面所能传递的弯矩是不大的,为简化计算,可假定墙体在楼盖处为铰接。在基础顶面,由于轴向压力较大,弯矩相对较小,因此墙体在基础顶面处也可假定为铰接。

②竖向荷载作用下的内力分析。

墙、柱的控制截面取每层墙、柱的上端截面为 Ⅰ - Ⅰ，每层墙、柱的下端截面为 Ⅱ - Ⅱ，如图 5.18(a)所示。

每层墙、柱承受的竖向荷载包括上层墙体和柱传来的竖向荷载 N_u、本层墙顶楼(屋)盖的梁或板传来的竖向荷载 N_l 和本层墙体自重 G。

①对于上下相邻两层墙体为等截面厚度时，其下层计算单元墙体的受力如图 5.19(a)所示，N_u 作用点位于上一楼层的墙、柱截面重心处，N_l 与墙体形心轴的偏心距为 $e_l(e_l = h_1/2 - 0.4a_0)$，$a_0$ 为梁端支承处的有效支承长度，如图 5.19(b)所示。墙体自重 G 作用于本层墙体截面重心处。内力计算如下：

计算墙体上端的轴向压力 $N_Ⅰ = N_u + N_l$；

计算墙体上端的轴向压力对墙体截面形心产生的偏心距 $e = N_l \cdot e_l/(N_u + N_l)$；

计算墙体上端截面的弯矩 $M_Ⅰ = N_l \cdot e_l$；

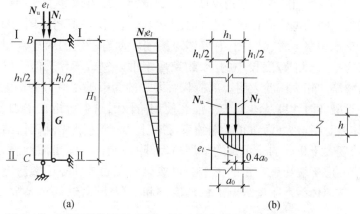

图 5.19　相邻两层墙厚相同时下层墙体的受力简图及梁端支承处受力

计算墙体下端的轴向压力 $N_Ⅱ = N_u + N_l + G$；

计算墙体下端截面的弯矩 $M_Ⅱ = 0$。

②当上下相邻两层墙体厚度不相同时，下层墙体在竖向荷载作用下的受力简图如图 5.20(a)所示。

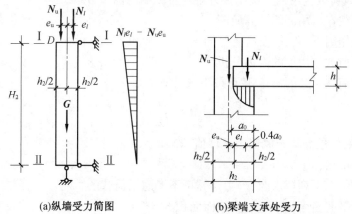

(a)纵墙受力简图　　　　　　　(b)梁端支承处受力

图 5.20　相邻两层墙厚不相同时下层墙体的受力简图及梁端支承处受力

N_u 作用点位于上层墙体截面重心处,与计算墙体形心轴的偏心距为 e_u,$e_u = \dfrac{(h_2 - h_1)}{2}$,$h_1$ 为上层墙体厚度,h_2 为下层墙体厚度;N_l 与下层墙体(即计算墙体)形心轴的偏心距为 e_l($e_l = h_2/2 - 0.4a_0$),a_0 为梁端支承处的有效支承长度,如图 5.20(b)所示。墙体自重 G 作用于计算墙体截面重心处。内力计算如下:

计算墙体上端的轴向压力 $N_I = N_u + N_l$;

计算墙体上端的轴向压力对墙体截面形心产生的偏心距 $e = (N_l e_l - N_u e_u)/(N_u + N_l)$;

计算墙体上端截面的弯矩 $M_I = N_l e_l - N_u e_u$;

计算墙体下端的轴向压力 $N_{II} = N_u + N_l + G$;

计算墙体下端截面的弯矩 $M_{II} = 0$。

其中图 5.18(c)为四层混合结构纵墙自基础顶面至顶层墙体上端的弯矩图,因基础顶面与一层楼地面间的墙体受梯形分布的土体侧压力作用,故其弯矩图为曲线形。

当楼面梁支承于墙上时,梁端上下墙体对梁端转动有一定的约束作用,因而梁端也有一定的约束弯矩。对于跨度较小的梁,约束弯矩可以忽略不计。但当梁跨度较大时,约束弯矩不可忽略。相关试验表明上部荷载对梁端的约束随压应力的增大呈下降趋势,在砌体局压临近破坏时约束基本消失。但在使用阶段因约束弯矩在梁端上下墙体内产生弯矩,使墙体偏心距增大,为防止梁端约束弯矩过大而产生破坏,《砌体结构设计规范》规定,对于梁跨度大于 9 m 的墙承重的多层房屋,除按刚性方案房屋的静力计算规定进行计算外,还应考虑梁端约束弯矩的影响。可按梁两端固结计算梁端弯矩,再将其乘以修正系数 γ 后,按墙体线性刚度分到上层墙底部和下层墙顶部,修正系数 γ 可按下式计算:

$$\gamma = 0.2\sqrt{\dfrac{a}{h}} \tag{5.14}$$

式中　a——梁端实际支承长度;

　　　h——支承墙体的墙厚,当上下墙厚不同时取下部墙厚,当有壁柱时取 h_T。

(3)水平风荷载作用下多层刚性方案承重纵墙的内力分析。

①水平荷载作风用下的计算简图。

水平荷载作用下,墙、柱可视为竖向连续梁,如图 5.21 所示。

②水平风荷载作用下的内力分析。

由均布风荷载引起的弯矩 M 可按下式计算:

$$M = \dfrac{\omega H_i^2}{12} \tag{5.15}$$

式中　ω——沿楼层高均布风荷载设计值,kN/m;

　　　H_i——层高,m。

③当外墙符合下列要求时,静力计算可不考虑风荷载的影响。

a. 洞口水平截面面积不超过全截面面积的 2/3。

b. 层高和总高不超过表 5.7 的规定。

c.屋面自重不小于 $0.8~\mathrm{kN/m^2}$。

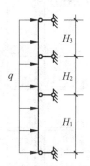

图 5.21　风荷载作用下的纵墙计算简图

（4）截面承载力验算。

通常情况下,对截面Ⅰ-Ⅰ按偏心受压和局部受压验算承载力;对截面Ⅱ-Ⅱ,按轴心受压验算承载力。

表 5.7　外墙不考虑风荷载影响时的最大高度

基本风压值/(kN · m^{-2})	层高/m	总高/m
0.4	4.0	28
0.5	4.0	24
0.6	4.0	18
0.7	3.5	18

注:对于多层混凝土砌块房屋,当外墙厚度不小于 190 mm、层高不大于 2.8 m、总高不大于 19.6 m、基本风压不大于 0.7 kN/m^2 时,可不考虑风荷载的影响。

2.多层刚性方案房屋承重横墙、柱的计算

在以横墙承重为主的居住类房屋建筑中,横墙两端起约束作用的纵墙其间距(一般为房屋的进深尺寸)不是很大,通过查表 5.2 知,横墙的计算方案一般为刚性方案,且横墙在设计时,按规范要求能满足刚性方案和刚弹性方案横墙的构造要求。

对于多层刚性方案,承重横墙其计算原理与承重纵墙计算原理相同,仅计算单元的取法不同,具体计算简图及受力分析方法如下所述。

（1）计算简图和计算单元。

横墙一般承受楼盖、屋盖传来的均布荷载,通常取 $b=1~\mathrm{m}$ 宽度作为计算单元,每层横墙均可视为竖向简支梁,如图 5.22 所示。

（2）承载力验算。

①对于多层混合结构房屋,当横墙的砌体材料和墙厚相同,且墙体仅承受轴心压力作用时,可只验算底层截面Ⅱ-Ⅱ的承载力,如图 5.22(b)所示。

②当横墙的砌体材料或墙厚改变时,尚应对改变处进行承载力验算。

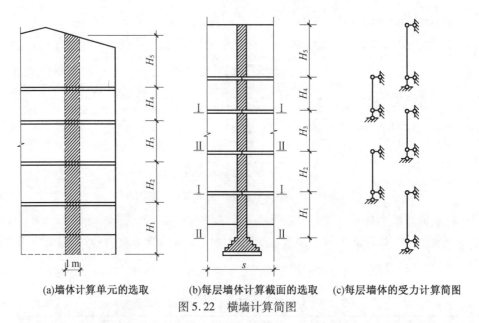

(a)墙体计算单元的选取　　　(b)每层墙体计算截面的选取　　(c)每层墙体的受力计算简图

图 5.22　横墙计算简图

③对于中间的横墙要承受两侧楼板传来的恒荷载及活荷载,若左、右两开间不等或楼面荷载相差较大时,则作用于墙体顶面(即计算墙体的上端截面)的荷载为偏心受压荷载,这时需验算墙体上端截面的偏心受压承载力。当活荷载较大时,也应考虑只有一层楼面作用活荷载的情况,按偏心受压计算墙体上端截面的承载力。

④当楼面梁支承于横墙上时,还应验算梁端下砌体的局部受压承载力。

⑤当横墙上有洞口时,尚应考虑洞口对墙体承载力削弱的影响。

⑥对直接承受风荷载的山墙,其计算方法与多层刚性方案承重纵墙的计算方法相同。

【例 5.5】　某三层办公楼的平剖面如图 5.23 所示,屋盖(板厚 120 mm)和楼盖(板厚100 mm)为现浇钢筋混凝土板;一层墙体采用的烧结多孔砖(孔洞率小于30%)强度等级为 MU15、混合砂浆强度等级为 M7.5,二、三层墙体烧结多孔砖强度等级为 MU10、混合砂浆强度等级为 M5.0,各层墙厚均为 240 mm;各层洞口高度与本层墙高之比均大于$\frac{1}{5}$小

于$\frac{4}{5}$;图中 L-1 截面尺寸为 200 mm×500 mm。施工质量控制等级为 B 级,屋面、楼面及墙体的各层做法具体见荷载资料。试确定纵墙和横墙的承载力是否满足要求。

【解】　1.静力计算方案及计算单元所在墙体计算高度的确定

(1)由表 5.2,现浇钢筋混凝土屋盖为 1 类屋盖,横墙间距 $s = 16$ m < 32 m,为刚性方案。

(2)选Ⓐ轴上纵墙为计算单元,查表 5.3 有

$\qquad s = 16$ m $> 2H = 2 \times 3.3(4.5)$ m $= 6.6(9.0)$ m,取 $H_0 = 1.0H = 3.3(4.5)$ m

注:括号中代表底层墙高。

(3)选③轴上横墙为计算单元,查表 5.3 有

$$H = 3.3(4.5)\,\mathrm{m} < s = 6.0\,\mathrm{m} < 2H = 2 \times 3.3(4.5)\,\mathrm{m} = 6.6(9.0)\,\mathrm{m}$$

$$H_0 = 0.4s + 0.2H = \left[\,0.4 \times 6.0 + 0.2 \times 3.3(4.5)\,\right]\,\mathrm{m} = 3.06(3.3)\,\mathrm{m}$$

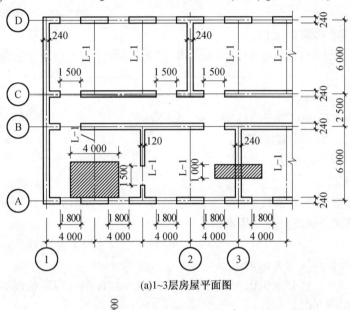

(a)1~3层房屋平面图

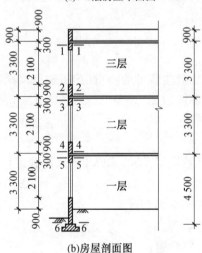

(b)房屋剖面图

图5.23　例题5.5图

2.荷载资料

(1)屋面荷载标准值(屋面做法自上而下列出)。

4 mm 厚改性沥青卷材防水层(上带细砂保护层)　　　　　　　　　　　　　0.3 kN/m²

20 mm 厚1:3 水泥砂浆找平层　　　　　　　　　$(20 \times 0.02)\,\mathrm{kN/m^2} = 0.4\,\mathrm{kN/m^2}$

2% 水泥珍珠岩找坡层最薄处 30 mm 厚：

$$\left[\,10 \times (14.9/2 \times 2\% \times 0.5 \times 1\,000 + 30\,) \times 10^{-3}\,\right]\,\mathrm{kN/m^2} = 1.045\,\mathrm{kN/m^2}$$

150 mm 厚阻燃型聚苯乙烯泡沫塑料保温板(密度要求≥21 kg/m³)：

$$(21 \times 9.8 \times 10^{-3} \times 0.15)\,\mathrm{kN/m^2} = 0.03\,\mathrm{kN/m^2}$$

20 mm 厚1:3 水泥砂浆找平层,上刷聚氨酯防水涂膜一层：

$$(20 \times 0.02)\,kN/m^2 = 0.4\ kN/m^2$$

120 mm 厚现浇钢筋混凝土屋面板：

$$(25 \times 0.12)\,kN/m^2 = 3\ kN/m^2$$

10 mm 厚混合砂浆刮大白：

$$(17 \times 0.01)\,kN/m^2 = 0.17\ kN/m^2,计刮大白质量近似取 0.2\ kN/m^2$$

合计：5.375 kN/m²

屋面梁自重$(25 \times 0.2 \times 0.5)\,kN/m = 2.5\ kN/m$

（2）不上人屋面活荷载标准值：$\qquad$ 0.5 kN/m²

（3）楼面恒荷载标准值。

10 mm 厚地砖面层 $\qquad (22 \times 0.01)\,kN/m^2 = 0.22\ kN/m^2$

20 mm 厚 1:3 水泥砂浆找平层 $\qquad (20 \times 0.02)\,kN/m^2 = 0.4\ kN/m^2$

100 mm 厚现浇钢筋混凝土楼面板

$$(25 \times 0.10)\,kN/m^2 = 2.5\ kN/m^2$$

10 mm 厚混合砂浆刮大白两遍：

$$(17 \times 0.01)\,kN/m^2 = 0.17\ kN/m^2,计刮大白质量近似取 0.2\ kN/m^2$$

合计：3.32 kN/m²

楼面梁自重：$(25 \times 0.2 \times 0.5)\,kN/m = 2.5\ kN/m$

（4）墙体自重标准值。

1.5 mm 厚玻纤布聚合物砂浆刷外墙涂料（耐碱玻纤网两布三涂）：

考虑涂料层厚度，计算厚度取 2.5 mm $\qquad (16 \times 2.5 \times 10^{-3})\,kN/m^2 = 0.04\ kN/m^2$

75 mm 厚阻燃聚苯乙烯板：

$$(0.5 \times 0.075)\,kN/m^2 = 0.037\ 5\ kN/m^2$$

3~5 mm 厚聚合物砂浆粘结层，20 mm 厚 1:3 水泥砂浆找平层，两项取为

$$(20 \times 0.025)\,kN/m^2 = 0.5\ kN/m^2$$

240 mm 厚墙体自重（按墙面面积计）：

$$(16 \times 0.24)\,kN/m^2 = 3.84\ kN/m^2$$

20 mm 厚水泥砂浆刮大白两遍：

$$(20 \times 0.02)\,kN/m^2 = 0.40\ kN/m^2$$

合计：4.82 kN/m²

真空双层玻璃塑钢窗自重：$(3 \times 2 \times 25.6 \times 10^{-3})\,kN/m^2 = 0.153\ 6\ kN/m^2$

除玻璃自重外还应考虑塑钢窗框等重量，故取 0.5 kN/m²。

（5）楼面活荷载标准值。

根据《建筑结构荷载规范》（GB 50009—2012），办公楼 $q_k = 2.0\ kN/m^2$，楼面梁从属面积为 $6 \times 4 = 24\ m^2 < 25\ m^2$，设计墙及基础时，活荷载不需折减。

（6）风荷载。

该房屋所在地区基本风压为 0.65 kN/m²，房屋层高 3.3 m，总高 <18 m，由表 5.7 知该房屋设计时不考虑风荷载的影响。

3. 纵墙承载力计算

（1）选取计算单元。

在Ⓐ轴线上取一个外纵墙作为计算单元，受荷面积为 3 m × 4 m = 12 m²（近似以轴线尺寸计算）。

（2）确定计算截面。

控制截面取在每层墙顶部（梁或板底面）、墙的底面以及基础顶面。

其中，每层墙顶面处偏心受压和局部受压均不利，墙底面处承受的轴向压力最大。

（3）荷载计算。

在Ⓐ轴纵墙上取一个计算单元其荷载标准值如下。

屋面恒荷载：$(5.375 × 12 + 2.5 × 3)$ kN = 72 kN

女儿墙自重（高 900 mm，自重取值同外承重墙）：

$$(4.82 × 0.9 × 4) \text{kN} = 17.352 \text{ kN}$$

二、三层楼面恒荷载：$(3.32 × 12 + 2.5 × 3)$ kN = 47.34 kN

屋面活荷载：$\qquad (0.5 × 12)$ kN = 6 kN

三层楼面活荷载：$\qquad (2.0 × 12)$ kN = 24 kN

二、三层墙体和窗自重：

$$[4.82 × (3.3 × 4 - 2.1 × 1.8) + 0.5 × 2.1 × 1.8] \text{kN} = 47.29 \text{ kN}$$

一层墙体和窗自重：

$$[4.82 × (4.5 × 4 - 2.1 × 1.8) + 0.5 × 2.1 × 1.8] \text{kN} = 70.43 \text{ kN}$$

（4）控制截面的内力计算。

①第三层。

a. 第三层墙顶截面 1 – 1 处。

设计使用年限按 50 年考虑，根据《建筑结构荷载规范》（GB 50009—2012），楼面和屋面活荷载考虑设计使用年限的调整系数 $\gamma_L = 1.0$，以下荷载组合按荷载规范 3.2.3、3.2.4 条考虑两种内力组合取不利情况。

由屋面荷载产生的轴向力设计值：

可变荷载控制的效应设计值为

$$N_1^{(1)} = [1.2 × (72 + 17.352) + 1.4 × 1.0 × 6] \text{kN} = 115.62 \text{ kN}$$

永久荷载控制的效应设计值

$$N_1^{(2)} = [1.35 × (72 + 17.352) + 1.4 × 0.7 × 1.0 × 6] \text{kN} = 126.51 \text{ kN}$$

取 $N = 126.51$ kN。

在计算纵墙时，由屋面荷载产生的竖向压力设计值：

$$N_{1l}^{(1)} = [1.2 × 72 + 1.4 × 1.0 × 6] \text{kN} = 94.8 \text{ kN}$$

$$N_{1l}^{(2)} = [1.35 × 72 + 1.4 × 0.7 × 1.0 × 6] \text{kN} = 103.08 \text{ kN}$$

采用 MU10 烧结多孔砖、M5.0 混合砂浆，$f = 1.5$ N/mm²。

为满足局压要求，屋（楼）面梁端均设有刚性垫块，取

$$\sigma_{01}^{(1)} = \frac{1.2 × 17.352 × 10^3}{2\,200 × 240} \text{N/mm}^2 = 0.039\,4 \text{ N/mm}^2$$

$$\frac{\sigma_{01}^{(1)}}{f} = \frac{0.039\,4}{1.5} = 0.026, \delta_{01}^{(1)} = 5.44$$

$$\sigma_{01}^{(2)} = \frac{1.35 \times 17.352 \times 10^3}{2\,200 \times 240}\text{N/mm}^2 = 0.044\ \text{N/mm}^2$$

$$\frac{\sigma_{01}^{(2)}}{f} = \frac{0.044}{1.5} = 0.029, \delta_{01}^{(2)} = 5.44$$

梁端在刚性垫块上的有效支承长度为

$$a_{01}^{(1)} = \delta_1 \sqrt{\frac{h_c}{f}} = 5.44 \times \sqrt{\frac{500}{1.5}}\text{mm} = 99.32\ \text{mm} < 240\ \text{mm}$$

$$M_1 = N_{1l}^{(1)}(y - 0.4a_0) = [94.8 \times 10^{-3} \times (120 - 0.4 \times 99.32)]\text{kN} \cdot \text{m} = 7.61\ \text{kN} \cdot \text{m}$$

$$M_2 = N_{1l}^{(2)}(y - 0.4a_0) = [103.08 \times 10^{-3} \times (120 - 0.4 \times 99.32)]\text{kN} \cdot \text{m} = 8.27\ \text{kN} \cdot \text{m}$$

$$e_1^{(1)} = \frac{M_1}{N_1^{(1)}} = \frac{7.61}{115.62}\text{m} = 0.066\ \text{m}$$

$$e_1^{(2)} = \frac{M_2}{N_1^{(2)}} = \frac{8.27}{126.51}\text{m} = 0.065\,4\ \text{m}$$

取 $e = 0.066$ m。

b. 第三层截面 2 - 2 处。

轴向力为 1 - 1 截面轴向力与本层墙自重之和。

$$N_2^{(1)} = (1.2 \times 47.29 + 115.62)\text{kN} = 172.37\ \text{kN}$$

$$N_2^{(2)} = (1.35 \times 47.29 + 126.51)\text{kN} = 190.35\ \text{kN}$$

②第二层。

a. 第二层墙顶截面 3 - 3 处。

轴向力为 2 - 2 截面轴向力与本层楼盖荷载之和。

$$N_{3l}^{(1)} = (1.2 \times 47.34 + 1.4 \times 1.0 \times 24)\text{kN} = 90.408\ \text{kN}$$

$$N_{3l}^{(2)} = (1.35 \times 47.34 + 1.4 \times 0.7 \times 1.0 \times 24)\text{kN} = 87.43\ \text{kN}$$

$$N_3^{(1)} = (172.37 + 90.408)\text{kN} = 262.78\ \text{kN}$$

$$N_3^{(2)} = (190.35 + 87.43)\text{kN} = 277.78\ \text{kN}$$

$$\sigma_{03}^{(1)} = \frac{172.37 \times 10^3}{2\,200 \times 240}\text{N/mm}^2 = 0.33\ \text{N/mm}^2$$

$$\frac{\sigma_{03}^{(1)}}{f} = \frac{0.33}{1.5} = 0.22, \delta_{13}^{(1)} = 5.7 + \frac{6 - 5.7}{0.2} \times 0.02 = 5.73$$

$$a_{03}^{(1)} = \delta_1 \sqrt{\frac{h_c}{f}} = 5.73 \times \sqrt{\frac{500}{1.5}}\text{mm} = 104.62\ \text{mm} < 240\ \text{mm}$$

$$M_3^{(1)} = N_{1l}^{(1)}(y - 0.4a_0) = 90.408 \times (120 - 0.4 \times 104.62)\text{N} \cdot \text{m} = 7\,066\ \text{N} \cdot \text{m}$$
$$= 7.07\ \text{kN} \cdot \text{m}$$

$$e_3^{(1)} = \frac{M_1}{N_1^{(1)}} = \frac{7.07 \times 10^6}{262.78 \times 10^3}\text{mm} = 26.89\ \text{mm}$$

$$\sigma_{03}^{(2)} = \frac{190.35 \times 10^3}{2\,200 \times 240}\text{N/mm}^2 = 0.36\ \text{N/mm}^2$$

$$\frac{\sigma_{03}^{(2)}}{f} = \frac{0.36}{1.5} = 0.24, \delta_{13}^{(2)} = 5.7 + \frac{6-5.7}{0.2} \times 0.04 = 5.76$$

$$a_{03}^{(2)} = \delta_1 \sqrt{\frac{h_c}{f}} = 5.76 \times \sqrt{\frac{500}{1.5}} \text{mm} = 105.16 \text{ mm} < 240 \text{ mm}$$

$$M_3^{(2)} = N_{1l}^{(1)}(y - 0.4a_0) = 87.43 \times 10^3 \times (120 - 0.4 \times 105.16) \text{N} \cdot \text{mm}$$
$$= 6\,814 \text{ N} \cdot \text{m} = 6.814 \text{ kN} \cdot \text{m}$$

$$e_3^{(2)} = \frac{M_1}{N_1^{(1)}} = \frac{6.814 \times 10^6}{277.78 \times 10^3} \text{mm} = 24.53 \text{ mm}$$

b. 第二层截面 4 – 4 处。

轴向力为 3 – 3 截面轴向力与本层墙自重之和。

$$N_4^{(1)} = (262.78 + 1.2 \times 47.29) \text{kN} = 319.53 \text{ kN}$$
$$N_4^{(2)} = (277.78 + 1.35 \times 47.29) \text{kN} = 341.62 \text{ kN}$$

③第一层。

a. 第一层墙顶截面 5 – 5 处。

轴向力为 N_4 与本层楼盖荷载之和。

墙体采用 MU15 烧结多孔砖,M7.5 混合砂浆,$f = 2.07$ N/mm²,则

$$N_{5l}^{(1)} = 90.408 \text{ kN}, N_{5l}^{(2)} = 87.43 \text{ kN}$$

$$N_5^{(1)} = (319.53 + 90.408) \text{kN} = 409.938 \text{ kN}$$

$$N_5^{(2)} = (341.62 + 87.43) \text{kN} = 429.05 \text{ kN}$$

$$\sigma_{05}^{(1)} = \frac{319.53 \times 10^3}{2\,200 \times 240} \text{N/mm}^2 = 0.605 \text{ N/mm}^2$$

$$\frac{\sigma_{05}^{(1)}}{f} = \frac{0.605}{2.07} = 0.292, \delta_{15}^{(1)} = 5.7 + \frac{6-5.7}{0.2} \times 0.092 = 5.838$$

$$a_{05}^{(1)} = \delta_1 \sqrt{\frac{h_c}{f}} = 5.838 \times \sqrt{\frac{500}{2.07}} \text{mm} = 90.73 \text{ mm} < 240 \text{ mm}$$

$$M_5^{(1)} = N_{5l}^{(1)}(y - 0.4a_0) = 90.408 \times 10^3 \times (120 - 0.4 \times 90.73) \text{N} \cdot \text{mm} = 7\,568 \times 10^3 \text{ N} \cdot \text{mm}$$
$$= 7.57 \text{ kN} \cdot \text{m}$$

$$e_5^{(1)} = \frac{M_5^{(1)}}{N_{5l}^{(1)}} = \frac{7.57 \times 10^6}{409.938 \times 10^3} \text{mm} = 18.466 \text{ mm}$$

$$\sigma_{05}^{(2)} = \frac{341.62 \times 10^3}{2\,200 \times 240} \text{N/mm}^2 = 0.65 \text{ N/mm}^2$$

$$\frac{\sigma_{05}^{(2)}}{f} = \frac{0.65}{2.07} = 0.314, \delta_{15}^{(2)} = 5.7 + \frac{6-5.7}{0.2} \times 0.114 = 5.871$$

$$a_{05}^{(2)} = \delta_1 \sqrt{\frac{h_c}{f}} = 5.871 \times \sqrt{\frac{500}{2.07}} \text{mm} = 91.25 \text{ mm} < 240 \text{ mm}$$

$$M_5^{(2)} = N_{5l}^{(2)}(y - 0.4a_0) = 87.43 \times 10^3 \times (120 - 0.4 \times 91.25) \text{N} \cdot \text{mm}$$
$$= 7\,300 \times 10^3 \text{ N} \cdot \text{mm} = 7.3 \text{ kN} \cdot \text{m}$$

$$e_5^{(2)} = \frac{M_5^{(2)}}{N_{5l}^{(2)}} = \frac{7.30 \times 10^6}{429.05 \times 10^3} = 17.01 \text{ mm}$$

②第一层截面 6 - 6 处。

轴向力为墙顶截面 N_5 与本层墙自重之和。

$$N_6^{(1)} = (409.938 + 1.2 \times 70.43) \text{kN} = 494.454 \text{ kN}$$

$$N_6^{(2)} = (429.05 + 1.35 \times 70.43) \text{kN} = 524.13 \text{ kN}$$

(5)第三层窗间墙承载力验算。

①第三层截面 1 - 1 处窗间墙受压承载力验算。

第一组内力 $N_1^{(1)} = 115.62$ kN, $e_1^{(1)} = 0.066$ m

第二组内力 $N_1^{(2)} = 126.51$ kN, $e_1^{(2)} = 0.065\ 4$ m

$$\frac{e_1^{(2)}}{h} = \frac{0.065\ 4}{0.24} = 0.27, \frac{e_1^{(2)}}{y} = \frac{0.065\ 4}{0.12} = 0.55 < 0.6$$

$$\beta = \gamma_\beta \frac{H_0}{h} = 1.0 \times \frac{3.3}{0.24} = 13.75$$

查表 $\varphi = 0.318\ 5$, 则

$$\varphi f A = (0.3185 \times 1.5 \times 2\ 200 \times 240) \text{N} = 252.252 \text{ kN} > 126.51 \text{ kN}$$

满足要求。

②第三层截面 2 - 2 处窗间墙受压承载力验算

第一组内力 $N_2^{(1)} = 172.37$ kN, $e_2^{(1)} = 0$ mm

第二组内力 $N_2^{(2)} = 190.35$ kN, $e_2^{(2)} = 0$ mm

取第二组内力进行承载力验算。

$$\frac{e}{h} = 0, \beta = \gamma_\beta \frac{H_0}{h} = 1.0 \times \frac{3.3}{0.24} = 13.75$$

$$\varphi = 0.82 + \frac{(0.77 - 0.82)}{(14 - 12)} \times (13.75 - 12) = 0.776$$

$$\varphi f A = (0.776 \times 1.5 \times 2\ 200 \times 240) \text{N} = 614.592 \text{ kN} > 190.35 \text{ kN}$$

满足要求。

(6)第二层窗间墙承载力验算。

①第二层截面 3 - 3 处窗间墙受压承载力验算。

第一组内力 $N_3^{(1)} = 262.78$ kN, $e_3^{(1)} = 0.027$ m

第二组内力 $N_3^{(2)} = 277.78$ kN, $e_3^{(2)} = 0.025$ m

第一组：$\dfrac{e_3^{(1)}}{h} = \dfrac{0.027}{0.24} = 0.112\ 5, \dfrac{e_3^{(1)}}{y} = \dfrac{0.027}{0.12} = 0.225 < 0.6$

$$\beta = \gamma_\beta \frac{H_0}{h} = 1.0 \times \frac{3.3}{0.24} = 13.75$$

查表 $\varphi = 0.575 + \dfrac{0.535 - 0.575}{14 - 12} \times 1.75 = 0.54$

$$\varphi f A = (0.54 \times 1.5 \times 2\ 200 \times 240) \text{N} = 427.68 \text{ kN} > 262.78 \text{ kN}, 满足要求。$$

第二组：
$$\frac{e_3^{(2)}}{h} = \frac{0.025}{0.24} = 0.10, \frac{e_3^{(1)}}{y} = \frac{0.025}{0.12} = 0.21 < 0.6$$

$$\beta = \gamma_\beta \frac{H_0}{h} = 1.0 \times \frac{3.3}{0.24} = 13.75$$

查表 $\varphi = 0.60 + \dfrac{0.56 - 0.60}{14 - 12} \times 1.75 = 0.565$

$\varphi f A = (0.565 \times 1.5 \times 2\,200 \times 240) \mathrm{N} = 447.48 \text{ kN} > 277.78 \text{ kN}$，满足要求。

②第二层截面 4－4 处窗间墙受压承载力验算。

第一组内力 $N_4^{(1)} = 319.53 \text{ kN}, e_4^{(1)} = 0 \text{ m}$

第二组内力 $N_4^{(2)} = 341.62 \text{ kN}, e_4^{(2)} = 0 \text{ m}$

选第二组内力。

$$\frac{e}{h} = 0, \beta = \gamma_\beta \frac{H_0}{h} = 1.0 \times \frac{3.3}{0.24} = 13.75, \varphi = 0.776$$

$$\varphi f A = (0.776 \times 1.5 \times 2\,200 \times 240) \mathrm{N} = 614.592 \text{ kN} > 341.62 \text{ kN}$$

满足要求。

(7) 第一层窗间墙承载力验算。

①第一层窗间墙上端 5－5 截面处受压承载力验算。

第一组内力 $N_5^{(1)} = 409.938 \text{ kN}, e_5^{(1)} = 0.018 \text{ m}$

第二组内力 $N_5^{(2)} = 429.05 \text{ kN}, e_5^{(2)} = 0.017 \text{ m}$

第一组内力验算承载力：

$$\frac{e_5^{(1)}}{h} = \frac{0.018}{0.24} = 0.075, \frac{e_5^{(1)}}{y} = \frac{0.018}{0.12} = 0.15 < 0.6$$

$$\beta = \gamma_\beta \frac{H_0}{h} = 1.0 \times \frac{4.5}{0.24} = 18.75$$

查表 $\varphi = 0.52 + \dfrac{0.48 - 0.52}{20 - 18} \times (18.75 - 18) = 0.505$

$\varphi f A = (0.505 \times 2.07 \times 2\,200 \times 240) \mathrm{N} = 551.94 \text{ kN} > 409.938 \text{ kN}$，满足要求。

第二组内力验算承载力：

$$\frac{e_5^{(2)}}{h} = \frac{0.017}{0.24} = 0.070\,8, \frac{e_5^{(2)}}{y} = \frac{0.017}{0.12} = 0.14 < 0.6, \beta = 18.75$$

$$\varphi = 0.513\,4$$

$\varphi f A = (0.513\,4 \times 2.07 \times 2\,200 \times 240) \mathrm{N} = 561.13 \text{ kN} > 429.05 \text{ kN}$，满足要求。

②基础顶面 6－6 截面处受压承载力验算。

第一组内力 $N_6^{(1)} = 494.454 \text{ kN}, e_6^{(1)} = 0 \text{ m}$

第二组内力 $N_6^{(2)} = 524.13 \text{ kN}, e_6^{(2)} = 0 \text{ m}$

$$\frac{e_6^{(2)}}{h} = 0, \frac{e_6^{(2)}}{y} = 0 < 0.6, \beta = 18.75$$

$$\varphi = 0.67 + \frac{0.62 - 0.67}{20 - 18} \times (18.75 - 18) = 0.65$$

$$\varphi f A = (0.65 \times 2.07 \times 2\,200 \times 240)\,\text{N} = 710.424\ \text{kN} > 524.13\ \text{kN}$$

满足要求。

(8)梁端局部受压承载力验算。

垫块尺寸取为 $a_\text{b} \times b_\text{b} \times t_\text{b} = 620\ \text{mm} \times 240\ \text{mm} \times 200\ \text{mm}$，满足构造要求。

①梁端支承处(截面 $1-1$)砌体局部受压承载力验算(取第二组内力验算):

$$A_\text{b} = a_\text{b} \times b_\text{b} = 620\ \text{mm} \times 240\ \text{mm} = 148\,800\ \text{mm}^2$$

由前面计算可知: $\sigma_{01}^{(1)} = 0.039\,4\ \text{N/mm}^2$, $\sigma_{01}^{(2)} = 0.044\ \text{N/mm}^2$, $a_{01}^{(1)} = a_{01}^{(2)} = 99.32\ \text{mm}$, $N_{1l}^{(2)} = 103.08\ \text{kN}$

$$N_0 = \sigma_0 A_\text{b} = (0.044 \times 148\,800)\,\text{N} = 6.55\ \text{kN}$$

$$N_0 + N_{1l}^{(2)} = (6.55 + 103.08)\,\text{kN} = 109.63\ \text{kN}$$

$$e = \frac{103.08 \times (0.12 - 0.4 \times 0.099\,32)}{109.63}\,\text{m} = 0.075\ \text{m}$$

$$\frac{e}{h} = \frac{0.075\ \text{m}}{0.24\ \text{m}} = 0.31, \beta \leqslant 3$$

查表 $\varphi = 0.48$, 则

$$A_0 = (0.62 + 2 \times 0.24)\,\text{m} \times 0.24\ \text{m} = 0.264\ \text{m}^2$$

$$\frac{A_0}{A_\text{b}} = \frac{0.264\ \text{m}^2}{0.148\,8\ \text{m}^2} = 1.8$$

$$\gamma = 1 + 0.35 \sqrt{\frac{A_0}{A_\text{b}} - 1} = 1 + 0.35 \sqrt{1.8 - 1} = 1.313 < 2.0$$

$$\gamma_1 = 0.8\gamma = 0.8 \times 1.313 = 1.05$$

$$\varphi \gamma_1 f A_\text{b} = (0.48 \times 1.05 \times 1.5 \times 148\,800)\,\text{N} = 112.49\ \text{kN} > 109.63\ \text{kN}$$

满足要求。

②梁端支承处(截面 $3-3$)砌体局部受压承载力验算。

垫块尺寸取为 $a_\text{b} \times b_\text{b} \times t_\text{b} = 650\ \text{mm} \times 240\ \text{mm} \times 200\ \text{mm}$，满足构造要求。

$$A_\text{b} = a_\text{b} \times b_\text{b} = 650\ \text{mm} \times 240\ \text{mm} = 156\,000\ \text{mm}^2$$

a. 第一组内力组合。

$$\sigma_{03}^{(1)} = 0.33\ \text{N/mm}^2, a_{03}^{(1)} = 104.62\ \text{mm}, N_{3l}^{(1)} = 90.408\ \text{kN}$$

$$N_{03}^{(1)} = \sigma_{03}^{(1)} \cdot A_\text{b} = (0.33 \times 156\,000)\,\text{N} = 51.48\ \text{kN}$$

$$N_{03}^{(1)} + N_{3l}^{(1)} = (51.48 + 90.408)\,\text{kN} = 141.888\ \text{kN}$$

$$e_3^{(1)} = \frac{90.408 \times (0.12 - 0.4 \times 0.104\,62)}{141.888}\,\text{m} = 0.049\,8\ \text{m}$$

$$\frac{e_3^{(1)}}{h} = \frac{0.049\,8}{0.24} = 0.207, \beta \leqslant 3, \text{查表}\ \varphi_3^{(1)} = 0.663\,2$$

$$\gamma = 1 + 0.35 \sqrt{\frac{A_0}{A_\text{b}} - 1} = 1 + 0.35 \sqrt{\frac{(0.65 + 2 \times 0.24) \times 0.24}{0.156} - 1} = 1.3 < 2.0$$

$$\gamma_1 = 0.8\gamma = 0.8 \times 1.3 = 1.04$$

$$N_{3lu}^{(1)} = \varphi_3^{(1)} \gamma_1 f A_\text{b} = (0.663\,2 \times 1.04 \times 1.5 \times 156\,000)\,\text{N} = 161.40\ \text{kN} > 141.888\ \text{kN}$$

b. 第二组内力组合。

$$\sigma_{03}^{(2)} = 0.36 \text{ N/mm}^2, a_{03}^{(2)} = 105.16 \text{ mm}, N_{3l}^{(2)} = 87.43 \text{ kN}$$

$$N_{03}^{(2)} = \sigma_{03}^{(2)} \cdot A_b = (0.36 \times 156\ 000)\text{N} = 56.16 \text{ kN}$$

$$N_{03}^{(2)} + N_{3l}^{(2)} = (56.16 + 87.43)\text{kN} = 143.59 \text{ kN}$$

$$e_3^{(2)} = \frac{87.43 \times (0.12 - 0.4 \times 0.105)}{143.59}\text{m} = 0.047 \text{ m}$$

$$\frac{e_3^{(2)}}{h} = \frac{0.047}{0.24} = 0.2, \beta \leqslant 3, \text{查表 } \varphi_3^{(2)} = 0.68$$

$$N_{3lu}^{(2)} = \varphi_3^{(2)} \gamma_1 f A_b = (0.68 \times 1.04 \times 1.5 \times 156\ 000)\text{N} = 165.48 \text{ kN} > 143.59 \text{ kN}$$

③梁端支承处(截面 5 – 5)砌体局部受压承载力验算。

垫块尺寸取为 $a_b \times b_b \times t_b = 650 \text{ mm} \times 240 \text{ mm} \times 200 \text{ mm}$,满足构造要求。

$$A_b = a_b \times b_b = 650 \text{ mm} \times 240 \text{ mm} = 156\ 000 \text{ mm}^2$$

a. 第一组内力组合。

$$\sigma_{05}^{(1)} = 0.605 \text{ N/mm}^2, a_{05}^{(1)} = 90.73 \text{ mm}, N_{5l}^{(1)} = 90.408 \text{ kN}$$

$$N_{05}^{(1)} = \sigma_{05}^{(1)} \cdot A_b = (0.605 \times 156\ 000)\text{N} = 94.38 \text{ kN}$$

$$N_{05}^{(1)} + N_{5l}^{(1)} = (94.38 + 90.408)\text{kN} = 184.788 \text{ kN}$$

$$e_5^{(1)} = \frac{90.408 \times (0.12 - 0.4 \times 0.091)}{184.788}\text{m} = 0.041 \text{ m}$$

$$\frac{e_5^{(1)}}{h} = \frac{0.041}{0.24} = 0.17, \beta \leqslant 3, \text{查表 } \varphi_5^{(1)} = 0.742$$

$$\gamma_1 = 0.8\gamma = 0.8 \times 1.3 = 1.04$$

$$N_{5lu}^{(1)} = \varphi_5^{(1)} \gamma_1 f A_b = (0.742 \times 1.04 \times 2.07 \times 156\ 000)\text{N} = 249.19 \text{ kN} > 184.788 \text{ kN}$$

b. 第二组内力组合。

$$\sigma_{05}^{(2)} = 0.65 \text{ N/mm}^2, a_{05}^{(2)} = 91.25 \text{ mm}, N_{5l}^{(2)} = 87.43 \text{ kN}$$

$$N_{05}^{(2)} = \sigma_{05}^{(2)} \cdot A_b = (0.65 \times 156\ 000)\text{N} = 101.4 \text{ kN}$$

$$N_{05}^{(2)} + N_{5l}^{(2)} = (101.4 + 87.43)\text{kN} = 188.83 \text{ kN}$$

$$e_5^{(2)} = \frac{87.43 \times (0.12 - 0.4 \times 0.091)}{188.83}\text{m} = 0.04 \text{ m}$$

$$\frac{e_5^{(2)}}{h} = \frac{0.04}{0.24} = 0.17, \beta \leqslant 3, \text{查表 } \varphi_5^{(2)} = 0.742$$

$$N_{5lu}^{(2)} = \varphi_5^{(2)} \gamma_1 f A_b = (0.742 \times 1.04 \times 2.07 \times 156\ 000)\text{N} = 249.19 \text{ kN} > 188.83 \text{ kN}$$

满足要求。

4. 横墙承载力验算

以③轴线上横墙为例,取 1 m 宽横墙作为计算单元,受荷面积为 1 m × 4.0 m = 4.0 m²。横墙承受屋面和楼面传来均布荷载和墙体自重荷载。因横墙为轴心受压构件,仅需验算每层墙底截面承载力。

(1)荷载计算。

作用于横墙计算单元上的荷载标准值如下:

屋面恒荷载:$(5.375 \times 4.0) \mathrm{kN/m} = 21.5 \ \mathrm{kN/m}$

屋面活荷载:$(0.5 \times 4.0) \mathrm{kN/m} = 2.0 \ \mathrm{kN/m}$

二、三层楼面恒荷载:$(3.32 \times 4.0) \mathrm{kN/m} = 13.28 \ \mathrm{kN/m}$

二、三层楼面活荷载:$(2.0 \times 4.0) \mathrm{kN/m} = 8.0 \ \mathrm{kN/m}$

二、三层墙体自重荷载:$(4.82 \times 3.3) \mathrm{kN/m} = 15.906 \ \mathrm{kN/m}$

一层墙体自重荷载:$(4.82 \times 4.5) \mathrm{kN/m} = 21.69 \ \mathrm{kN/m}$

(2)控制截面内力计算。

由于二、三层墙体材料尺寸一致,故验算二层墙体。

①第二层横墙底部 4 - 4 截面,轴向力包括屋面荷载,三层楼面荷载,第二、三层墙体自重。

$N_4^{(1)} = [1.2 \times (21.5 + 15.906 \times 2 + 13.28) + 1.4 \times 1.0 \times (2 + 8)] \mathrm{kN} = 93.91 \ \mathrm{kN}$

$N_4^{(2)} = [1.35 \times (21.5 + 15.906 \times 2 + 13.28) + 1.4 \times 0.7 \times 1.0 \times (2 + 8)] \mathrm{kN} = 99.70 \ \mathrm{kN}$

取 $N_4 = 99.70 \ \mathrm{kN}$。

②基础顶部 6 - 6 截面。

轴向力包括 N_4 与二层楼面荷载及一层墙体自重之和。

$N_6^{(1)} = [93.91 + 1.2 \times (13.28 + 21.69) + 1.4 \times 1.0 \times 8] \mathrm{kN} = 147.07 \ \mathrm{kN}$

$N_6^{(2)} = [99.7 + 1.35 \times (13.28 + 21.69) + 1.4 \times 1.0 \times 0.7 \times 8] \mathrm{kN} = 154.75 \ \mathrm{kN}$

取 $N_6 = 154.75 \ \mathrm{kN}$。

(3)横墙承载力计算。

①第二层墙底截面 4 - 4。

$$\frac{e}{h} = 0, \beta = \gamma_\beta \frac{H_0}{h} = 1.0 \times \frac{3.06}{0.24} = 12.75$$

$$\varphi = 0.82 + \frac{0.77 - 0.82}{14 - 12} \times (12.75 - 12) = 0.80$$

$$N_{u4} = \varphi f A = (0.80 \times 1.5 \times 1\ 000 \times 240) \mathrm{N} = 288 \ \mathrm{kN} > N_4 = 99.7 \ \mathrm{kN}$$

②基础顶部截面 6 - 6。

$$\frac{e}{h} = 0, \beta = \gamma_\beta \frac{H_0}{h} = 1.0 \times \frac{3.3}{0.24} = 13.75$$

$$\varphi = 0.82 + \frac{0.77 - 0.82}{14 - 12} \times (13.75 - 12) = 0.776$$

$$N_{u6} = \varphi f A = (0.776 \times 2.07 \times 1\ 000 \times 240) \mathrm{N} = 385.52 \ \mathrm{kN} > N_6 = 154.75 \ \mathrm{kN}$$

满足要求。

5.4 弹性方案房屋墙、柱计算

5.4.1 单层弹性方案房屋墙、柱计算

1. 单层弹性方案房屋墙、柱的内力分析

弹性方案房屋的静力计算,可按屋架或大梁与墙(柱)为铰接、墙(柱)与基础为固接,

不考虑空间工作的平面排架或框架计算,按一般结构力学的方法进行计算。

(1)竖向荷载(屋面荷载)作用下。

如图 5.24 所示单跨单层等高房屋,当两侧墙(柱)刚度相等且荷载对称时,排架顶不发生位移,按结构力学方法,其内力计算如下:

$$M_C = M_D = M$$

$$M_A = M_B = -M/2$$

$$M_x = \frac{M}{2}\left(2 - 3\frac{x}{H}\right)$$

(2)水平荷载(风荷载)作用下。

图 5.25 为风荷载作用下,单层弹性方案房屋的计算简图及内力图,其具体计算步骤如下:

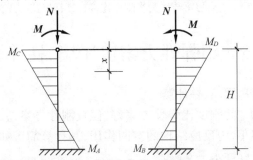

图 5.24　单层弹性方案房屋在屋面荷载作用下的内力

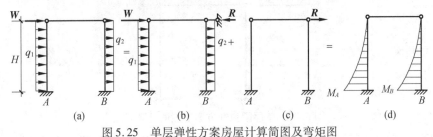

图 5.25　单层弹性方案房屋计算简图及弯矩图

①先在排架上端加上一个假设的不动铰支座,如图 5.25(b)所示,成为无侧移的平面排架,计算出此时假设的不动铰支座的反力和相应的内力,其内力计算方法和刚性方案相同。

②把已求出的假设柱顶的支座反力反方向作用在排架顶端,如图 5.25(c)所示,求出这种受力情况下的内力。

③将上述两种计算结果进行叠加,可得到按弹性方案的计算结果,如图 5.25(d)所示。

2. 单层弹性方案房屋墙、柱的承载力计算

①单层弹性方案房屋墙、柱的控制截面有两个,即柱顶和柱底截面,均按偏心受压验算墙、柱的承载力,对柱顶截面尚需验算砌体局部受压承载力。

②对于变截面柱,还应验算变截面处截面的受压承载力。

5.4.2　多层弹性方案房屋墙、柱计算

多层混合结构房屋应避免设计成弹性方案的房屋,这是因为梁与墙(柱)的连接若假

设为铰接时,该结构体系为几何可变体系,房屋空间刚度较差,容易引起连续倒塌,在工程中不允许使用。若梁与墙(柱)的连接假设为图 5.26 的半刚性结点,则与实际弹性方案假设不符。

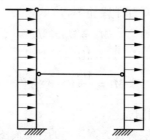

图 5.26 底层梁与墙为半刚性连接,二层梁与墙为铰接

5.5 刚弹性方案房屋墙、柱计算

1. 单层刚弹性方案房屋墙、柱计算

刚弹性方案房屋的空间刚度比弹性方案好,但较刚性方案差,在水平荷载作用下柱顶水平位移较弹性方案小,为反应结构的空间作用,其计算简图如图 5.27 所示,相当于在排架柱顶施加了一个弹性水平支座。

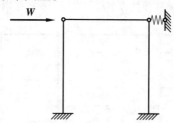

图 5.27 单层刚弹性方案房屋的计算简图

如图 5.28(a)所示,刚弹性方案在水平集中力 W 作用下柱顶产生水平位移 u_s,如图 5.28(b)所示,排架结构在水平集中力 W 作用下柱顶产生水平位移 u_p,由于弹性支座反力 X 的存在,柱顶减小侧移为 $(u_p - u_s)$。根据上述可知,若在图 5.28(b)排架结构右侧加水平铰支座则变为刚性方案房屋,且该铰支座的内力假设为 $R(R = W)$。假设结构受力处于弹性阶段,则力的大小与位移的大小成正比,根据比值关系可得出下列等式:

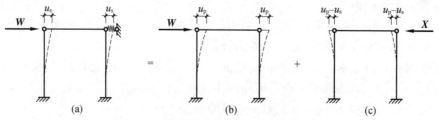

图 5.28 单层刚弹性方案力与侧移简图

$$\frac{R}{u_p} = \frac{X}{u_p - u_s}$$

则弹性支座反力为

$$X = (1 - \eta)R$$

其中 $\eta = \dfrac{u_s}{u_p}$，通过查表 5.1 确定。

由上式可知，弹性支座反力 X 及水平力 W 与房屋的空间性能影响系数 η 有关。屋盖处的作用力可看成 $R - X = R - (1 - \eta)R = \eta R$。

由上述公式推导可知，单层刚弹性方案相当于在排架结构柱顶施加一弹性支座反力 $(1 - \eta)R$，然后按照结构力学方法进行排架内力计算，具体分析步骤如下（图 5.29）：

（1）先在排架的顶端加上一个假设的不动铰支座，如图 5.29（b）所示，计算出此假设的不动铰支座的反力 R，并求出这种情况下的内力。

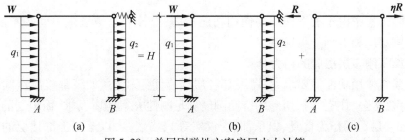

图 5.29　单层刚弹性方案房屋内力计算

（2）如图 5.29（c）所示，将反力 ηR 反作用于柱顶，然后求出其内力，η 为空间性能影响系数，通过表 5.1 确定。

（3）将两种情况的内力计算结果相叠加，即得到刚弹性方案结构的内力计算结果。

图 5.29（a）刚弹性方案在水平荷载作用下，根据上述计算方法，其柱底固定端弯矩计算如下：

$$M_A = \frac{\eta W H}{2} + \left(\frac{1}{8} + \frac{3\eta}{16} \right)q_1 H^2 + \frac{3\eta}{16}q_2 H^2$$

刚弹性方案房屋墙柱的控制截面也为柱顶截面 Ⅰ－Ⅰ 及柱底截面 Ⅱ－Ⅱ，其承载力验算与刚性方案相同。截面验算时，应根据使用过程中可能同时作用的荷载进行组合，并取其最不利者进行验算。

2. 多层刚弹性方案房屋墙、柱计算

多层刚弹性方案墙、柱除了本层楼盖和纵横墙的联系外，各层之间也存在互相联系、互相制约的作用。

在水平荷载作用下，多层刚弹性方案的内力分析方法是在单层刚弹性方案房屋的基础上建立起来的，如图 5.30 所示，取多层房屋一个开间的计算单元作为平面排架计算简图，其具体计算步骤如下：

（1）如图 5.30（b）所示计算简图，各层横梁与柱连接处加水平铰支杆，计算其在水平荷载（风荷载）作用下无侧移时的内力与各支杆反力 R_i。

（2）如图 5.30（c）所示，考虑房屋的空间作用，将各支杆反力 R_i 乘以表由 5.1 查得的相应空间性能影响系数 η，并反向施加于节点上，计算其内力。

（3）将上述两步计算结果相叠加，得出多层刚弹性方案房屋内力。

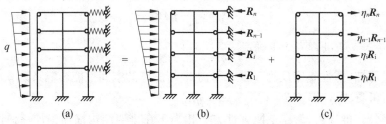

图 5.30　刚弹性方案多层房屋内力计算简图

5.6　上柔下刚和上刚下柔多层房屋的内力计算

在实际工程中由于上下楼层的使用功能不同，设计时上下层横墙间距不同，为此存在上柔下刚房屋和上刚下柔房屋。

1. 上柔下刚多层房屋的内力计算

由于建筑使用功能的要求，房屋下部各层横墙间距较小（如下部楼层房间的使用功能为办公室、宿舍、住宅等），房屋的空间刚度满足刚性方案房屋要求，而顶层的使用空间大（如上部楼层房间作为食堂、俱乐部、会议室等），横墙少，以至于上部楼层的空间刚度不符合刚性方案要求，这种房屋称为上柔下刚多层房屋。

设计上柔下刚多层房屋时，顶层可按单层房屋考虑，其空间性能影响系数可查表 5.1确定。底部各楼层墙、柱则按刚性方案分析。

2. 上刚下柔多层房屋的内力计算

在多层房屋中，当底层房屋横墙数量少，间距大，横墙的间距不满足刚性方案的要求，如用作商店、食堂、娱乐场所，而上面各层横墙数量多，横墙间距小，满足刚性方案要求，如上部楼层的房间用作住宅、办公室等时，这类房屋称为上刚下柔的多层房屋。

因上刚下柔的混合结构存在上下层刚度突变的问题，如果构造措施处理不当，或在地震作用下，易出现由于底层先破坏导致的整体失效，为此《砌体结构设计规范》取消了对该类房屋的计算方法。但若是砖混结构，为满足下部大空间使用要求，上部住宅等小房间的使用要求，可以考虑设计为底框架混合结构，其具体设计方法见 6.4 节。

5.7　地下室墙的内力计算

当混合结构房屋设有地下室时，地下室墙体一般为墙厚较厚的砌体墙。地下室顶板是现浇或装配式钢筋混凝土楼盖，地下室地面往往是现浇素混凝地面。由于地下室墙体的设计及连接构造措施需要满足上部楼层的空间刚度要求，另外地下室墙体承受的荷载较复杂，为此地下室墙体设计一般要满足以下要求：

（1）为了保证房屋上部结构有较好的空间刚度，要求地下室的横墙布置要密些，纵横墙之间的连接要满足设计施工要求。

（2）地下室墙体静力计算方案一般为刚性方案。

（3）由于地下室墙体较厚，一般可不进行高厚比验算。

1. 地下室墙体的计算简图

刚性方案房屋的地下室外墙的计算简图一般取为两端铰支的竖向构件，如图 5.31（b）所示。其上端铰支于地下室顶板的梁底或板底，下端铰支于底板顶面。如果混凝土地面较薄或施工期间未浇筑混凝土或混凝土未达到足够的强度就在室内外回填土时，墙体底端铰支承应取在基础底板的板底处，如图 5.31（c）所示。此外，当地下室墙体厚度与地下室墙体的基础宽度之比 $d/D < 0.7$ 时，基础具有一定的阻止墙体发生转动的能力，下端将存在嵌固弯矩，其下端则应按部分嵌固考虑。下端支座可取在基础底板底面，其固端弯矩可按公式（5.16）计算：

$$M = \frac{M_0}{1 + \frac{3E}{CH}\left(\frac{d}{D}\right)^3} \tag{5.16}$$

式中　M_0——按地下室墙下支点完全固定时计算的固端弯矩，kN·m；

　　　E——砌体的弹性模量；

　　　C——地基刚度系数，可按表 5.8 确定；

　　　d——地下室墙体厚度，m；

　　　D——地下室墙体基础的宽度，m；

　　　H——地下室顶板底面至基础底板底面的距离。

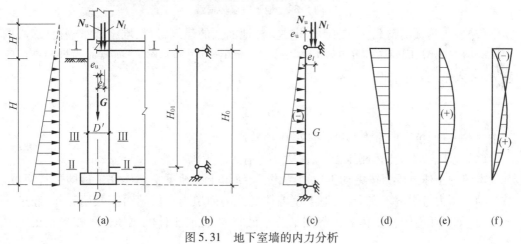

图 5.31　地下室墙的内力分析

表 5.8　地基的刚度系数

地基的承载力特征值 /kPa	地基刚度系数 C /(kN·m⁻²)	地基的承载力特征值 /kPa	地基刚度系数 C /(kN·m⁻²)
150 以下	3 000 以下	600	10 000
350	6 000	600 以上	10 000 以上

2. 荷载计算

进行地下室墙体计算时,作用于墙体上的荷载除上部墙体传来的荷载、首层地面梁板上传来的荷载和地下室墙体自重外,还有土的侧压力、地下水压力,有时还有室外地面荷载(如室外地面一定范围内的材料堆载,土体堆载及车辆荷载),如图 5.32 所示。

(1)±0.000 以上墙体自重以及屋面、楼面传来的恒荷载和活荷载 N_u,作用在一层墙体截面的形心上。

(2)第一层楼面梁、板传来的轴向力 N_1,其偏心距 $e = \dfrac{h_3}{2} - 0.4a_0$。

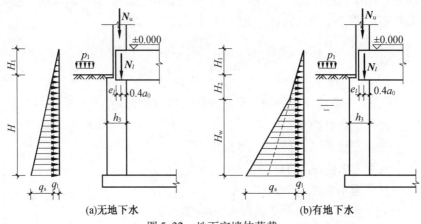

(a)无地下水　　　　　　　　(b)有地下水

图 5.32　地下室墙体荷载

(3)室外地面活荷载 p_1,是指堆积在室外地面上的建筑材料、堆土或车辆荷载等,根据实际情况确定,同时不应小于 10 kN/m²。为简化计算,通常将 p_1 换算成当量的土层厚度 H_1 并入土压力中,即

$$H_1 = \frac{p_1}{\gamma} \tag{5.17}$$

式中　γ——回填土的重力密度,可取 20 kN/m³。

(4)地下室墙后土体侧压力 q_s,其大小与有无地下水有关。

本节中土体侧压力按主动土压力考虑,当回填土在地下室墙体完工后即进行回填,按主动土压力考虑偏于安全;当地下室墙体后面的回填土自回填时间开始算起,经过一段时间(如几年时间),土体的沉降固结基本已完成,此时土体的测压力可按静止土压力考虑。

①无地下水且墙后填土为非黏性土时,则墙体单位面积上土体侧压力为

$$q_s = \gamma H k_a \tag{5.18}$$

式中　H——底板标高至填土表面的距离,墙后填土材料不同时,取每层填土厚度;

k_a——主动土压力系数,$k_a = \tan^2\left(45° - \dfrac{\varphi}{2}\right)$;

φ——土体的内摩擦角,按地质勘察资料确定,也可参考表 5.9 采用。

表 5.9　土体的内摩擦角

土的名称	内摩擦角	土的名称	内摩擦角
黏　　土(稍湿的)	$40° \sim 45°$	细　　砂	$30° \sim 35°$
砂质黏土(很湿的)	$30° \sim 35°$	中　　砂	$32° \sim 38°$
黏质砂土(很饱和的)	$20° \sim 25°$	粗　　砂	$35° \sim 40°$
粉　　砂	$28° \sim 33°$		

②有地下水且墙后填土为非黏性土时,应考虑水的浮力和水的测压力,则墙体单位面积上土体侧压力为

$$q_s = \gamma H_2 \tan^2\left(45° - \frac{\varphi}{2}\right) + \gamma' H_w \tan^2\left(45° - \frac{\varphi}{2}\right) + \gamma_w H_w \tag{5.19}$$

式中　H_2——地下水位以上土层厚度,m;

　　　γ'——地下水位以下土的有效重度,也称浮重度,$\gamma' = \gamma_{sat} - \gamma_w$;

　　　γ_{sat}——地下水位以下土的饱和重度;

　　　γ_w——水的重力密度,一般取 9.8 kN/m³,也可取为 10 kN/m³。

(5)应计入地下室墙体自重 G。

3. 内力计算

地下室的控制截面如图 5.31(a)所示,为 Ⅰ-Ⅰ、Ⅱ-Ⅱ 和 Ⅲ-Ⅲ 截面,其中 Ⅲ-Ⅲ 所在截面为地下室墙体计算高度范围内最大弯矩所在截面。首先按结构力学方法计算出各种荷载单独作用下的内力,如图 5.31(d)、(e)所示,然后进行控制截面的内力组合,如图 5.31(f)所示为地下室墙体在各种荷载组合后的内力图。其中图 5.31(d)为简支梁在 N_u、N_l 作用下的弯矩图,图 5.31(e)为简支梁在土压力和水压力作用下的弯矩图。

4. 截面承载力计算

(1)地下室墙体上部 Ⅰ-Ⅰ 截面,按偏心受压验算其承载力,同时还需验算大梁底面的局部受压承载力,当弯矩很大时应注意控制其极限偏心距。

(2)地下室墙体下部 Ⅱ-Ⅱ 截面,一般情况下可按轴心受压验算其承载力;当地下室墙体的厚度与地下室墙体基础宽度之比 $d/D < 0.7$ 时,应考虑基础底面嵌固弯矩的影响,按偏心受压验算其承载力;当基础强度较墙体强度为低时,还需验算基础顶面的局部受压承载力。

(3)跨中最大弯矩处的 Ⅲ-Ⅲ 截面,按跨中最大弯矩和相应的轴力按偏心受压验算其承载力。

5. 施工阶段抗滑移验算

施工阶段土体回填时,若地下室外墙后土体不能同时回填,且上部结构产生的轴向力还很小,则应验算基础底面的抗滑能力,即

$$1.2Q_{sk} + 1.4Q_{pk} \leqslant 0.8\mu N_k \tag{5.20}$$

式中　Q_{sk}——土体侧压力(有地下水时应包括水压力)标准值;

　　　Q_{pk}——室外地面施工活荷载产生的侧压力合力标准值;

　　　μ——基础与土的摩擦系数;

N_k——回填时基础底面实际存在的轴向压力标准值。

5.8 刚性基础计算

刚性基础是指由砖、毛石、灰土、混凝土或毛石混凝土等材料组成的,且不需配置钢筋的墙下条形基础或柱下独立基础,也称为无筋扩展基础。

刚性基础由于存在抗压强度高,但抗拉、抗剪强度低等特点,所以从受力、经济、适用的角度综合考虑,其一般适用于六层及六层以下的混合结构房屋。

混合结构房屋的墙、柱刚性基础设计,需选择基础类型;确定基础埋置深度;按承载力要求计算基础底面面积和基础高度;最后绘出基础施工图。

5.8.1 刚性基础的类型

根据刚性基础使用的材料不同,可将刚性基础分为砖基础、毛石基础、混凝土基础、毛石混凝土基础、灰土基础和三合土基础等。

1.砖基础

一般混合结构房屋的墙、柱基础广泛采用砖基础。砖基础常采用等高大放脚,台阶宽度为 60 mm,高度为 120 mm,即砌筑时沿墙的两边或柱的四边按两皮砖高 120 mm,挑 1/4 砖宽向下逐级放大形成,如图 5.33(a)所示。也可采用不等高大放脚,如图 5.33(b)所示"二一间隔收"的砌筑方法。砖基础砌筑前,一般在基础底面设 20 mm 厚砂垫层、100 mm 厚碎石垫层或碎砖三合土垫层,也可作 100 mm 厚的 C15 素混凝土垫层。

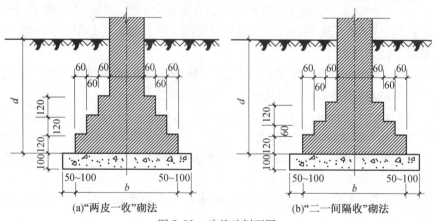

| (a)"两皮一收"砌法 | (b)"二一间隔收"砌法 |

图 5.33 砖基础剖面图

2.毛石基础

毛石基础所采用的毛石应不易风化,当采用 M5 砂浆砌筑时,毛石基础的最小厚度不应小于 400 mm,台阶高度不宜小于 400 mm,同时台阶高宽比应满足规范要求。一般当基础底面宽度不大于 600 mm 时,采用矩形截面;当大于 600 mm 时,采用阶梯形截面,如图 5.29 所示。

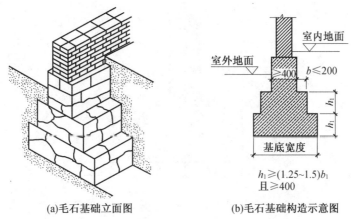

(a)毛石基础立面图　　　　(b)毛石基础构造示意图

图 5.34　毛石基础

3. 混凝土基础

混凝土基础一般采用 C15 混凝土,常用于地下水位比较高的情况。基础外形一般为阶梯形或锥形,如图 5.35 所示。

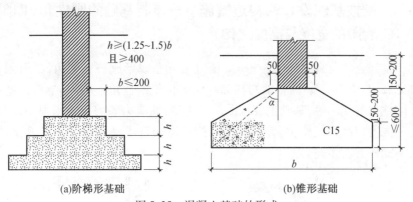

(a)阶梯形基础　　　　(b)锥形基础

图 5.35　混凝土基础的形式

4. 毛石混凝土基础

当基础体积较大时,可在混凝土中加入 25% ~30% 的毛石,形成毛石混凝土基础,常用于地下水位高且土质软弱而基础埋置深度较深的情况。

5. 灰土基础

灰土基础是用一定比例的石灰与黏土,在最佳含水量情况下充分拌合,分层铺设夯实或压实而成的基础。基础构造形式如图 5.31 所示。石灰与土的比例一般为 2:8 或 3:7。施工时每层虚铺厚度 220 mm,夯至 150 mm,称为“一步灰土”,一般可铺二至三步,即厚度为 300 mm 或 450 mm。条形基础的灰土垫层宽度不小于 600 mm,独立基础的宽度不小于 700 mm。灰土基础有一定的强度、水稳性和抗渗性且施工工艺简单,取材容易,费用较低。在我国华北和西北地区,广泛用于四层及四层以下的民用建筑。灰土基础一般适用于地下水位较低,基槽经常处于干燥状态的基础。

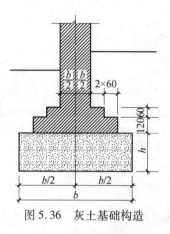

图 5.36　灰土基础构造

6. 三合土基础

三合土基础是由石灰、砂和骨料(矿渣、碎砖或碎石)按体积比 1:2:4 或 1:3:6 加水搅拌后铺设夯实而成,在我国南方地区经常使用。

5.8.2　刚性基础设计的构造措施——控制基础的刚性角(即限制基础台阶的宽度与高度之比)

作用于基础上的荷载向地基传递时,压应力分布线形成一个夹角,其极限值称为刚性角 α,如图 5.37 所示。刚性基础的基础底面应位于刚性角范围内,当设计基础的截面尺寸满足刚性角的要求时,基础主要承受压应力,弯曲应力和剪应力则很小,因此它通常是采用抗压强度较高而抗拉、抗剪强度很低的材料砌筑或浇筑而成。其中,刚性角 α 随基础材料不同而有所不同。

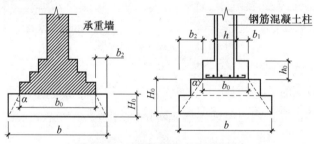

图 5.37　无筋扩展基础构造示意

设计刚性基础时,为确保基础底面控制在刚性角限定的范围内,往往通过控制基础台阶的宽度与高度之比不超过表 5.10 所示的台阶宽高比允许值,亦即要求刚性基础底面宽度符合下列条件:

$$b \leqslant b_0 + 2H_0 \tan \alpha \qquad (5.21)$$

式中　b——基础底面宽度,m;

　　　b_0——基础顶面的墙体宽度或柱脚宽度,m;

　　　H_0——基础高度,m;

　　　$\tan \alpha$——基础台阶宽高比 b_2/H_0,其允许值可按表 5.10 采用;

b_2——基础台阶宽度,m。

表 5.10　无筋扩展基础台阶宽高比的允许值

基础材料	质量要求	台阶宽高比的允许值		
		$p_k \leqslant 100$	$100 < p_k \leqslant 200$	$200 < p_k \leqslant 300$
混凝土基础	C15 混凝土	1:1.00	1:1.00	1:1.25
毛石混凝土基础	C15 混凝土	1:1.00	1:1.25	1:1.50
砖基础	砖不低于 MU10、砂浆不低于 M5	1:1.50	1:1.50	1:1.50
毛石基础	砂浆不低于 M5	1:1.25	1:1.50	—
灰土基础	体积比为 3:7 或 2:8 的灰土,其最小干密度:粉土 1 550 kg/m³、粉质黏土 1 500 kg/m³、黏土 1 450 kg/m³	1:1.25	1:1.50	—
三合土基础	体积比 1:2:4 ~ 1:3:6(石灰:砂:骨料),每层约虚铺 220 mm,夯至 150 mm	1:1.50	1:2.00	—

注:1. p_k 为荷载作用标准组合时基础底面处的平均压力值,kPa。

2. 阶梯形毛石基础的每阶伸出宽度,不宜大于 200 mm。

3. 当基础由不同材料叠合组成时,应对接触部分作抗压验算。

4. 混凝土基础单侧扩展范围内基础底面处的平均压力值超过 300 kPa 时,尚应进行抗剪验算;对基底反力集中于立柱附近的岩石地基,应进行局部受压承载力计算。

5.8.3　刚性基础的埋置深度

基础的埋置深度一般指基础底面距室外设计地面的距离,用 d 表示。对于内墙、柱基础,d 可取基础底面至室内设计地面的距离;对于地下室的外墙基础 d 可按下式确定:

$$d = \frac{d_1 + d_2}{2} \tag{5.22}$$

式中　d_1——基础底面至一层室内设计地面或地下室室内设计地面的距离;

d_2——基础底面至室外设计地面的距离。

影响基础埋置深度的因素很多,主要考虑作用在地基上的荷载大小和性质、工程地质和水文地质条件、相邻建筑物的埋置深度、地基土冻胀和融陷等影响因素。

刚性基础在满足受力变形要求和环境条件情况下,应尽量浅埋,以减少基础工程量,降低工程造价。根据《建筑地基基础设计规范》,一般天然地基上的浅基础应满足以下几方面要求:

(1)基础埋置深度不能太浅。

①基础顶面距室外设计地面距离至少为 150 ~ 200 mm,以免基础受外力碰撞和大气

影响。

②除岩石地基外,基础埋深不宜小于 0.5 m。

(2)季节性冻土地区基础埋置深度宜大于场地冻结深度,以免地基土冻融循环造成影响。

(3)基础宜埋置在地下水位以上,当必须埋置在地下水位以下时,应采取地基土在施工时不受扰动的措施,且采取有效的防水措施。

(4)当存在相邻建筑物时,新建建筑物的基础埋深不宜大于原有建筑埋深。当埋深大于原有建筑基础埋深时,两基础间应保持一定的净距,其数值应根据建筑荷载的大小、基础形式和土质情况确定。如图 5.38 所示,一般新建建筑物的基础距原有建筑物的基础为(1~2)倍基础高差。

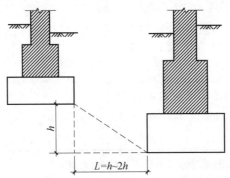

图 5.38　新建建筑物基础与原有建筑基础的距离

5.8.4　刚性基础计算

墙、柱基础的设计包括确定基础底面面积和基础的高度。

基础底面应具有足够的面积以确保地基反力不超过地基承载力、防止地基发生整体剪切破坏或失稳破坏;同时控制基础的沉降量在规定的允许限值之内,减少不均匀沉降对房屋墙、柱造成的不利影响。对于五层及五层以下的混合结构房屋,可根据地基承载力的要求直接确定墙、柱基础的底面尺寸,基础高度则由式(5.21)确定,一般不必验算地基的变形,若特殊情况下需验算地基变形,按《建筑地基基础设计规范》相应内容进行计算。

1. 计算单元

(1)墙基的计算单元。

对于横墙基础,通常沿墙长度方向取 1.0 m 为计算单元,其上承受左、右 1/2 跨度范围内全部的均布恒荷载和活荷载,按条形基础计算。

对于纵墙基础,其计算单元为一个开间,将屋盖、楼盖传来的荷载以及墙体、门窗自重的总和折算为沿墙长每米的均布荷载,按条形基础计算。

(2)壁柱基础的计算单元。

对于带壁柱的条形基础,其计算单元以壁柱轴线为中心,两侧各取相邻壁柱间距的 1/2,且应按 T 形截面计算。

2. 条形基础的计算

（1）轴心受压条形基础的计算。

如图 5.39 所示，取基础底面计算单元的长度为 1 m，宽度为 b，则根据地基承载力要求，基础底面的压力应满足式（5.23）的要求，则基础宽度 b 可根据该公式推算。

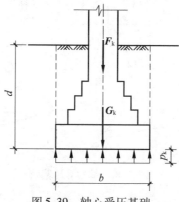

图 5.39　轴心受压基础

$$p_k = \frac{F_k + G_k}{A} = \frac{F_k + G_k}{1 \times b} \leqslant f_a \tag{5.23}$$

式中　p_k——相应于作用的标准组合时，基础底面处的平均压力值，kPa；

　　　F_k——相应于作用的标准组合时，上部结构传至基础顶面的竖向力值，kN；

　　　G_k——基础自重和基础上的土重，kN；

　　　A——基础底面面积，m^2；

　　　f_a——修正后的地基承载力特征值，kPa。

近似取 $G_k = \gamma_m dA$，代入式（5.23），得

则　　　　　　　　　　　　　　$$b \geqslant \frac{F_k}{f_a - \gamma_m d} \tag{5.24}$$

式中　γ_m——基础与基础上面回填土的平均重度，设计时可取 $\gamma_m = 20$ kN/m^3，地下水位以下取有效重度。

（2）偏心受压条形基础的计算。

如图 5.40 所示，根据地基承载力要求，偏心受压条形基础基底压力应满足下列公式要求，据此来计算基础底面宽度 b（条形基础计算单元长度取 1 m）。

$$p_{kmax} = \frac{F_k + G_k}{A} + \frac{M_k}{W} \leqslant 1.2 f_a \tag{5.25}$$

$$p_{kmin} = \frac{F_k + G_k}{A} - \frac{M_k}{W} \geqslant 0 \tag{5.26}$$

式中　p_{kmax}——相应于作用的标准组合时，基础底面边缘的最大压力值，kPa；

　　　M_k——相应于作用的标准组合时，作用于基础底面的弯矩值，kN·m；

　　　W——基础底面的抵抗矩，m^3；

　　　p_{kmin}——相应于作用的标准组合时，基础底面边缘的最小压力值，kPa。

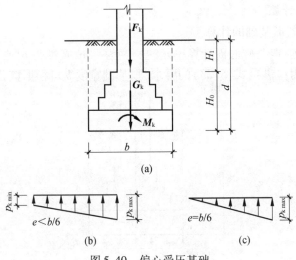

(a)

(b)　　　　　　　　　(c)

图 5.40　偏心受压基础

将 $A = 1 \times b$ 和 $W = \dfrac{1 \times b^2}{6}$ 代入式(5.25)和(5.26)得

$$p_{kmax} = \frac{F_k + G_k}{b} + \frac{6M_k}{b^2} \tag{5.27}$$

$$p_{kmin} = \frac{F_k + G_k}{b} - \frac{6M_k}{b^2} \tag{5.28}$$

如图 5.41 所示,当基础底面形状为矩形且偏心距 $e > \dfrac{b}{6}$ 时,p_{kmin} 为负值,即产生拉应力。不考虑拉应力,由静力平衡条件,p_{kmax} 应按下式确定:

$$p_{kmax} = \frac{2(F_k + G_k)}{3la} \tag{5.29}$$

式中　l——垂直力矩作用方向的基础底面边长(m),墙下条形基础取 $l = 1$ m;

　　　　a——合力作用点至基础底面最大压力边缘的距离。

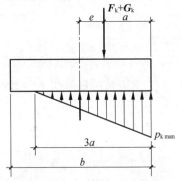

图 5.41　偏心荷载($e > b/6$)作用下基底压力计算示意图

3. 柱或壁柱基础的计

柱或壁柱基础底面尺寸可按长宽比为 $1.0 \sim 2.0$ 之间,按受力情况分别代入上述轴心受压和偏心受压计算公式进行计算。

本章小结

1. 混合结构房屋是指主要承重构件由不同材料组成的建筑物。通常,我们将基础及墙体采用砌体材料砌筑而成,楼板、屋面板采用钢筋混凝土板建造的房屋称为砖混结构。

2. 混合结构房屋根据荷载传递路径的不同,其结构布置方案可分为横墙承重体系、纵墙承重体系、纵横墙混合承重体系、内框架承重体系、底部框架承重体系,主要讲述了每种结构布置方案的特点及适用范围。

3. 根据房屋的空间受力性能不同,静力计算方案可划分为刚性方案、刚弹性方案和弹性方案三种,重点讲述了每种静力计算方案的概念及其确定方法。

4. 混合结构房屋构造要求中主要讲述了墙、柱的高厚比验算,墙、柱的一般构造要求及防止和减轻墙体开裂的措施。

5. 刚性方案、弹性方案及刚弹性方案房屋墙、柱计算中主要讲述了每种静力计算方案的房屋其墙、柱构件分别在竖向荷载和水平荷载作用下的承载力计算。

6. 实际工程中由于上下楼层的使用功能不同,为此存在上柔下刚房屋和上刚下柔房屋。这节中介绍了两种房屋的概念、特点并简要介绍了内力计算方法。

7. 混合结构地下室墙的内力计算中主要介绍了地下室墙体使用阶段的承载力计算方法及施工阶段的抗滑移验算。

8. 在刚性基础计算中主要讲述了刚性基础的类型,刚性基础的构造措施,刚性基础埋置深度的确定及墙、柱基础的设计计算。

思考题与习题

5-1　混合结构房屋的概念是什么?按照结构布置方式和荷载传递路径的不同,混合结构房屋有哪几种承重形式?

5-2　为什么要确定混合结构房屋的静力计算方案?混合结构静力计算方案可分为哪几类?

5-3　混合结构房屋的墙、柱高厚比的概念是什么?允许高厚比的影响因素有哪些?

5-4　如何验算带壁柱墙和带构造墙的高厚比?

5-5　防止或减轻房屋顶层墙体裂缝的措施有哪些?

5-6　如何确定单层、多层刚性方案房屋墙、柱的静力计算简图?

5-7　设计混合结构房屋墙、柱时,应对哪些部位或截面进行承载力验算?

5-8　刚性基础的主要特点是什么?

5-9　若将【例5.5】中一层墙体烧结普通砖的强度等级改为 MU10,水泥混合砂浆的强度等级改为 M5,其他条件不变,验算该房屋中各墙体的高厚比是否满足要求?并验算承重横墙和纵墙的承载力是否满足要求?

参考文献

［1］ 中国建筑东北设计研究院有限公司.砌体结构设计规范:GB 50003—2011［S］.北京:中国建筑工业出版社,2012.

［2］ 四川省建筑科学研究院,等.混凝土小型空心砌块建筑技术规程:JGJ/T 14—2011［S］.北京:中国建筑工业出版社,2011.

［3］ 中华人民共和国住房和城乡建设部.建筑结构荷载规范:GB 50009—2012［S］.北京:中国建筑工业出版社,2012.

［4］ 中华人民共和国住房和城乡建设部.建筑地基基础设计规范:GB 50007—2011［S］.北京:中国建筑工业出版社,2011.

［5］ 施楚贤.砌体结构［M］.3 版.北京:中国建筑工业出版社,2007.

［6］ 丁大钧,蓝宗建.砌体结构［M］.2 版.北京:中国建筑工业出版社,2013.

［7］ 苏小卒.砌体结构设计［M］.2 版.上海:同济大学出版社,2013.

［8］ 张洪学.砌体结构设计［M］.哈尔滨:哈尔滨工业大学出版社,2007.

［9］ 熊丹安,李京玲.砌体结构［M］.2 版.武汉:武汉理工大学出版社,2010.

［10］ 施楚贤,施宇红.砌体结构疑难释义［M］.4 版.北京:中国建筑工业出版社,2013.

［11］ 唐岱新.砌体结构设计规范理解与应用［M］.2 版.北京:中国建筑工业出版社,2012.

第 6 章

圈梁、过梁、挑梁和墙梁设计及构造

【学习提要】

本章重点论述了过梁、挑梁、墙梁的受力特点及承载力计算方法。要求理解圈梁的作用,掌握过梁、挑梁、墙梁的承载力计算方法及构造要求。

6.1　圈　　梁

在房屋的檐口、窗顶、楼层、吊车梁顶或基础顶面标高处,沿砌体墙水平方向设置的封闭状的按构造配筋的混凝土梁式构件称为圈梁。

6.1.1　圈梁的作用

在房屋的墙中设置钢筋混凝土圈梁可以增强房屋的整体刚度,防止由于地基的不均匀沉降或较大振动荷载等对房屋引起的不利影响。在房屋的基础顶面和檐口部位设置圈梁,对抵抗不均匀沉降的效果较好。通常按地基情况、房屋的类型、层数以及所受的振动荷载等条件来决定圈梁设置的位置和数量。

6.1.2　圈梁的设置部位

对于有地基不均匀沉降或较大振动荷载的房屋,可按下面规定在砌体墙中设置现浇混凝土圈梁。

(1)厂房、仓库、食堂等空旷单层房屋应按下列规定设置圈梁:

①砖砌体结构房屋,檐口标高为 5 ~ 8 m,应在檐口标高处设置圈梁一道;檐口标高大于 8 m 时,应增加设置数量。

②砌块及料石砌体结构房屋,檐口标高为 4 ~ 5 m 时,在檐口标高处设置圈梁一道;檐口标高大于 5 m 时,应增加设置数量。

③对有吊车或较大振动设备的单层工业房屋,当未采取有效的隔振措施时,除在檐口或窗顶标高处设置现浇混凝土圈梁外,尚应增加设置数量。

(2)住宅、办公楼等多层砌体结构民用房屋,且层数为 3 ~ 4 层时,应在底层和檐口标高处各设置一道圈梁。

当层数超过4层时,除应在底层和檐口标高处各设置一道圈梁外,至少应在所有纵、横墙上隔层设置;多层砌体工业房屋,应每层设置现浇混凝土圈梁。设置墙梁的多层砌体结构房屋,应在托梁、墙梁顶面和檐口标高处设置现浇钢筋混凝土圈梁。

6.1.3 圈梁的构造要求

为了保证圈梁发挥应有的作用,圈梁必须满足以下构造要求:

(1)圈梁宜连续地设在同一水平面上,并形成封闭状。当圈梁被门窗洞口截断时应在洞口上部增设相同截面的附加圈梁。附加圈梁和圈梁的搭接长度不应小于其中到中垂直间距的2倍且不得小于1 m,如图6.1所示。

(2)纵、横墙交接处的圈梁应可靠连接。刚弹性和弹性方案房屋,圈梁应与屋架、大梁等构件可靠连接。

(3)混凝土圈梁的宽度宜与墙厚相同,当墙厚不小于240 mm时,其宽度不宜小于墙厚的2/3。圈梁高度不应小于120 mm。纵向钢筋数量不应小于4根,直径不应小于10 mm,绑扎接头的搭接长度按受拉钢筋考虑,箍筋间距不应大于300 mm。

(4)圈梁兼作过梁时,过梁部分的钢筋应按计算面积另行增配。

(5)采用现浇混凝土楼(屋)盖的多层砌体结构房屋,当层数超过5层时,除应在檐口标高处设置一道圈梁外,可隔层设置圈梁,并应与楼(屋)面板一起现浇。未设置圈梁的楼面板嵌入墙内的长度不应小于120 mm,并沿墙长配置不少于2根直径为10 mm的纵向钢筋。

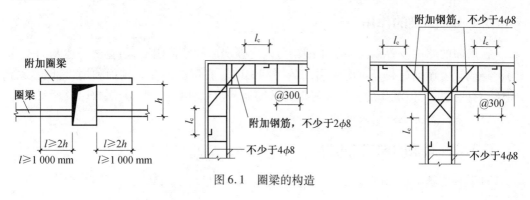

图6.1 圈梁的构造

6.2 过 梁

为了承受门、窗洞以上的砌体自重以及楼板传来的荷载,常在洞口顶部设置过梁。

6.2.1 过梁的分类

常用的过梁有钢筋混凝土过梁、砖过梁和钢筋砖过梁,如图6.2所示。

砖过梁的形式有砖砌平拱过梁和砖砌弧拱,砖砌过梁具有节约钢材和水泥的优点,但其使用的跨度受到限制。砖砌平拱的跨度不应超过1.2 m,钢筋砖过梁的跨度不应超过1.5 m。有较大振动荷载或可能产生的不均匀沉降的房屋中,不允许采用砖砌过梁,而应采用钢筋混凝土过梁。

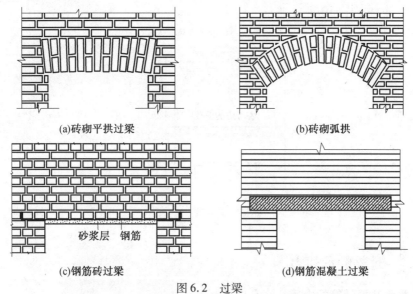

(a)砖砌平拱过梁　　　　　　　　　　(b)砖砌弧拱

(c)钢筋砖过梁　　　　　　　　　　(d)钢筋混凝土过梁

图 6.2　过梁

6.2.2　过梁上的荷载

过梁上的荷载由上部墙体的自重及梁板传来的荷载组成,根据试验结果,我们只考虑过梁上部一定范围内的墙体自重和梁板荷载。

1. 墙体自重

对砖砌墙体,当过梁上的墙体高度 $h_w < l_n/3$ 时,按墙体的均布自重采用;当 $h_w \geqslant l_n/3$ 时,取高度为 $l_n/3$ 墙体的均布自重图(图 6.3(a))。

对小型砌块墙体,当 $h_w < l_n/2$ 时,按墙体的均布自重采用;当 $h_w \geqslant l_n/2$ 时,取高度为 $l_n/2$ 墙体的均布自重(图 6.3(b))。

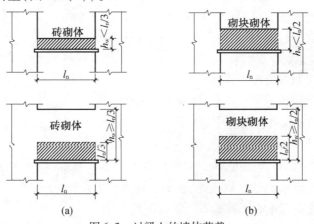

(a)　　　　　　　　　　(b)

图 6.3　过梁上的墙体荷载

2. 梁、板荷载

这里所说的梁、板荷载,常指房屋中由楼盖或屋盖传给过梁上的荷载。对砖砌体和

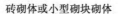

小型砌块墙体,当梁、板下的墙体高度 $h_w < l_n$ 时,应计入梁、板传来的荷载;当 $h_w \geq l_n$ 时,可不考虑梁、板荷载,如图6.4所示。

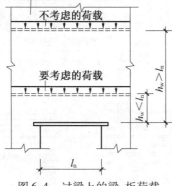

图6.4 过梁上的梁、板荷载

6.2.3 过梁的承载力

1. 过梁承载力计算的内容

过梁的承载力计算一般需要考虑以下三点:

(1)防止过梁跨中截面的受弯破坏,需进行正截面受弯承载力计算。

(2)防止过梁支座沿阶梯截面破坏,需对支座截面进行受弯和受剪承载力计算。

(3)在墙体端部门窗洞口上设置的砖砌平拱或砖砌弧拱,支承处可能产生通缝受剪破坏。

2. 过梁的承载力计算

(1)砖砌平拱。

跨中正截面受弯承载力,按公式(3.59)计算。由于过梁两端墙体的抗推力作用,提高了过梁沿通缝的弯曲抗拉强度,计算时可将其取为沿齿缝截面的弯曲抗拉强度。

支座截面受剪承载力,按公式(3.60)计算。

对于简支过梁,设计时只需作受弯承载力计算即可。

(2)钢筋砖过梁。

跨中正截面受承载力按下式计算:

$$M \leq 0.85 h_0 f_y A_s \tag{6.1}$$

式中　M——按简支梁计算的跨中弯矩设计值;

　　　h_0——过梁截面有效高度,$h_0 = h - a_s$;

　　　h——过梁截面计算高度,取过梁底面以上的墙体高度,但不大于 $l_n/3$;当考虑梁、板传来的荷载时,则按梁、板下的高度采用;

　　　a_s——受拉钢筋重心至截面下边缘的距离;

　　　f_y——钢筋的抗拉强度设计值;

　　　A_s——受拉钢筋的截面面积。

公式(6.1)系由截面的静力平衡条件,并近似取受拉钢筋重心至截面受压区合力作

用点的距离为 $0.85h_0$ 而得。

支座截面的抗剪承载力,按公式(3.60)计算。

(3)钢筋混凝土过梁。

作用于钢筋混凝土过梁上的荷载,亦由第 6.2.2 节所述方法确定,然后按钢筋混凝土受弯构件进行承载力计算。过梁端支承处砌体的局部受压,按公式(3.45)计算。由于过梁与上部墙体的共同工作,梁端变形极小,因而在按公式(3.45)计算时,可不考虑上部荷载的影响,即取 $\psi=0$,且取 $\eta=1$,$\gamma=1.25$,$a_0=a$。

在第 6.4 节中,我们要论述墙梁的受力性能及其计算方法。由于过梁与墙梁尚未有明确的定义,如何区分这两类构件有时是比较困难的,但可以肯定,对于有一定高度墙体的钢筋混凝土过梁,它与墙梁中的托梁的受力性能相同。当钢筋混凝土过梁按受弯构件计算,如遇需要考虑梁、板荷载,且该荷载较大时,由于没有考虑墙体与过梁的组合作用,过梁的配筋将偏多。因此当钢筋混凝土过梁跨度较大且梁、板荷载较大时,建议按墙梁的方法进行计算。

3. 过梁的构造要求

(1)砖砌过梁截面计算高度内的砂浆不宜低于 M5(Mb5、Ms5)。

(2)砖砌平拱用竖砖部分的高度不应小于 240 mm。

(3)钢筋砖过梁底面砂浆层处的钢筋,其直径不应小于 5 mm,间距不宜大于120 mm,钢筋伸入支座砌体内的长度不宜小于 240 mm,砂浆层的厚度不宜小于 30 mm。

【例 6.1】 已知砖砌平拱净跨 $l_n=1.2$ m,用竖砖砌筑部分高度为 240 mm,拱过梁高度 400 mm,墙厚为 240 mm,采用 MU10 烧结普通砖,M7.5 混合砂浆砌筑。梁板位于窗口顶上方 1.25 m 处,试验算该过梁的承载力。

【解】 (1)过梁的内力计算。

按规范规定,$h_w \geq l_n$ 所以可不考虑梁板荷载。墙体自重可按高度为 $l_n/3$ 的墙体均布荷载采用,墙体两面抹灰可计入墙厚,由永久荷载控制的组合时,可得

$$q=(1.35 \times 0.28 \times 1.2/3 \times 19) \text{kN/m}=2.87 \text{ kN/m}$$
$$M=(1/8 \times 2.87 \times 1.2^2) \text{kN} \cdot \text{m}=0.517 \text{ kN} \cdot \text{m}$$
$$V=(1/2 \times 2.87 \times 1.2) \text{kN}=1.72 \text{ kN}$$

(2)承载力验算。

MU10 烧结普通砖,M7.5 砂浆查得砌体强度设计值为

$$f_v=0.14 \text{ MPa}$$
$$f_{tm}=0.29 \text{ MPa}$$
$$W=(1/6 \times 240 \times 400^2) \text{mm}^3=6\,400\,000 \text{ mm}^3$$

$W \cdot f_{tm}=(6\,400\,000 \times 0.29) \text{N} \cdot \text{mm}=1\,856\,000 \text{ N} \cdot \text{mm}=1.856 \text{ kN} \cdot \text{m}>0.517 \text{ kN} \cdot \text{m}$(安全)

$bzf_v=(240 \times 2/3 \times 400 \times 0.14) \text{N}=8\,960 \text{ N}=8.96 \text{ kN}>1.72 \text{ kN}$(安全)

(3)按允许均布荷载设计值计算。

受弯时取 $h=l_n/3$,$M=1/8ql_n^2$,$W=bh^2/6=bl_n^2/54$

$[q]=8M/l_n^2=8f_{tm} \cdot W/l_n^2=(4/27)bf_{tm}=(4/27 \times 240 \times 0.29) \text{N/mm}=10.31 \text{ N/mm}$,

受剪时 $V = ql_n/2, z = 2h/3 = 2l_n/9$

$[q] = 2V/l_n = 2f_v bz/l_n = (4/9)bf_v = (4/9 \times 240 \times 0.14)\text{N/mm} = 14.93 \text{ N/mm}$

所以允许均布荷载设计值 $[q]$ 应为 10.31 kN/m，远大于该梁承受的荷载设计值 2.87 kN/m。

【例 6.2】 已知钢筋砖过梁净跨 $l_n = 1.5$ m，墙厚为 240 mm，采用 MU10 烧结多孔砖 M10 混合砂浆砌筑，在离窗口顶面标高 600 mm 处作用有楼板传来的均布恒载标准值 $q_{k1} = 7.5$ kN/m，均布活荷载标准值 $p_k = 4$ kN/m。试验算过梁的承载力。

【解】 （1）内力计算。

过梁自重标准值 $q_{k2} = (1/3 \times 1.5 \times 0.28 \times 19)\text{kN/m} = 2.66$ kN/m，梁板荷载位于高度 $h_w = 600$ mm $< l_n = 1 500$ mm，故必须考虑。

按永久荷载控制时，作用在过梁上的均布荷载设计值为

$q = \gamma_G(q_{k1} + q_{k2}) + \gamma_Q p_k = [1.35 \times (7.5 + 2.66) + 1.4 \times 0.7 \times 4]\text{kN/m} = 17.64$ kN/m

按可变荷载控制时：

$$q = [1.2(7.5 + 2.66) + 1.4 \times 4]\text{kN/m} = 17.79 \text{ kN/m}$$

可见应按可变荷载为主的组合进行计算：

$$M = \frac{ql_n^2}{8} = 17.79 \times \frac{1.5^2}{8}\text{kN} \cdot \text{m} = 5 \text{ kN} \cdot \text{m}$$

$$V = \frac{q}{2}l_n = \left(\frac{1}{2} \times 17.79 \times 1.5\right)\text{kN} = 13.34 \text{ kN}$$

（2）受弯承载力计算。

由于考虑梁板荷载，故取 $h = 600$ mm，$h_0 = (600 - 15)\text{mm} = 585$ mm，采用 HPB300 钢筋，$f_v = 270$ MPa，则

$$A_s = \frac{M}{0.85 f_y h_0} = \frac{5 \times 10^6}{0.85 \times 270 \times 585}\text{mm}^2 = 37.24 \text{ mm}^2$$

选用 $2\phi6(A_s = 57 \text{ mm}^2)$ 满足要求。

（3）受剪承载力计算。

砌体抗剪强度设计值得

$$f_v = 0.17 \text{ MPa}, z = \frac{2}{3}h = \frac{2}{3} \times 600 \text{ mm} = 400 \text{ mm}$$

$$V = 13.34 \text{ kN} < f_v bz = (0.17 \times 240 \times 400)\text{kN} = 16.3 \text{ kN}$$

满足要求。

【例 6.3】 已知钢筋混凝土过梁净跨 $l_n = 3 000$ mm，在墙上的支承长度 $a = 0.24$ m。砖墙厚 $h = 240$ mm，采用 MU10 烧结普通砖、M5 混合砂浆砌筑而成。在窗口上方 1 400 mm 处作用有楼板传来的均布荷载，其中恒荷载标准值为 10 kN/m、活荷载标准值为 5 kN/m。砖墙自重取 5.24 kN/m²，混凝土重量密度取 25 kN/m³。纵筋采用 HRB400 级钢筋，箍筋采用 HPB300 级钢筋，混凝土采用 C25。试设计该过梁。

【解】 考虑过梁跨度及荷载等情况，过梁截面取 $b \times h_b = 240 \text{ mm} \times 300 \text{ mm}$。

（1）荷载计算。

过梁上的墙体高度 $h_w = (1\,400 - 300)\,\text{mm} = 1\,100\,\text{mm} < l_n$，故要考虑梁、板传来的均布荷载；因 h_w 大于 $l_n/3 = 1\,000\,\text{mm}$，所以应考虑 $1\,000\,\text{mm}$ 高的墙体自重。从而得出作用在过梁上的荷载为

$$q = \left[1.35 \times (25 \times 0.24 \times 0.3 + 5.24 \times 1.0 + 10) + 1.4 \times 0.7 \times 5\right]\,\text{kN/m}$$
$$= (1.35 \times 17.04 + 0.98 \times 5)\,\text{kN/m} = 27.90\,\text{kN/m}$$

（2）钢筋混凝土过梁的计算。

过梁的计算跨度 l_0：

$$1.1l_n = 1.1 \times 3\,000\,\text{mm} = 3\,300\,\text{mm} > l_n + a = 3\,240\,\text{mm}, \text{取}\ l_0 = 3\,240\,\text{mm}$$

弯矩和剪力分别为

$$M = \frac{ql_0^2}{8} = \frac{27.90 \times 3.24^2}{8}\,\text{kN} \cdot \text{m} = 36.61\,\text{kN} \cdot \text{m}$$

$$V = \frac{ql_n}{2} = \frac{27.90 \times 3.0}{2}\,\text{kN} = 41.85\,\text{kN}$$

受压区高度 $x = h_0 - \sqrt{h_0^2 - \dfrac{2M}{f_c b}} = \left(265 - \sqrt{265^2 - \dfrac{2 \times 36.61 \times 10^6}{11.9 \times 240}}\right)\text{mm} = 53.84\,\text{mm}$

纵筋面积 $A_s = \dfrac{f_c b x}{f_y} = \dfrac{11.9 \times 240 \times 53.84}{360}\,\text{mm}^2 = 427.4\,\text{mm}^2$

纵筋选用 $3 \Phi 14 (A_s = 461\,\text{mm}^2)$。箍筋按构造配置，通长采用 $\phi 6@150$。

（3）过梁梁端支承处局部抗压承载力验算。

查得砌体抗压强度设计值 $f = 1.5\,\text{N/mm}^2$。取压应力图形完整系数 $\eta = 1.0$。

过梁的有效支承长度根据《规范》取实际支承长度 $a_0 = a = 240\,\text{mm}$

承压面积 $A_l = a_0 \times h = 240\,\text{mm} \times 240\,\text{mm} = 57\,600\,\text{mm}^2$

影响面积 $A_0 = (a_0 + h)h = (240 + 240)\,\text{mm} \times 240\,\text{mm} = 115\,200\,\text{mm}^2$

由于 $1 + 0.35 \times \sqrt{\dfrac{A_0}{A_l} - 1} = 1 + 0.35 \times \sqrt{\dfrac{115\,200}{57\,600} - 1} = 1.35 > 1.25$，故取局部承压强度提

高系数 $\gamma = 1.25$。不考虑上部荷载，则局部压力 $N_l = \dfrac{ql_0}{2} = (28.0 \times 3.24/2)\,\text{kN} = 45.36\,\text{kN}$。

局部承压抗力为

$$\eta \gamma A_l f = (1.0 \times 1.25 \times 57\,600 \times 1.5)\,\text{N} = 108\,000\,\text{N} = 108\,\text{kN} > N_l$$

过梁支座处砌体局部受压安全。

6.3　挑　　梁

挑梁是指嵌固在砌体中的悬挑式钢筋混凝土梁，一般指房屋中的阳台挑梁、雨篷挑梁或外廊挑梁，是混合结构房屋中常用的构件。

6.3.1　挑梁的破坏特征

试验研究结果表明，在钢筋混凝土挑梁自身的承载力得到保证的前提下，挑梁自开

始加载直至破坏可分为三个受力阶段。

1. 弹性工作阶段

当作用于挑梁上的荷载很小时,挑梁与砌体的上界面产生拉应力,其下界面产生压应力,当荷载加大到该挑梁应力分别达到砌体沿通缝截面的弯曲抗拉强度和砌体的抗压强度,砌体的变形基本上呈线性,挑梁和砌体共同工作,整体性好,此时挑梁处于弹性工作阶段,如图6.5所示。

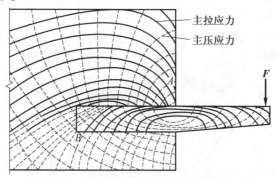

主拉应力
主压应力

F

图6.5 挑梁和墙体内的主应力轨迹线

2. 裂缝的出现及发展阶段

当荷载继续增加,在埋入砌体的挑梁前端,在挑梁与砌体的上界面首先产生水平裂缝,此时的外荷载达到倾覆破坏荷载的20%~30%。随着荷载的继续增加,上界面处的水平裂缝向挑梁后部发展;在挑梁尾部,挑梁与砌体的下界面也将产生水平裂缝并向挑梁前部发展。此时,在砌体内挑梁前端的下界面及其后端的上界面处压应力增加,受压区逐渐减少,砌体开始产生塑性变形,挑梁如同在砌体内具有面支承的杠杆一样工作。进一步加大荷载,在砌体内挑梁的尾端开始出现斜裂缝。它沿砌体灰缝向后上方发展,形成阶梯形,与挑梁尾端垂直线成 α 角。α 角范围内的砌体自重及其上部荷载均成为挑梁的抗倾覆荷载。由于使挑梁尾端砌体产生斜裂缝的荷载约为倾覆破坏荷载的80%,此时砌体内挑梁本身也有较大变形,因而斜裂缝的产生预示挑梁进入倾覆性破坏阶段,如图6.6所示。

3. 破坏阶段

斜裂缝出现后,尽管挑梁上的墙体较高,或挑梁埋入砌体的长度较大,或砌体强度较高,该斜裂缝的发展缓慢些,但由于砌体内挑梁本身的变形大,荷载稍有少量增加,斜裂缝就会很快延伸并可能穿通墙体,最终导致挑梁倾覆破坏。在梁尾端砌体产生斜裂缝的同时,砌体内挑梁前端的下界面及其后端的上界面处压应力进一步增大,受压区很小。一般情况下,有可能因挑梁下砌体的局部受压承载力不足导致砌体产生局部受压破坏。

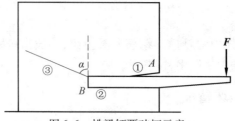

F

α

③ ① *A*

B ②

图6.6 挑梁倾覆破坏示意

因此,如还包括挑梁本身有破坏的可能,则埋置在砌体中的钢筋混凝土挑梁有下列三种破坏形态:

(1)挑梁倾覆破坏(或称失去稳定破坏)。

(2)挑梁下砌体的局部受压破坏。

(3)挑梁本身的正截面或斜裂缝破坏。

6.3.2　挑梁的承载力验算

挑梁的承载力验算包括抗倾覆验算、挑梁下砌体的局部承压验算及挑梁本身的承载力验算三种。

1.抗倾覆计算

(1)抗倾覆点的位置。

挑梁倾覆计算的关键是首先确定挑梁倾覆时绕哪一点转动,此点称为倾覆点,如图 6.7 所示。试验研究结果表明,挑梁破坏时倾覆点并不在墙边缘,而是位于距离墙边缘 x_0 处,根据计算分析得出,x_0 可按下面取值:

当 $l_1 \geq 2.2h_b$ 时,$x_0 = 0.3h_b$,且 $x_0 \leq 0.13l_1$; （6.2）

当 $l_1 < 2.2h_b$ 时,$x_0 = 0.13l_1$。 （6.3）

式中　x_0——计算倾覆点至墙外边缘的距离,mm;

　　　l_1——挑梁埋入砌体墙中的长度,mm;

　　　h_b——挑梁的截面高度,mm。

当挑梁下有混凝土构造柱或垫梁时,计算倾覆点到墙外边缘的距离可取 $0.5x_0$。

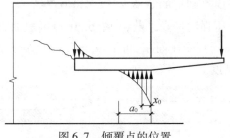

图 6.7　倾覆点的位置

(2)抗倾覆验算。

砌体墙中混凝土挑梁的抗倾覆,应按下列公式进行验算:

$$M_{ov} \leq M_r$$ （6.4）

式中　M_{ov}——挑梁的荷载设计值对计算倾覆点产生的倾覆力矩;

　　　M_r——挑梁的抗倾覆力矩设计值。

挑梁的抗倾覆力矩设计值可按下式计算:

$$M_r = 0.8G_r(l_2 - x_0)$$ （6.5）

式中　G_r——挑梁的抗倾覆荷载,为挑梁尾端上部 45° 扩展角的阴影范围(其水平长度为 l_3)内本层的砌体与楼面恒荷载标准值之和;当上部楼层无挑梁时,抗倾覆荷载中可算及上部楼层的楼面永久荷载,如图 6.8 所示;

l_2——G_r 作用点至墙外边缘的距离；

l_3——45°扩散范围的水平长度。

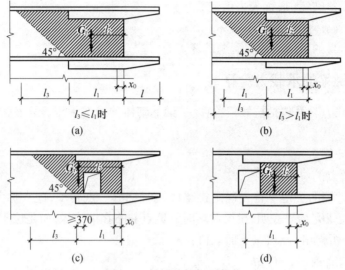

图 6.8　挑梁的抗倾覆荷载

2. 挑梁下砌体的局部受压承载力

可按下式验算：

$$N_l \leqslant \eta \gamma f A_l \tag{6.6}$$

式中　N_l——挑梁下的支承压力，可取 $N_l = 2R$，R 为挑梁的倾覆荷载设计值；

η——梁端底面压应力图形的完整系数，可取 0.7；

γ——砌体局部抗压强度提高系数，对图 6.9(a) 可取 1.25，对图 6.9(b) 可取 1.5；

A_l——挑梁下砌体局部受压面积，可取 $A_l = 1.2 b h_b$，b 为挑梁的截面宽度，h_b 为挑梁的截面高度。

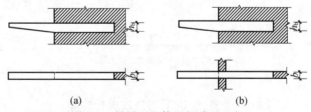

图 6.9　挑梁下砌体局部受压示意

3. 挑梁本身的承载力验算

挑梁的最大弯矩设计值 M_{max} 与最大剪力设计值 V_{max}，可按下列公式计算：

$$M_{max} = M_0 \tag{6.7}$$

$$V_{max} = V_0 \tag{6.8}$$

式中　M_0——挑梁的荷载设计值对计算倾覆点截面产生的弯矩；

V_0——挑梁的荷载设计值在挑梁墙外边缘处截面产生的剪力。

已知挑梁的最大弯矩设计值 M_{max} 和最大剪力设计值 V_{max} 的情况下，挑梁自身的承载力可按混凝土受弯构件进行正载面受弯承载能力和斜截面受剪承载力计算。

6.3.3　雨篷等悬挑构件的抗倾覆验算

雨篷、悬臂楼梯梯板等悬挑构件的抗倾覆验算仍可按上述方法进行,但因这类构件属于刚性挑梁,其抗倾覆荷载 G_r 应按图6.10采用。G_r 至墙外边缘的距离取 $l_2 = l_1/2$,且 $l_3 = l_n/2$。

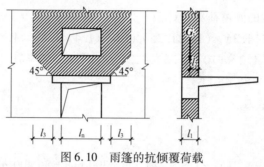

图 6.10　雨篷的抗倾覆荷载

6.3.4　整体弯矩的影响

挑梁在上部结构中的设计方法已讨论过,对于基础的设计,除考虑上述因素外,还应考虑挑梁对房屋产生的整体弯矩的影响,以确保单个挑梁构件除不产生倾覆等破坏外,还需对房屋整体进行分析以防止挑梁构件沿基础产生倾覆破坏。

6.3.5　挑梁的构造要求

挑梁设计除应符合现行国家标准《混凝土结构设计规范》(GB 50010)的有关规定外,尚应满足下列要求(图6.11):

①纵向受力钢筋至少应有 1/2 的钢筋面积伸入梁尾端,且不少于 $2\phi12$。其余钢筋伸入支座的长度不应小于 $2l_1/3$。

②挑梁埋入砌体长度 l_1 与挑出长度 l 之比宜大于 1.2;当挑梁上无砌体时,l_1 与 l 之比宜大于 2。

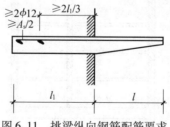

图 6.11　挑梁纵向钢筋配筋要求

【例6.4】　某钢筋混凝土挑梁($b \times h_b = 240\ \text{mm} \times 300\ \text{mm}$),埋置于丁字形截面的墙体中;挑梁下墙体厚为240 mm,采用MU10砖、M2.5砂浆砌筑。楼板传给挑梁荷载(标准值)有:梁端集中作用的恒载 $F_k = 4.5$ kN,作用在挑梁挑出部分上的恒荷载 $g_{1k} = 10$ kN/m,活载 $q_{1k} = 1.8$ kN/m,挑梁挑出部分自重 1.35 kN/m。试进行局部受压承载力验算。

【解】 （1）求 x_0。

挑梁埋入墙体中的长度 l_1 为 1.8 m，大于 $2.2h_b = 2.2 \times 0.3$ m $= 0.66$ m，

挑梁计算倾覆点到墙外边缘的距离为

$$x_0 = 0.3h_b \leqslant 0.13l_1$$

即 $x_0 = 0.3 \times 0.3$ m $= 0.09$ m $< 0.13l_1 = 0.13 \times 1.8$ m $= 0.234$ m，取 $x_0 = 90$ mm

（2）挑梁下的支承压力 N_l。

$N_l = 2R$，R 为挑梁的倾覆荷载设计值。

$R_1 = 1.35 \times 4.5 + [1.35 \times (10 + 1.35) + 0.7 \times 1.4 \times 1.8] \times 1.59 = 33.24$ kN

$R_2 = 1.2 \times 4.5 + [1.2 \times (10 + 1.35) + 1.4 \times 1.8] \times 1.59 = 31.1$ kN

取 $N_l = 2 \times 33.24 = 66.48$ kN

（3）计算局压承载力。

取 $\eta = 0.7$，有

$$\gamma = 1.5$$
$$A_l = 1.2bh_b = 1.2 \times 240 \text{ mm} \times 300 \text{ mm} = 86\ 400 \text{ mm}^2$$
$$f = 1.3 \text{ N/mm}^2$$

$\eta\gamma f A_l = (0.7 \times 1.5 \times 1.3 \times 86\ 400) \text{N} = 117\ 936 \text{ N} \approx 118 \text{ kN} > N_l = 66.48$ kN

满足要求。

6.4 墙　　梁

墙梁是由钢筋混凝土托梁和托梁计算高度范围内的墙体组成的组合构件。由于采用墙梁的建筑在底层可获得较大的使用空间，因此，墙梁构件近些年来被广泛应用于商店－住宅、车库－住宅等民用建筑和工业建筑中。

6.4.1 墙梁的分类

（1）墙梁按支承方式不同，分为简支墙梁、连续墙梁、框支墙梁如图 6.12 所示。

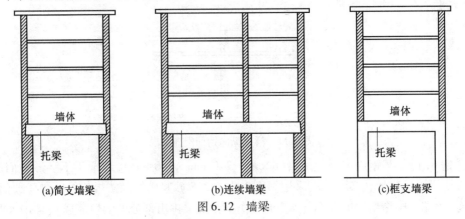

(a)简支墙梁　　　　　　(b)连续墙梁　　　　　　(c)框支墙梁

图 6.12　墙梁

（2）根据墙梁是否承受梁、板荷载，墙梁可分为承重墙梁和自承重墙梁。

①承重墙梁:不但承担托梁及托梁上墙体的自重,还承受托梁及以上各层楼面梁、板传来的荷载,如底层为较大使用空间的商店或餐厅,上部楼层为住宅、旅馆、公寓的房屋建筑。

②自承重墙梁:仅仅承受托梁自重和托梁顶面以上墙体自重的墙梁,如图 6.13 所示。如工业厂房中的基础梁、连系梁与其上部墙体形成自承重墙梁。

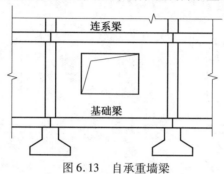

图 6.13　自承重墙梁

(3)按是否开有洞口分为无洞口墙梁和有洞口墙梁。

6.4.2　墙梁的受力性能

墙梁的受力性能与支承情况、托梁和墙体的材料、托梁的高跨比、墙体的高跨比、托梁纵筋配筋率 ρ、加荷方式、集中力作用位置、墙体上是否开洞、洞口的大小与位置以及有无翼墙和构造柱等因素有关。因此,下面将分别对无洞口简支墙梁、有洞口简支墙梁、连续墙梁的受力破坏性能进行分析。

1. 无洞口简支墙梁

无洞口墙梁的受力性能类似于钢筋混凝土深梁。墙梁在竖向荷载作用下的截面应力分布与托梁、墙体的刚度有关。根据相关试验及有限元分析可知,墙梁的顶部荷载由墙体的内拱作用和托梁的拉杆作用共同承受,如图 6.14 所示,其中墙体以受压为主,托梁则处于小偏心受拉状态。墙梁在顶部荷载作用下,根据其影响因素的不同,其破坏形态主要有几下几种:

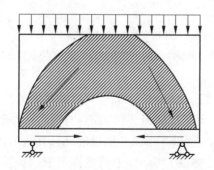

图 6.14　无洞口墙梁的拉杆拱受力模型

(1)弯曲破坏。

当托梁中的配筋较少而砌体强度较高、墙体高跨比(h_w/l_0)较小时,一般首先在跨中形成垂直裂缝,随着荷载增加,垂直裂缝不断向上延伸并穿过界面进入墙体。托梁内的上部和下部纵向钢筋屈服后,裂缝则迅速扩展并在墙体内延伸,产生正截面弯曲破坏,如图6.15(a)所示。受压区砌体即使墙体高跨比小、受压区高度很小,但破坏时未出现砌体压碎现象。其他截面如离支座 $l_0/4$ 处截面的钢筋也可能屈服而形成沿斜截面的弯曲破坏。无论墙体发生正弯破坏或斜弯破坏,托梁都同时承受拉力和弯矩,发生偏心受拉破坏。

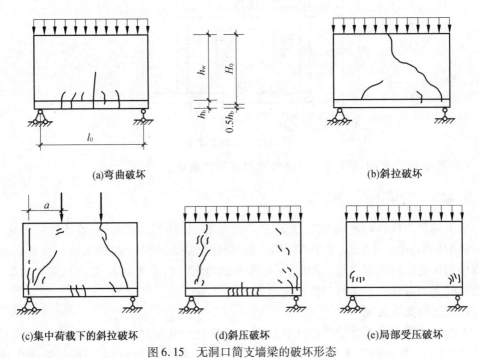

(a)弯曲破坏   (b)斜拉破坏

(c)集中荷载下的斜拉破坏   (d)斜压破坏   (e)局部受压破坏

图6.15 无洞口简支墙梁的破坏形态

(2)剪切破坏。

①托梁的剪切破坏。

当托梁混凝土强度等级过低或无腹筋时,会出现托梁的剪切破坏。

②墙体的剪切破坏。

当托梁中的配筋较多而砌体强度较低、高跨比(h_w/l_0)适中时,支座上方砌体产生斜裂缝,引起墙体的剪切破坏。根据高跨比(h_w/l_0)或剪跨比(a/l_0)不同,墙体的剪切破坏又呈两种破坏形态。

a.斜拉破坏。当墙体高跨比较小($h_w/l_0 < 0.4$)或集中荷载作用下的剪跨比(a/l_0)较大时,墙体中部因主拉应力大于砌体沿齿缝截面的抗拉强度而产生斜拉(剪拉)破坏,如图6.15(b)和6.15(c)所示,该破坏形态为脆性破坏且其抗剪承载能力较低(其开裂荷载和破坏荷载均较小)。图6.15(c)所示集中荷载作用下的剪拉破坏在唐岱新主编的《砌体结构设计规范理解与应用》一书中也称劈裂破坏,即在集中荷载作用下,临近破坏时可能在集中力与支座连线上突然出现一条通长的劈裂裂缝,并伴有响声,墙体发生破坏,破坏时开裂荷载与破坏荷载接近,为无预兆的脆性破坏,该破坏比较危险。

b. 斜压破坏。当墙体高跨比较大（$h_w/l_0 > 0.4$）或集中荷载作用下的剪跨比较小时，墙体中部因主压应力大于砌体的斜向抗压强度而形成较陡的斜裂缝（裂缝倾角较大，达到 55°~60°），形成斜压破坏，如图 6.15(d)所示。斜压破坏亦为脆性破坏，其抗剪承载力较高（开裂荷载和破坏荷载均较大），且受剪承载力计算公式是在斜压破坏的基础上建立起来的。

（3）局部受压破坏。

托梁配筋较多、砌体强度低，且墙梁的墙体高跨比较大 $h_w/l_0 > 0.75$ 时，支座上方砌体因集中压应力大于砌体的局部抗压强度而在托梁端部支座上方较小范围的砌体内形成微小裂缝，产生局部受压破坏，如图 6.15(e)所示。

此外，当托梁中纵向受力钢筋伸入支座的锚固长度不够，支座垫板刚度较小时也易使托梁支座上部砌体形成局部受压破坏。墙梁两端设置的翼墙或构造柱可减小应力集中，改善墙体的局部受压性能，从而可提高托梁上砌体的局部受压承载力，尤其以构造柱的作用更加明显。

2. 有洞口简支墙梁

对于有洞口的墙梁，当洞口位置位于墙体跨中区段时，其受力性能与破坏形态与无洞口墙梁相似。因洞口处为低应力区，对墙梁的整体受力影响不大，在临近破坏时，墙梁仍形成拉杆拱组合受力机构，如图 6.16(a)所示。

当洞口靠近支座附近区段形成偏开洞口时，跨中截面应力分布变化不大，门洞内侧截面应力分布变化较大，主应力轨迹线极为复杂，斜裂缝出现后墙体形成大拱套小拱的组合拱受力体系，如图 6.16(b)所示。门洞上的过梁受拉而墙体顶部受压，门洞下的托梁既作为拉杆又作为小拱的弹性支座而承受较大的弯矩，托梁的截面应力分布为下部受拉而上部受压，为此托梁的受力状态为大偏心受拉状态。

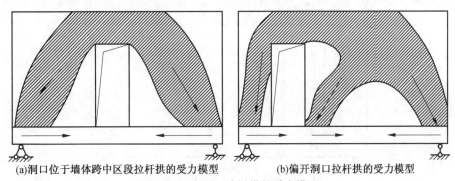

(a)洞口位于墙体跨中区段拉杆拱的受力模型　　(b)偏开洞口拉杆拱的受力模型

图 6.16　有洞口墙梁拱的受力模型

试验表明，当洞口位于墙体跨中区段时，裂缝出现规律和破坏形态与无洞口墙梁基本一致，如图 6.17 所示。

对于偏开洞口墙梁，随着施加荷载大小不同，墙梁中主要出现 5 种裂缝，如图 6.18 所示。

当荷载约为破坏荷载的 30%~60% 时，首先在洞口外侧沿界面产生水平裂缝①，随即在洞口内侧上角产生阶梯形斜裂缝②，随着荷载的增加，在洞口侧墙的外侧产生水平裂缝③，当荷载约为破坏荷载的 60%~80% 时，托梁在洞口内侧截面产生竖向裂缝④，接近破坏时在界面产生水平裂缝⑤。

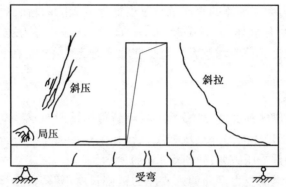

图 6.17　洞口位于墙体跨中区段时简支墙梁的破坏形态

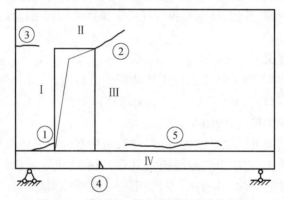

图 6.18　偏开洞口简支墙梁的裂缝分布图

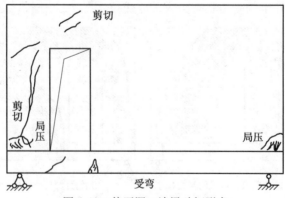

图 6.19　偏开洞口墙梁破坏形态

根据墙梁最终破坏的原因不同,偏开洞墙梁可能呈现下列几种破坏形态(图 6.19):

(1)弯曲破坏。

弯曲破坏分两种情形:

一种情形是当洞口边至墙梁最近支座中心的距离较小时,墙梁的最终破坏是由于裂缝④的不断发展从而引起该截面托梁底部纵向受拉钢筋屈服(而上部纵向钢筋受压),托梁呈大偏心受拉破坏。

另一种情形是洞口边至墙梁最近支座中心的距离较大时,裂缝④处托梁全截面受拉,一旦纵向钢筋屈服,托梁呈小偏心受拉破坏。

(2)剪切破坏。

墙体剪切破坏形态有以下几种:门窗外侧墙肢斜剪破坏,门窗上墙体产生阶梯形裂缝的斜拉破坏或集中荷载作用下的斜剪破坏。

托梁剪切破坏除发生在支座斜截面处,门洞处斜截面尚可能存在拉力、弯矩、剪力联合作用下的拉剪破坏。

(3)局部受压破坏。

当支座上方不设置构造柱且墙体抗压强度较低时,托梁支座上方砌体及侧墙洞口处因存在竖向压应力集中现象且当集中压应力大于砌体的局部抗压强度时,砌体产生局部受压破坏。

3. 连续墙梁

由钢筋混凝土连续托梁和支承于连续托梁上的计算高度范围内的墙体组成的组合构件称为连续墙梁,如图 6.20 所示为两跨连续墙梁。墙梁顶面按构造要求处应设置圈梁,并宜在墙梁上拉通从而形成连续墙梁的顶梁。弹性阶段,由托梁、墙体和顶梁组合的连续墙梁,其受力特性与连续深梁相似。受力分析表明,随着高跨比增大,边支座反力增大,中间支座反力减小;跨中弯矩增大,支座弯矩减小。有限元分析结果表明,托梁大部分区段处于偏心受拉状态,而中间支座附近小部分区段处于偏心受压状态。

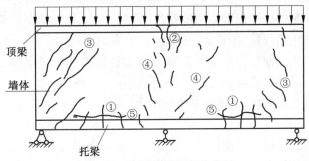

图 6.20 连续墙梁裂缝分布图

如图 6.20 所示两跨连续墙梁,随着竖向均布荷载的增大,首先在连续托梁跨中区段出现多条竖向裂缝①并很快向上延伸至墙体;然后,在中间支座上方顶梁出现通长裂缝②,且向下继续延伸至墙体;当边支座或中间支座上方墙体中产生斜裂缝③、④并延伸至托梁时,连续墙梁逐渐转变为连续组合拱受力结构。临近破坏时,托梁与墙体界面将产生水平裂缝⑤。

连续墙梁有以下三种破坏形态:

(1)弯曲破坏。

连续墙梁的弯曲破坏主要发生在跨中截面,托梁处于小偏心受拉状态而使下部和上部钢筋首先屈服。随着荷载增加,支座截面产生弯曲破坏将使顶梁钢筋受拉屈服。由于跨中截面和支座截面先后出现塑性铰,连续墙梁形成弯曲破坏机构。

(2)剪切破坏。

连续墙梁墙体剪切破坏的形态和简支墙梁相似。剪切破坏的类型多为由于裂缝③的发展引起墙体斜压破坏或集中荷载作用下的劈裂破坏。由于中间支座处托梁承担的剪力比简支托梁承担的剪力大，故与简支墙梁相比，连续墙梁的中间支座处更容易出现剪切破坏。

（3）局压破坏。

连续墙梁中不设置翼墙和构造柱时，中间支座上方砌体中的竖向压应力过于集中，因而中间支座处托梁上方砌体比边支座处托梁上方砌体更易发生局部受压破坏。破坏时，中间支座托梁上方砌体内形成向斜上方辐射状斜裂缝，最终导致砌体局部压坏。

4. 框支墙梁

由钢筋混凝土框架和砌筑在框架上的计算高度范围内的墙体组成的组合构件称为框支墙梁。在多层混合结构房屋中，如下部为大空间使用要求的商场、上部为住宅的建筑，常采用框支墙梁作为承重结构。有抗震要求的墙梁房屋，应优先选用框支墙梁。

在弹性阶段，框支墙梁的墙体应力分布与简支墙梁及连续墙梁相似。试验表明，作用于框支墙梁顶面的竖向荷载达到破坏荷载的40%左右时，竖向裂缝首先在托梁跨中截面形成，并很快向上延伸进入墙体中。当继续加载达到破坏荷载的70%~80%时，斜裂缝将在墙体或托梁端部形成，并向托梁或墙体延伸发展。临近破坏时，在托梁与墙体界面可能出现水平裂缝，框架柱中产生竖向或水平裂缝。在竖向荷载作用下，框支墙梁逐渐成为框架组合拱受力体系。

框支墙梁根据破坏特征的不同，有以下几种破坏形态：

（1）弯曲破坏。

当托梁或柱的配筋较少而砌体强度较高，h_w/l_0 稍小时，跨中竖向裂缝不断向上延伸从而导致托梁纵向钢筋屈服，形成第一个塑性铰（拉弯塑性铰），随后框架柱上端截面外侧纵向钢筋屈服产生大偏心受压破坏形成压弯塑性铰或者托梁端部支座截面的负弯矩使托梁上部纵向钢筋屈服形成塑性铰，随着荷载作用下塑性铰的不断增多，最终框支墙梁形成弯曲破坏机构而破坏，如图6.21（a）所示。

（2）剪切破坏。

当托梁或柱的配筋较多而砌体强度较低，h_w/l_0 适中时，因托梁端部或墙体中的斜裂缝的发展导致剪切破坏。此时，托梁跨中和支座截面、柱上截面钢筋均未屈服。墙体的剪切破坏又分为两种：

第一种是墙体主拉应力超过砌体的复合抗拉强度而产生的沿阶梯形斜裂缝的斜拉破坏，如图6.21（b）所示。斜拉破坏易发生在墙体高跨比较小的情况，斜裂缝倾角一般小于45°。

第二种是墙体主压应力超过砌体的复合抗压强度而使墙体出现陡峭斜裂缝产生斜压破坏，如图6.21（c）所示，该类型破坏易发生在墙体高跨比较大的情况，斜裂缝倾角一般可达55°~60°，并且往往导致托梁端部或梁柱节点混凝土发生斜压破坏。

（3）弯剪破坏。

弯剪破坏是介于弯曲破坏和剪切破坏之间的界限破坏。当托梁配筋率和砌体强度均较适中，托梁抗拉弯承载力和墙体抗剪承载力接近时，托梁跨中竖向裂缝贯穿整个截面高度并向墙体中延伸很长，导致纵向钢筋屈服。同时墙体斜裂缝发展引起斜压破坏。最后，托梁梁端支座上部钢筋或者框架柱上部截面靠近外侧钢筋亦可能屈服，如图6.21（d）所示。

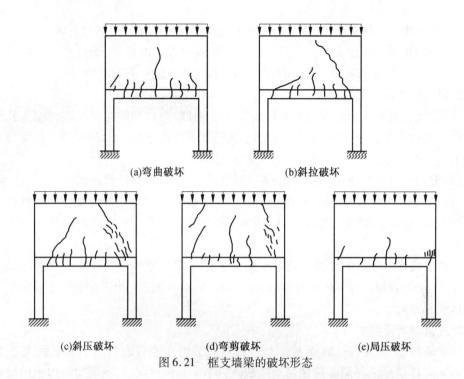

图 6.21　框支墙梁的破坏形态

(4)局部受压破坏。

与简支墙梁和连续墙梁相似,当框支柱上方砌体和混凝土应力集中使局部应力超过材料的局部抗压强度,则发生砌体或梁柱节点区的局部受压破坏,如图 6.21(e)所示。一般发生在墙体高跨比较大且支座上方未设构造柱的情况。

6.4.3　墙梁设计的一般规定

本节中有关墙梁的设计方法及构造规定,适用于承重与自承重简支墙梁、连续墙梁和框支墙梁的设计,对于框支墙梁的抗震设计详见第 7 章相应章节。

采用烧结普通砖砌体、混凝土普通砖砌体、混凝土多孔砖砌体和混凝土砌块砌体的墙梁设计应符合下列规定。

1.墙梁的一般规定

墙梁设计应符合表6.1 的规定。

表 6.1　墙梁的一般规定

墙梁类型	墙体总高度/m	跨度/m	墙体高跨比 h_w/l_{0i}	托梁高跨比 h_b/l_{0i}	洞宽比 b_h/l_{0i}	洞高 h_h
承重墙梁	≤18	≤9	≥0.4	≥1/10	≤0.3	≤$5h_w/6$ 且 $h_w - h_h \geq 0.4$ m
自承重墙梁	≤18	≤12	≥1/3	≥1/15	≤0.8	—

注:墙体总高度指托梁顶面到檐口的高度,带阁楼的坡屋面应算到山尖墙 1/2 高度处。

(1)表格中对墙体总高度、墙梁跨度的规定是为避免墙体发生斜拉破坏。

(2)限制托梁高跨比 h_b/l_{0i},不但可以满足承载力方面的要求,而且较大的托梁刚度对改善墙体抗剪性能和托梁支座上部的砌体局部受压性能也是有利的。

2. 洞口尺寸及位置的要求

(1)墙梁计算高度范围内每跨允许设置一个洞口,洞口高度对窗洞取洞顶至托梁顶面距离。对自承重墙梁,洞口至边支座中心的距离不应小于 $0.1l_{0i}$,门窗洞上口至墙顶的距离不应小于 0.5 m。

(2)洞口边缘至支座中心的距离,距边支座不应小于墙梁计算跨度的 0.15 倍,距中支座不应小于墙梁计算跨度的 0.07 倍。托梁支座处上部墙体设置混凝土构造柱且构造柱边缘至洞口边缘的距离不小于 240 mm 时,洞口边至支座中心距离的限值可不受本规定限制。

上述及表 6.1 中对洞宽和洞高限制是为了保证墙体整体性。偏开洞口对墙梁组合作用发挥是极不利的,洞口外墙肢过小,极易剪坏或被推出破坏,限制洞距 a_i 及采取相应构造措施非常重要。

3. 托梁高跨比要求

托梁高跨比,对无洞口墙梁不宜大于 1/7,对靠近支座有洞口的墙梁不宜大于 1/6。配筋砌块砌体墙梁的托梁高跨比可适当放宽,但不宜小于 1/14;当墙梁结构中的墙体均为配筋砌块砌体时,墙体总高度可不受本规定限制。

随着托梁 h_b/l_{0i} 的增大,竖向荷载向跨中分布,而不是向支座集聚,不利于组合作用充分发挥,因此,不应采用过大的托梁高跨比。

6.4.4　墙梁设计总则

1. 墙梁的计算简图

对于多层墙体的墙梁,其底层应力最大,但略小于相同荷载条件下的单层墙梁的应力。研究结果表明,当 $h_w > l_0$ 时,主要是 $h_w = l_0$ 范围内的墙体与托梁共同工作。为了安全和简化计算,仅取一层层高范围内的墙梁即其计算简图按单层墙梁确定,如图 6.22 所示。

墙梁计算参数应符合下列规定:

(1)墙梁计算跨度 $l_0(l_{0i})$,对简支墙梁和连续墙梁取净跨的 1.1 倍或支座中心线距离的较小值;框支墙梁支座中心线距离,取框架柱轴线间的距离。

(2)墙体计算高度 h_w,取托梁顶面上一层墙体(包括顶梁)高度,当 $h_w > l_0$ 时,取 $h_w = l_0$(对连续墙梁和多跨框支墙梁,l_0 取各跨的平均值)。

(3)墙梁跨中截面计算高度 H_0,取 $H_0 = h_w + 0.5h_b$。

(4)翼墙计算宽度 b_f,取窗间墙宽度或横墙间距的 2/3,且每边不大于 3.5 倍的墙体厚度和墙梁计算跨度的 1/6。

(5)框架柱计算高度 H_c,取 $H_c = H_{cn} + 0.5h_b$,H_{cn} 为框架柱的净高,取基础顶面至托梁底面的距离。

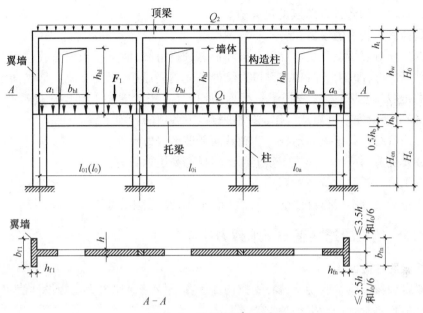

图 6.22　墙梁的计算简图

$l_0(l_{0i})$—墙梁的计算跨度；h_w—墙体计算高度；H_0—墙梁跨中截面计算高度；

b_{fl}—翼墙计算宽度；H_c—框架柱计算高度；b_{hi}—洞口宽度；

h_{hi}—洞口高度；a_i—洞口边缘至支座中心的距离；

Q_1、F_1—承重墙梁的托梁顶面的荷载设计值；

Q_2—承重墙梁的墙梁顶面的荷载设计值。

2. 墙梁的计算荷载

墙梁设计应对使用阶段和施工阶段的承载力分别进行验算，两个阶段作用于墙梁上的荷载不同，因此对不同阶段墙梁的计算荷载应分别按下列方法确定：

（1）使用阶段墙梁上的荷载及确定。

使用阶段墙梁上的荷载包括作用于托梁顶面的荷载和作用于墙梁顶面的荷载。在托梁顶面的竖向荷载作用下，界面上存在较大的竖向拉应力，为了安全起见，不考虑上部墙体的组合作用，直接作用于托梁顶面的荷载由托梁单独承担，在墙梁顶面荷载作用下，需考虑墙体和托梁的组合作用，具体规定如下：

①承重墙梁的托梁顶面的荷载设计值 Q_1、F_1，取托梁自重及本层楼盖的恒荷载和活荷载。

②承重墙梁的墙梁顶面的荷载设计值 Q_2，取托梁以上各层墙体自重，以及墙梁顶面以上各层楼（屋）盖的恒荷载和活荷载；集中荷载可沿作用的跨度近似化为均布荷载。

③自承重墙梁的墙梁顶面的荷载设计值 Q_2，取托梁自重及托梁以上墙体自重。

（2）施工阶段托梁上的荷载的荷载及确定。

①托梁自重及本层楼盖的恒荷载。

②本层楼盖的施工荷载。

③墙体自重，可取高度为 $l_{0max}/3$ 的墙体自重，开洞时尚应按洞顶以下实际分布的墙

体自重复核;l_{0max}为各计算跨度的最大值。

3. 需计算承载力的项目

根据前面对墙梁组合受力性能及破坏形态分析可知,墙梁在顶面荷载作用下主要发生三种破坏形态,即:由于跨中或洞口边缘处纵向钢筋屈服,以及支座上部纵向钢筋屈服而产生的正截面破坏;墙体或托梁斜截面剪切破坏;托梁支座上部砌体局部受压破坏。因此,为保证墙梁安全可靠地工作,必须进行以下各项的各项承载力计算:

①使用阶段托梁正截面承载力和斜截面受剪承载力计算。

②墙体受剪承载力和托梁支座上部砌体局部受压承载力计算。

③施工阶段托梁承载力验算。

④承重墙梁可不验算墙体受剪承载力和砌体局部受压承载力。

6.4.5 墙梁的托梁正截面承载力计算

1. 托梁跨中截面

托梁跨中截面应按混凝土偏心受拉构件计算,第i跨跨中最大弯矩设计值M_{bi}及轴心拉力设计值N_{bti}可按下列公式计算:

$$M_{bi} = M_{1i} + \alpha_M M_{2i} \tag{6.9}$$

$$N_{bti} = \eta_N \frac{M_{2i}}{H_0} \tag{6.10}$$

①当为简支墙梁时:

$$\alpha_M = \psi_M \left(1.7 \frac{h_b}{l_0} - 0.03 \right) \tag{6.11}$$

$$\psi_M = 4.5 - 10 \frac{a}{l_0} \tag{6.12}$$

$$\eta_N = 0.44 + 2.1 \frac{h_w}{l_0} \tag{6.13}$$

②当为连续墙梁和框支墙梁时:

$$\alpha_M = \psi_M \left(2.7 \frac{h_b}{l_0} - 0.08 \right) \tag{6.14}$$

$$\psi_M = 3.8 - 8.0 \frac{a_i}{l_{0i}} \tag{6.15}$$

$$\eta_N = 0.8 + 2.6 \frac{h_w}{l_{0i}} \tag{6.16}$$

式中　M_{1i}——荷载设计值Q_1、F_1作用下的简支梁跨中弯矩或按连续梁、框架分析的托梁第i跨跨中最大弯矩;

　　　M_{2i}——荷载设计值Q_2作用下的简支梁跨中弯矩或按连续梁、框架分析的托梁第i跨跨中最大弯矩;

　　　α_M——考虑墙梁组合作用的托梁跨中截面弯矩系数,可按公式(6.11)或(6.14)计算,但对自承重简支墙梁应乘以折减系数0.8;当公式(6.11)中的$h_b/l_0 > 1/6$

时,取 $h_{\mathrm{b}}/l_0=1/6$;当公式(6.14)中的 $h_{\mathrm{b}}/l_{0i}>1/7$ 时,取 $h_{\mathrm{b}}/l_{0i}=1/7$;当 $\alpha_{\mathrm{M}}>$
1.0 时,取 $\alpha_{\mathrm{M}}=1.0$;

η_{N}——考虑墙梁组合作用的托梁跨中截面轴力系数,可按公式(6.13)或(6.16)计
算,但对自承重简支墙梁应乘以折减系数 0.8;当 $h_{\mathrm{w}}/l_0>1$ 时,取 $h_{\mathrm{w}}/l_{0i}=1$;

ψ_{M}——洞口对托梁跨中截面弯矩的影响系数,对无洞口墙梁取 1.0,对有洞口墙
梁可按公式(6.4)或(6.7)计算;

a_i——洞口边缘至墙梁最近支座中心的距离,当 $a_i>0.35l_{0i}$ 时,取 $a_i-0.35l_{0i}$。

注:试验和有限元分析表明,在墙梁顶面荷载作用下,无洞口简支墙梁的托梁正截面
破坏发生在跨中截面,托梁处于小偏心受拉状态;有洞口简支墙梁正截面破坏发生在洞
口内边缘截面,托梁处于大偏心受拉状态;规范中为简化计算,在提高可靠度的基础上,
考虑墙梁组合作用,认为简支墙梁中的托梁按混凝土偏心受拉构件设计是合理的。连续
墙梁中的托梁根据有限元分析,按混凝土偏心受拉构件设计亦是合理的。

2. 托梁支座截面

托梁支座截面应按混凝土受弯构件计算,第 j 支座的弯矩设计值 $M_{\mathrm{b}j}$ 可按下列公式计
算:

$$M_{\mathrm{b}j}=M_{1j}+\alpha_{\mathrm{M}}M_{2j} \tag{6.17}$$

$$\alpha_{\mathrm{M}}=0.75-\frac{a_i}{l_{0i}} \tag{6.18}$$

式中　M_{1j}——荷载设计值 Q_1、F_1 作用下按连续梁或框架分析的托梁第 j 支座截面的弯
矩设计值;

M_{2j}——荷载设计值 Q_2 作用下按连续梁或框架分析的托梁第 j 支座截面的弯矩设
计值;

α_{M}——考虑墙梁组合作用的托梁支座截面弯矩系数,无洞口墙梁取 0.4,有洞口墙
梁可按公式(6.18)计算。

此外,对多跨框支墙梁的框支边柱,当柱的轴向压力增大对承载力不利时,在墙梁荷
载设计值 Q_2 作用下的轴向压力力值应乘以修正系数 1.2。

注:根据有限元分析,对于连续墙梁的支座截面受力为大偏心受压构件,规范中忽略
轴向压力按受弯构件计算是偏于安全的。

3. 墙梁的托梁斜截面受剪承载力

试验表明,墙梁发生剪切破坏时,一般情况下墙体先于托梁进入极限状态而剪坏。
当托梁混凝土强度较低,箍筋较少时,或墙体采用构造框架约束砌体的情况下托梁可能
稍后剪坏。故托梁与墙体应分别计算受剪承载力。

墙梁的托梁斜截面受剪承载力应按混凝土受弯构件计算,第 j 支座边缘截面的剪力
设计值 $V_{\mathrm{b}j}$,可按下式计算:

$$V_{\mathrm{b}j}=V_{1j}+\beta_{\mathrm{v}}V_{2j} \tag{6.19}$$

式中　V_{1j}——荷载设计值 Q_1、F_1 作用下按简支梁、连续梁或框架分析的托梁第 j 支座边
缘截面剪力设计值;

V_{2j}——荷载设计值 Q_2 作用下按简支梁、连续梁或框架分析的托梁第 j 支座边缘截

面剪力设计值;

β_v——考虑墙梁组合作用的托梁剪力系数,无洞口墙梁边支座截面取0.6,中间支座截面取0.7;有洞口墙梁边支座截面取0.7,中间支座截面 取0.8;对自承重墙梁,无洞口时取0.45,有洞口时取0.5。

6.4.6 墙梁的墙体受剪承载力

试验表明:当墙梁中托梁抗剪承载力较强,墙体相对较弱的情况且墙体高跨比 $h_w/l_0 < 0.75$ 时,墙梁的墙体发生剪切破坏;其中,当 $h_w/l_0 < 0.40$ 时,发生承载力较低的斜拉破坏,否则,将发生斜压破坏。墙梁顶面圈梁(称为顶梁)如同放在砌体上的弹性地基梁,能将楼层荷载部分传至支座,并和托梁一起约束墙体横向变形,延缓和阻滞斜裂缝开展,提高墙体受剪承载力。由于翼墙或构造柱的存在,使多层墙梁楼盖荷载向翼墙或构造柱卸荷而减少墙体剪力,改善墙体受剪性能。试验亦表明,影响墙体受剪承载力的因素包括砌体的抗压强度 f、墙体厚度 h 及高度 h_w、墙梁是否开洞、是否设置翼墙或构造柱及圈梁。

墙梁的墙体受剪承载力,应按公式(6.20)验算,当墙梁支座处墙体中设置上、下贯通的落地混凝土构造柱,且其截面不小于240 mm×240 mm 时,可不验算墙梁的墙体受剪承载力。

$$V_2 \leqslant \xi_1 \xi_2 \left(0.2 + \frac{h_b}{l_{0i}} + \frac{h_t}{l_{0i}} \right) f h h_w \tag{6.20}$$

式中 V_2——在荷载设计值 Q_2 作用下墙梁支座边缘截面剪力的最大值;

ξ_1——翼墙影响系数,对单层墙梁取1.0,对多层墙梁,当 $b_f/h = 3$ 时取1.3,当 $b_f/h = 7$时取1.5,当 $3 < b_f/h < 7$ 时,按线性插入取值;

ξ_2——洞口影响系数,无洞口墙梁取1.0,多层有洞口墙梁取0.9,单层有洞口墙梁取0.6;

h_t——墙梁顶面圈梁截面高度。

6.4.7 托梁支座上部砌体局部受压承载力计算

试验表明,当 $h_w/l_0 > 0.75$ 且无翼墙,砌体强度较低时,易发生托梁支座上方因竖向正应力集中而引起的砌体局部受压破坏。采用构造框架约束砌体的墙梁试验和有限元分析表明,构造柱对减少应力集中、改善局部受压的作用更明显。

托梁支座上部砌体局部受压承载力,应按公式(6.21)验算。

$$Q_2 \leqslant \zeta f h \tag{6.21}$$

$$\zeta = 0.25 + 0.08 \frac{b_f}{h} \tag{6.22}$$

式中 ζ——局压系数。

当墙梁的墙体中设置上、下贯通的落地混凝土构造柱,且其截面不小于240 mm×240 mm时,或当 $b_f/h \geqslant 5$ 时,可不验算托梁支座上部砌体局部受压承载力。

6.4.8 墙梁在施工阶段托梁的承载力验算

墙梁是在托梁上砌筑砌体墙形成的。除应限制计算高度范围内墙体每天的可砌高度和严格进行施工质量控制外;尚应进行托梁在施工荷载作用下的承载力验算,以确保施工安全。

托梁应按混凝土受弯构件进行施工阶段的受弯、受剪承载力验算,作用在托梁上的荷载可按本节中墙梁的计算荷载中的规定采用。

6.4.9 墙梁的构造要求

为使托梁与上部墙体共同工作,保证墙梁组合作用的正常发挥,墙梁不仅要满足6.4.2节规定和《混凝土结构设计规范》(GB 50010—2010)规定,墙梁基本构造还应符合下面相应的构造规定。

1.材料

(1)托梁和框支柱的混凝土强度等级不应低于C30。

(2)承重墙梁的块体强度等级不应低于MU10,计算高度范围内墙体的砂浆强度等级不应低于M10(Mb10)。

2.墙体

(1)框支墙梁的上部砌体房屋,以及设有承重的简支墙梁或连续墙梁的房屋,应满足刚性方案房屋的要求。

(2)墙梁的计算高度范围内的墙体厚度,对砖砌体不应小于240 mm,对混凝土砌块砌体不应小于190 mm。

(3)墙梁洞口上方应设置混凝土过梁,其支承长度不应小于240 mm,洞口范围内不应施加集中荷载。

(4)承重墙梁的支座处应设置落地翼墙,对砖砌体翼墙厚度不应小于240 mm,对混凝土砌块砌体翼墙厚度不应小于190 mm,翼墙宽度不应小于墙梁墙体厚度的3倍,并与墙梁墙体同时砌筑。当不能设置翼墙时,应设置落地且上、下贯通的混凝土构造柱。

(5)当墙梁墙体在靠近支座1/3跨度范围内开洞时,支座处应设置落地且上、下贯通的混凝土构造柱,并应与每层圈梁连接。

(6)墙梁计算高度范围内的墙体,每天可砌筑高度不应超过1.5 m,否则,应加设临时支撑。

3.托梁

(1)托梁两侧各两个开间的楼盖应采用现浇混凝土楼盖,楼板厚度不应小于120 mm,当楼板厚度大于150 mm时,应采用双层双向钢筋网,楼板上应少开洞,洞口尺寸大于800 mm时应设洞口边梁。

(2)托梁每跨底部的纵向受力钢筋应通长设置,不应在跨中弯起或截断;钢筋连接应采用机械连接或焊接。

(3)托梁跨中截面的纵向受力钢筋总配筋率不应小于0.6%。

(4)托梁上部通长布置的纵向钢筋面积与跨中下部纵向钢筋面积之比值不应小于0.4;连续墙梁或多跨框支墙梁的托梁支座上部附加纵向钢筋从支座边缘算起每边延伸

长度不应小于 $l_0/4$。

（5）承重墙梁的托梁在砌体墙、柱上的支承长度不应小于 350 mm；纵向受力钢筋伸入支座的长度应符合受拉钢筋的锚固要求。

（6）当托梁截面高度 h_b 大于等于 450 mm 时，应沿梁截面高度设置通长水平腰筋，其直径不应小于 12 mm，间距不应大于 200 mm。

（7）对于洞口偏置的墙梁，其托梁的箍筋加密区范围应延到洞口外，距洞边的距离大于等于托梁截面高度 h_b，如图 6.23 所示，箍筋直径不应小于 8 mm，间距不应大于 100 mm。

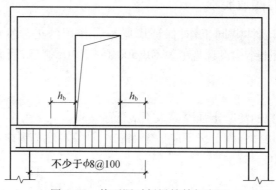

图 6.23　偏开洞时托梁箍筋加密区

【例 6.5】　已知某五层商店住宅进深 6 m，开间 3.3 m，其局部平剖面及楼（屋）盖恒荷载和活荷载如图 6.24 所示。托梁 $b \times h_b = 250$ mm $\times 600$ mm，混凝土为 C30，纵筋为 HRB400 级，箍筋为 HPB300 级。墙体厚度 240 mm，采用 MU10 烧结多孔砖，计算高度范围内为 M10 混合砂浆，其余为 M7.5 混合砂浆；施工质量控制等级为 B 级。顶面圈梁尺寸为 $b_i \times h_i = 180$ mm $\times 240$ mm，托梁自重为 4.185 kN/m，每层墙体自重为 11.59 kN/m。试设计该墙梁。

【解】　1. 墙梁的计算跨度及墙梁跨中截面计算高度的确定

（1）墙梁计算跨度 l_0 的确定。

托梁的支承长度为

$$(250 + 370/2) \text{ mm} = 435 \text{ mm}$$

净跨

$l_n = (6\ 000 - 435 \times 2) \text{ mm} = 5\ 130 \text{ mm} = 5.13 \text{ m}$

支座中心线距离 $l_c = 6.0$ m，则

$$l_0 = \min\{1.1 l_n, l_c\} = \min\{1.1 \times 5.13 \text{ m}, 6.0 \text{ m}\} = 5.64 \text{ m}$$

（2）墙梁跨中截面计算高度 H_0。

墙体的计算高度 $h_w = (7.1 - 4.2) \text{ m} = 2.9 \text{ m} < l_0 = 5.64 \text{ m}$

墙梁跨中截面计算高度 $H_0 = h_w + 0.5 h_b = (2.9 + 0.5 \times 0.6) \text{ m} = 3.2 \text{ m}$

2. 使用阶段墙梁的承载力计算

（1）墙梁上的荷载。

①托梁顶面荷载设计值 Q_1。

托梁顶面荷载设计值 Q_1 为托梁自重,本层楼盖的恒荷载和活荷载。

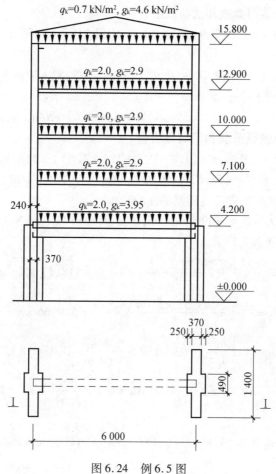

图 6.24　例 6.5 图

a. 以永久荷载为主的组合。

托梁自重:　　　　　　$(1.35 \times 4.185)\ \text{kN/m} = 5.65\ \text{kN/m}$

二层楼盖恒荷载和活荷载组合:

$$[(1.4 \times 0.7 \times 2.0 + 1.35 \times 3.95) \times 3.3]\ \text{kN/m} = 24.07\ \text{kN/m}$$

$$Q_1^{(1)} = (5.65 + 24.07)\ \text{kN/m} = 29.72\ \text{kN/m}$$

b. 以可变荷载为主的组合。

托梁自重:　　　　　　$(1.2 \times 4.185)\ \text{kN/m} = 5.02\ \text{kN/m}$

二层楼盖恒荷载和活荷载组合:

$$[(1.4 \times 2.0 + 1.2 \times 3.95) \times 3.3]\ \text{kN/m} = 24.88\ \text{kN/m}$$

$$Q_1^{(1)} = (5.02 + 24.88)\ \text{kN/m} = 29.90\ \text{kN/m}$$

②墙梁顶面荷载设计值 Q_2。

墙梁顶面荷载设计值 Q_2 取托梁以上各层墙体自重及墙梁顶面以上各层楼(屋)盖的恒荷载和活荷载。

a. 以永久荷载为主的组合。

墙体自重： $(1.35 \times 11.59 \times 4)kN/m = 62.60 \ kN/m$

二层以上楼(屋)盖恒荷载和活荷载组合：

$\{[(1.4 \times 0.7 \times 2.0 + 1.35 \times 2.9) \times 3 + (1.4 \times 0.7 \times 0.7 + 1.35 \times 4.6)] \times 3.3\}kN/m$
$= 80.92 \ kN/m$

$$Q_2^{(1)} = (2.60 + 80.92)kN/m = 143.52 \ kN/m$$

b. 以可变荷载为主的组合。

墙体自重： $(1.2 \times 11.59 \times 4)kN/m = 55.63 \ kN/m$

二层以上楼(屋)盖恒荷载和活荷载组合：

$\{[(1.4 \times 2.0 + 1.2 \times 2.9) \times 3 + (1.4 \times 0.7 + 1.2 \times 4.6)] \times 3.3\}kN/m = 83.62 \ kN/m$

$$Q_2^{(1)} = (55.63 + 83.62)kN/m = 139.25 \ kN/m$$

经过分析,取以永久荷载效应控制的组合：

$$Q_1 = Q_1^{(1)} = 29.72kN/m, Q_2 = Q_2^{(1)} = 143.52 \ kN/m$$

(2)托梁正截面承载力计算。

$$M_1 = \frac{Q_1 l_0^2}{8} = \frac{29.72 \times 5.64^2}{8}kN \cdot m = 118.17 \ kN \cdot m$$

$$M_2 = \frac{Q_2 l_0^2}{8} = \frac{143.52 \times 5.64^2}{8}kN \cdot m = 570.66 \ kN \cdot m$$

$$\alpha_M = 1.7 \frac{h_b}{l_0} - 0.03 = 1.7 \times \frac{0.6 \ m}{5.64 \ m} - 0.03 = 0.151$$

$$\eta_N = 0.44 + 2.1 \frac{h_w}{l_0} = 0.44 + 2.1 \times \frac{2.9 \ m}{5.64 \ m} = 1.52$$

$$H_0 = 3.2 \ m$$

$$M_b = M_1 + \alpha_M M_2 = (118.17 + 0.151 \times 570.66)kN \cdot m = 204.34 \ kN \cdot m$$

$$N_{bt} = \eta_N \frac{M_2}{H_0} = 1.52 \times \frac{570.66}{3.2}kN = 271.06 \ kN$$

托梁按钢筋混凝土偏心受拉构件计算：

$$e_0 = \frac{M_b}{N_{bt}} = \left(\frac{204.34}{271.06}\right)m = 0.754 \ m > \frac{h_b}{2} - a_s = \left(\frac{0.6}{2} - 0.06\right)m = 0.24 \ m$$

为大偏心受拉构件。

C30 混凝土,HRB400 级钢筋, $\xi_b = 0.518$ 。

$$e = e_0 - \frac{h_b}{2} + a_s = \left(754 - \frac{600}{2} + 40\right)mm = 494 \ mm$$

$$e = e_0 + \frac{h_b}{2} - a_s = \left(754 + \frac{600}{2} - 40\right)mm = 1\ 014 \ mm$$

令 $\xi = \xi_b = 0.518$,则

$$A_s' = \frac{N_{bt} \cdot e - \alpha_1 f_c b h_0^2 \cdot \xi_b (1 - 0.5\xi_b)}{f_y'(h_0 - a_s')}$$

$$= \frac{271.06 \times 10^3 \times 494 - 1.0 \times 14.3 \times 250 \times 560^2 \times 0.518 \times (1 - 0.5 \times 0.518)}{360 \times (560 - 40)} < 0$$

取

$$A_s' = \rho_{\min}bh = \max\left\{0.45 \times \frac{1.43}{360}, 0.002\right\}bh = 0.002 \times 250 \text{ mm} \times 600 \text{ mm} = 300 \text{ mm}^2$$

选 $3 \oplus 18 (603\text{mm}^2)$。

重新计算 ξ：

$$\begin{aligned}
\xi &= 1 - \sqrt{1 - \frac{N_{bt} \cdot e - f_y'A_s'(h_0 - a_s')}{0.5\alpha_1 f_c b h_0^2}} \\
&= 1 - \sqrt{1 - \frac{271.06 \times 10^3 \times 494 - 360 \times 603 \times (560 - 40)}{0.5 \times 14.3 \times 250 \times 560^2}} \\
&= 0.019 < \frac{2a_s'}{h_0} = \frac{2 \times 40}{560} = 0.143
\end{aligned}$$

取 $\xi = \dfrac{2a_s'}{h_0} = 0.143$，则

$$A_s' = \frac{N_{bt}e'}{f_y(h_0 - a_s')} = \frac{271.06 \times 10^3 \times 1\,014}{360 \times (560 - 40)} \text{mm}^2 = 1\,468.24 \text{ mm}^2$$

选 $4 \oplus 22 (A_s = 1\,520 \text{ mm}^2)$。

跨中截面纵向受力钢筋总配筋率：

$$\rho = \frac{1\,520 + 603}{250 \times 560} = 1.52\% > 0.6\%$$

托梁上部采用 $3 \oplus 18$ 钢筋通长布置，其面积基本满足不小于跨中下部纵向钢筋面积的 0.4 倍的要求（$\dfrac{603}{1\,520} \approx 0.4$）。

（3）托梁斜截面受剪承载力计算。

$$V_1 = \frac{1}{2}Q_1 l_n = \left(\frac{1}{2} \times 29.72 \times 5.13\right)\text{kN} = 76.23 \text{ kN}$$

$$V_2 = \frac{1}{2}Q_2 l_n = \left(\frac{1}{2} \times 143.52 \times 5.13\right)\text{kN} = 368.13 \text{ kN}$$

$$V_b = V_1 + \beta_v V_2 = (76.23 + 0.6 \times 368.13)\text{kN} = 297.11 \text{ kN}$$

梁端受剪按钢筋混凝土受弯构件计算：

$$0.7f_t bh_0 = [0.7 \times 1.43 \times 250 \times (600 - 40)]\text{kN} = 140.14 \text{ kN}$$

$$0.25\beta_c f_c bh_0 = [0.25 \times 1.0 \times 14.3 \times 250 \times (600 - 40)]\text{kN} = 500.50 \text{ kN}$$

$$0.7f_t bh_0 = 140.14 \text{ kN} < V_b = 297.11 \text{ kN} < 0.25\beta_c f_c bh_0 = 500.50 \text{ kN}$$

按计算配置箍筋，由

$$V_b \leqslant 0.7f_t bh_0 + 1.25f_{yv}\frac{A_{sv}}{s}h_0$$

$$\frac{A_{sv}}{s} \geqslant \frac{V_b - 0.7f_t bh_0}{1.25f_{yv}h_0} = \frac{297\,110 - 0.7 \times 1.43 \times 250 \times 560}{1.25 \times 270 \times 560} = 0.83$$

选 $\phi 10@150 \left(\dfrac{A_{sv}}{s} = \dfrac{157}{150} = 1.05\right)$。

（4）墙梁的墙体受剪承载力计算。

$$\frac{b_f}{h} = \frac{1\,400}{240} = 5.83$$

翼墙影响系数为

$$\xi_1 = 1.3 + \frac{1.5 - 1.3}{7 - 3} \times (5.83 - 3) = 1.44$$

无洞口,洞口影响系数 $\xi_2 = 1.0$。

MU10 烧结普通砖,M10 混合砂浆,$f = 1.89$ MPa,则

$$\xi_1 \xi_2 \left(0.2 + \frac{h_b}{l_0} + \frac{h_t}{l_0}\right) f h h_w = \left[1.44 \times 1.0 \times \left(0.2 + \frac{0.6}{5.64} + \frac{0.18}{5.64}\right) \times 1.89 \times 240 \times 2\,900\right] N$$
$$= 640.82 \text{ kN} > V_2 = 368.13 \text{ kN}$$

满足要求。

（5）托梁支座上部砌体局部受压承载力计算。

$\frac{b_f}{h} = 5.83 > 5$,根据《砌体结构设计规范》可知,可不验算托梁支座上部砌体局部受压承载力。

3. 施工阶段托梁的承载力验算

（1）托梁上的荷载。

托梁上的荷载包括托梁自重、本层楼盖的恒荷载、本层楼盖施工活荷载（2.0 kN/m）及 1/3 范围内墙体自重。

$$Q_1^{(1)} = \left(29.72 + \frac{1}{3} \times 1.35 \times 5.64 \times 11.59\right) \text{kN/m} = 59.14 \text{ kN/m}$$

$$Q_1^{(2)} = \left(29.90 + \frac{1}{3} \times 1.2 \times 5.64 \times 11.59\right) \text{kN/m} = 56.05 \text{ kN/m}$$

取 $Q_1 = Q_1^{(1)} = 59.14$ kN/m。

（2）托梁正截面受弯承载力验算。

$$M_1 = \frac{1}{8} Q_1 l_0^2 = \left(\frac{1}{8} \times 59.14 \times 5.64^2\right) \text{kN} \cdot \text{m} = 235.15 \text{ kN} \cdot \text{m}$$

$$\alpha_s = \frac{M}{\alpha_1 f_c b h_0^2} = \frac{235.15 \times 10^6}{14.3 \times 250 \times 560^2} = 0.21$$

$$\xi = 1 - \sqrt{1 - 2\alpha_s} = 1 - \sqrt{1 - 2 \times 0.21} = 0.24 < \xi_b = 0.518$$

$$A_s = \frac{\alpha_1 f_c b h_0 \xi}{f_y} = \frac{1.0 \times 14.3 \times 250 \times 560 \times 0.24}{360} \text{mm}^2 = 1\,334.67 \text{ mm}^2$$

小于按使用阶段计算的结果。

（3）托梁斜截面受剪承载力验算。

$$V_b = V_1 = \left(\frac{1}{2} Q_1 l_n = \frac{1}{2} \times 59.14 \times 5.13\right) \text{kN} = 151.69 \text{ kN}$$

$$0.7 f_t b h_0 = 140.14 \text{ kN} < V_b = 151.69 \text{ kN} < 0.25 \beta_c f_c b h_0 = 500.5 \text{ kN}$$

按计算配置箍筋。

$$\frac{A_{sv}}{s} = \frac{V_b - 0.7 f_t b h_0}{1.25 f_{yv} h_0} = \frac{151.69 \times 10^3 - 0.7 \times 1.43 \times 250 \times 560}{1.25 \times 270 \times 560} = 0.06 < 0.83$$

该托梁最后按使用阶段的计算结果进行配筋。

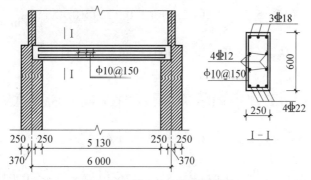

图 6.25　例 6.5　托梁配筋图

【例 6.6】　已知柱间基础上墙体高 15 m,双面抹灰,墙厚 240 mm,采用 MU10 烧结普通砖,M10 混合砂浆砌筑,墙上门洞尺寸如图 6.26 所示,柱间 6 m,基础梁长 5.45 m,基础梁截面尺寸为 $b \times h_b = 240$ mm $\times 450$ mm,伸入支座 0.3 m,混凝土为 C30,纵筋为 HRB400,箍筋为 HPB300,门重标准值 0.45 kN/m^2。求:

(1)计算简支墙梁中托梁截面跨中最大弯矩设计值 M_b,轴心拉力设计值 N_{bt};

(2)判断受拉构件类型;

(3)计算托梁支座截面的剪力设计值 V_b。

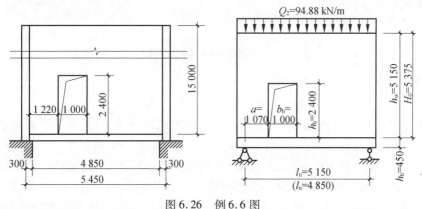

图 6.26　例 6.6 图

【解】　(1)该墙梁为自承重墙梁。

①墙梁计算跨度及墙梁跨中截面计算高度 H_0 的确定。

净跨 $l_n = 4.85$ m,支座中心线距离 $l_c = 5.15$ m,则

$$l_0 = \min\{1.1 l_n, l_c\} = \min\{1.1 \times 4.85 \text{ m}, 5.15 \text{ m}\} = 5.15 \text{ m}$$

$$H = 15 \text{ m} > l_0, \text{取 } h_w = l_0 = 5.15 \text{ m}$$

墙梁跨中截面计算高度为

$$H_0 = h_w + 0.5 h_b = (5.15 + 0.5 \times 0.45) \text{ m} = 5.375 \text{ m}$$

②自承重墙梁的墙梁顶面荷载设计值取托梁自重及托梁以上墙体自重。

按永久荷载起控制作用考虑。

托梁自重：$(1.35 \times 25 \times 0.24 \times 0.45) \text{kN/m} = 3.645 \text{ kN/m}$

墙体自重：

$$\frac{1.35 \times [5.24 \times (15 \times 5.15 - 1.0 \times 2.4) + 1.0 \times 2.4 \times 0.45]}{5.15} \text{kN/m} = 103.096 \text{ kN/m}$$

$$Q_2 = (3.645 + 103.096) \text{kN/m} = 106.741 \text{ kN/m}$$

③M_b、N_{bt}的确定。

$$M_2 = \frac{1}{8} Q_2 l_0^2 = \left(\frac{1}{8} \times 106.741 \times 5.15^2 \right) \text{kN} \cdot \text{m} = 353.88 \text{ kN} \cdot \text{m}$$

$$\psi_M = 4.5 - 10 \frac{a}{l_0} = 4.5 - 10 \times \frac{1.07}{5.15} = 2.42$$

$$\alpha_M = 0.8 \psi_M \left(1.7 \frac{h_b}{l_0} - 0.03 \right) = 0.8 \times 2.42 \times \left(1.7 \times \frac{0.45}{5.15} - 0.03 \right) = 0.23$$

$$M_b = \alpha_M M_2 = (0.23 \times 353.88) \text{kN} \cdot \text{m} = 81.39 \text{ kN} \cdot \text{m}$$

$$\eta_N = \left(0.44 + 2.1 \times \frac{h_w}{l_0} \right) \times 0.8 = \left(0.44 + 2.1 \times \frac{5.15}{5.15} \right) \times 0.8 = 2.032$$

$$N_{bt} = \eta_N \frac{M_2}{H_0} = 2.032 \times \frac{353.88}{5.375} \text{kN} = 133.78 \text{ kN}$$

$(2) e_0 = \dfrac{M_b}{N_{bt}} = \dfrac{81.39}{133.78} = 0.61 > \dfrac{1}{2} (h_b - a_s - a_s') = \dfrac{1}{2} \times (0.45 - 0.04 \times 2) \text{m} = 0.185 \text{ m}$

为大偏心受压构件。

$(3) l_n = 4.85 \text{ m}$，托梁支座边剪力设计值为

$$V_2 = \left(\frac{1}{2} Q_2 l_n = \frac{1}{2} \times 106.741 \times 4.85 \right) \text{kN} = 258.85 \text{ kN}$$

有洞口自承重墙梁 $\beta_V = 0.5$，则

$$V_b = \beta_V V_2 = 0.5 \times 258.85 = 129.42 \text{ kN}$$

【例6.7】 某三层商住楼，底层局部采用两跨连续墙梁结构，局部平面及剖面如图 6.27 所示，开间为 3.3 m，底层层高 3.9 m，其余两层为 3.0 m，墙厚为 190 mm，托梁下均设壁柱（每边凸出墙面 200 mm × 590 mm）。墙体采用 MU10 混凝土砌块和 Mb10 混合砂浆砌筑（$f = 2.79$ MPa），楼盖及屋盖采用钢筋混凝土现浇板，厚 120 mm，托梁混凝土采用 C30（$f_c = 14.3$ MPa），纵向钢筋为 HRB400（$f_y = 360$ MPa），箍筋采用 HPB300（$f_y = 270$ MPa）。屋面恒荷载标准值为 4.8 kN/m²，活荷载标准值为 0.5 kN/m²，楼面恒荷载标准值为 3.8 kN/m²，活荷载标准值为 2.0 kN/m²，墙体自重标准值（包括双面粉刷）为 2.61 kN/m²，梁支座下设 190 mm × 190 mm 上下贯通的钢筋混凝土构造柱，托梁截面尺寸为 $b_b \times h_b = 250$ mm × 600 mm（石灰水粉刷），各层墙顶均设截面为 190 mm × 190 mm 的钢筋混凝土圈梁。试设计该墙梁。

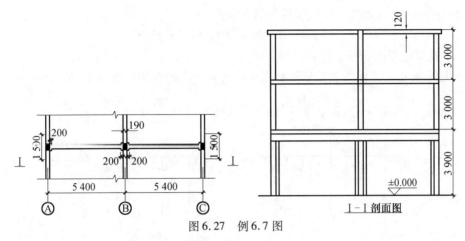

图 6.27　例 6.7 图

【解】 1. 墙梁计算跨度 l_0 及墙梁跨中截面计算高度 H_0 的确定

净跨 $l_n = (5\,400 - 190 - 200 \times 2)\,\text{mm} = 4\,810\,\text{mm}$

支座中心线距离 $l_c = 5\,400\,\text{mm}$，则

$$l_0 = \min\{1.1l_n, l_c\} = \min\{1.1 \times 4.81\,\text{m}, 5.40\,\text{m}\} = 5.30\,\text{m}$$

墙体计算高度为

$$h_w = 3.0\,\text{m}$$

墙梁跨中截面计算高度为

$$H_0 = h_w + 0.5h_b = (3.0 + 0.5 \times 0.6)\,\text{m} = 3.3\,\text{m}$$

2. 使用阶段墙梁的承载力计算

(1)墙梁上的荷载。

①托梁顶面荷载设计值 Q_1。

托梁顶面荷载设计值 Q_1 为托梁自重，本层楼盖的恒荷载和活荷载。

a. 以可变荷载为主的组合。

$Q_1^{(1)} = [1.2 \times 25 \times 0.25 \times 0.6 + (1.2 \times 3.8 + 1.4 \times 2.0) \times 3.3]\,\text{kN/m} = 28.788\,\text{kN/m}$

b. 以永久荷载为主的组合。

$$Q_1^{(2)} = [1.35 \times 25 \times 0.25 \times 0.6 + (1.35 \times 3.8 + 1.4 \times 0.7 \times 2.0) \times 3.3]\,\text{kN/m}$$
$$= 28.46\,\text{kN/m}$$

②墙梁顶面荷载设计值 Q_2。

墙梁顶面荷载设计值 Q_2 取托梁以上各层墙体自重及墙梁顶面以上各层楼(屋)盖的恒荷载和活荷载。

a. 以可变荷载为主的组合。

$$Q_2^{(1)} = [1.2 \times (2.61 \times 3 \times 2 + 3.8 \times 3.3 + 4.8 \times 3.3) + 1.4 \times 3.3 \times (2.0 + 0.5)]\,\text{kN/m}$$
$$= 64.398\,\text{kN/m}$$

b. 以永久荷载为主的组合。

$$Q_2^{(2)} = [1.35 \times (2.61 \times 3 \times 2 + 3.8 \times 3.3 + 4.8 \times 3.3) + 1.4 \times 0.7 \times 3.3 \times (2.0 + 0.5)]\,\text{kN/m}$$
$$= 67.54\,\text{kN/m}$$

经过分析,取以永久荷载效应控制的组合。

$$Q_1 = 28.46 \text{ kN/m}, Q_2 = 67.54 \text{ kN/m}$$

(2)托梁正截面承载力计算。

底层框架在其顶面荷载及活荷载不利布置作用下的弯矩如图6.28所示。

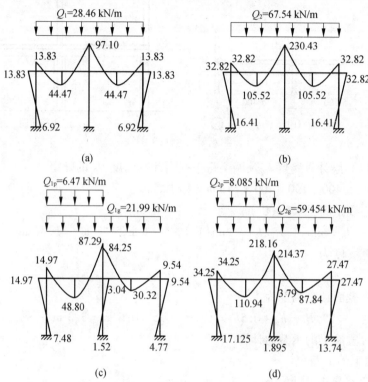

图6.28 例6.7框架弯矩图(单位 kN·m)

①托梁跨中截面。

由弯矩图可知,在 Q_1、Q_2 作用下托梁跨中最大弯矩分别为

$$M_1 = 48.80 \text{ kN} \cdot \text{m}, M_2 = 110.94 \text{ kN} \cdot \text{m}$$

$$\psi_M = 1.0, \frac{h_b}{l_0} = \frac{600}{5\ 300} = 0.113 < \frac{1}{7}$$

$$\alpha_M = \psi_M \left(2.7 \frac{h_b}{l_0} - 0.08 \right) = 1.0 \times (2.7 \times 0.113 - 0.08) = 0.225$$

$$M_b = M_1 + \alpha_M M_2 = (48.80 + 0.225 \times 110.94) \text{kN} \cdot \text{m} = 73.76 \text{ kN} \cdot \text{m}$$

$$\eta_N = 0.8 + 2.6 \frac{h_w}{l_0} = 0.8 + 2.6 \times \frac{3\ 000}{5\ 300} = 2.27$$

$$H_0 = 3.2 \text{ m}$$

$$N_{bt} = \eta_N \frac{M_2}{H_0} = 2.27 \times \frac{110.94}{3.3} \text{kN} = 76.31 \text{ kN}$$

托梁按钢筋混凝土偏心受拉构件计算:

$$e_0 = \frac{M_b}{N_{bt}} = \frac{73.76 \times 10^6}{76.31 \times 10^3} \text{mm} = 966.58 \text{ mm} > \frac{h_b}{2} - a_s = \left(\frac{600}{2} - 40\right)\text{mm} = 260 \text{ mm}$$

为大偏心受拉构件。

C30 混凝土，HRB400 级钢筋，$\xi_b = 0.518$，则

$$e = e_0 - \frac{h_b}{2} + a_s = \left(966.58 - \frac{600}{2} + 40\right)\text{mm} = 706.58 \text{ mm}$$

$$e' = e_0 + \frac{h_b}{2} - a_s = \left(966.58 + \frac{600}{2} - 40\right)\text{mm} = 1\,226.58 \text{ mm}$$

令 $\xi = \xi_b = 0.518$，则

$$A'_s = \frac{N_{bt} \cdot e - \alpha_1 f_c b h_0^2 \cdot \xi_b (1 - 0.5\xi_b)}{f'_y (h_0 - a'_s)}$$

$$= \frac{76.31 \times 10^3 \times 706.58 - 1.0 \times 14.3 \times 250 \times 560^2 \times 0.518 \times (1 - 0.5 \times 0.518)}{360 \times (560 - 40)} < 0$$

取 $A'_s = \rho_{min} bh = \max\left\{0.45 \times \frac{1.43}{360}, 0.002\right\} bh = 0.002 \times 250 \text{ mm} \times 600 \text{ mm} = 300 \text{ mm}^2$

选 3 ϕ 20（942 mm²）。

重新计算 ξ：

$$\xi = 1 - \sqrt{1 - \frac{N_{bt} \cdot e - f'_y A'_s (h_0 - a'_s)}{0.5\alpha_1 f_c b h_0^2}}$$

$$= 1 - \sqrt{1 - \frac{76.31 \times 10^3 \times 706.58 - 360 \times 942 \times (560 - 40)}{0.5 \times 14.3 \times 250 \times 560^2}} < \frac{2a'_s}{h_0} = \frac{2 \times 40}{560} = 0.143$$

取 $\xi = \frac{2a'_s}{h_0} = 0.143$，则

$$A'_s = \frac{N_{bt} + \alpha_1 f_c b h_0 \xi + f'_y A'_s}{f_y} = \frac{76.31 \times 10^3 + 1.0 \times 14.3 \times 250 \times 560 \times 0.143 + 360 \times 942}{360}\text{mm}^2$$

$$= 1\,949.21 \text{ mm}^2$$

选 4 ϕ 25（$A_s = 1\,962.5 \text{ mm}^2$）。

跨中截面纵向受力钢筋总配筋率为

$$\rho = \frac{1\,962.5 + 942}{250 \times 560} = 2.07\% > 0.6\%$$

托梁上部通长布置的纵向钢筋面积与跨中下部纵向钢筋的面积之比为 $\frac{942}{1962.5} = 0.48 > 0.4$，满足要求。

②托梁支座截面。

对于边支座，在 Q_1、Q_2 作用下支座最大弯矩分别为

$$M_1 = 14.97 \text{ kN} \cdot \text{m}, M_2 = 34.25 \text{ kN} \cdot \text{m}$$

$$M_b = M_1 + \alpha_M M_2 = (14.97 + 0.4 \times 34.25) \text{kN} \cdot \text{m} = 28.67 \text{ kN} \cdot \text{m}$$

对于中间支座截面，在 Q_1、Q_2 作用下支座最大弯矩分别为

$$M_1 = 97.1 \text{ kN} \cdot \text{m}, M_2 = 230.43 \text{ kN} \cdot \text{m}$$

$$M_b = M_1 + \alpha_M M_2 = (97.1 + 0.4 \times 230.43)\text{kN} \cdot \text{m} = 189.27 \text{ kN} \cdot \text{m}$$

托梁支座截面按钢筋混凝土受弯构件计算,对于边支座:

$$\alpha_s = \frac{M_b}{\alpha_1 f_c b h_0^2} = \frac{28.67 \times 10^6}{1.0 \times 14.3 \times 250 \times 560^2} = 0.026$$

$$\xi = 1 - \sqrt{1 - 2\alpha_s} = 1 - \sqrt{1 - 2 \times 0.026} = 0.026 < \xi_b = 0.518$$

$$A_s = \frac{\alpha_1 f_c b h_0 \xi}{f_y} = \frac{1.0 \times 14.3 \times 250 \times 560 \times 0.026}{360}\text{mm}^2 = 144.6 \text{ mm}^2$$

选 $3 \phi 20 (A_s = 942 \text{ mm}^2)$。

对于中间支座:

$$\alpha_s = \frac{M_b}{\alpha_1 f_c b h_0^2} = \frac{189.27 \times 10^6}{1.0 \times 14.3 \times 250 \times 560^2} = 0.17$$

$$\xi = 1 - \sqrt{1 - 2\alpha_s} = 1 - \sqrt{1 - 2 \times 0.17} = 0.188 < \xi_b = 0.518$$

$$A_s = \frac{\alpha_1 f_c b h_0 \xi}{f_y} = \frac{1.0 \times 14.3 \times 250 \times 560 \times 0.188}{360}\text{mm}^2 = 1\,045.5 \text{ mm}^2$$

选 $4 \phi 20 (A_s = 1\,256 \text{ mm}^2)$。

(3)墙梁的托梁斜截面受剪承载力计算。

底层框架在 Q_1、Q_2 作用下的剪力如图 6.29 所示。

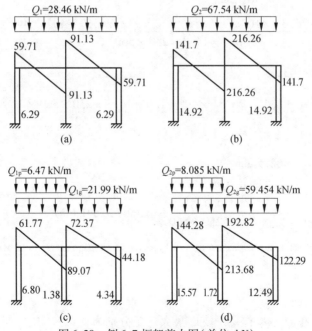

图 6.29 例 6.7 框架剪力图(单位:kN)

托梁斜截面受剪承载力按钢筋混凝土受弯构件计算。

边支座 $V_1 = 61.77 \text{ kN}$,$V_2 = 144.28 \text{ kN}$,则

$$V_b = V_1 + \beta_v V_2 = (61.77 + 0.6 \times 144.28)\text{kN} = 148.34 \text{ kN}$$

中间支座 $V_1 = 91.13$ kN, $V_2 = 216.26$ kN,则

$$V_b = V_1 + \beta_v V_2 = (91.13 + 0.6 \times 216.26) \text{kN} = 242.51 \text{ kN}$$

取 $V_b = 242.51$ kN 进行计算。

$$0.7 f_t b h_0 = [0.7 \times 1.43 \times 250 \times (600 - 40)] \text{kN} = 140.14 \text{ kN}$$

$$0.25 \beta_c f_c b h_0 = [0.25 \times 1.0 \times 14.3 \times 250 \times (600 - 40)] \text{kN} = 500.50 \text{ kN}$$

$$0.7 f_t b h_0 = 140.14 \text{ kN} < V_b = 242.51 \text{ kN} < 0.25 \beta_c f_c b h_0 = 500.50 \text{ kN}$$

按计算配置箍筋,由

$$V_b \leqslant 0.7 f_t b h_0 + 1.25 f_{yv} \frac{A_{sv}}{s} h_0$$

$$\frac{A_{sv}}{s} \geqslant \frac{V_b - 0.7 f_t b h_0}{1.25 f_{yv} h_0} = \frac{242\ 510 - 140\ 140}{1.25 \times 270 \times 560} \text{mm}^2/\text{mm} = 0.54 \text{ mm}^2/\text{mm}$$

选双肢箍 $\phi 10@150 \left(\frac{A_{sv}}{s} = \frac{157}{150} = 1.05 > 0.54 \right)$。

(4)墙梁的墙体受剪承载力计算。

确定翼墙计算宽度 b_f:

$$b_f = \min \left\{ 1\ 500, 7h, \frac{1}{3} l_0 \right\} = \min \left\{ 1\ 500 \text{ mm}, 7 \times 190 \text{ mm}, \frac{1}{3} \times 5\ 300 \text{ mm} \right\} = 1\ 330 \text{ mm}$$

本题中支座处墙体中设置上下贯通的落地钢筋混凝土构造柱,但截面尺寸为 190 mm × 190 mm,不满足 240 mm × 240 mm,故须计算受剪承载力。

$\frac{b_f}{h} = 7$,翼墙影响系数 $\xi_1 = 1.5$;

无洞口,洞口影响系数 $\xi_2 = 1.0$。

$$\xi_1 \xi_2 \left(0.2 + \frac{h_b}{l_0} + \frac{h_t}{l_0} \right) f h h_w = 1.5 \times 1.0 \times \left(0.2 + \frac{0.6}{5.3} + \frac{0.19}{5.3} \right) \times 2.79 \times 190 \times 3\ 000$$
$$= 832.66 \text{ kN} > V_2 = 216.26 \text{ kN}$$

满足要求。

(5)托梁支座上部砌体局部受压承载力计算。

$$\frac{b_f}{h} = 7 > 5$$

根据《砌体结构设计规范》,无需验算局部受压承载力。

因施工阶段作用的荷载不超过使用阶段荷载,故不需计算施工阶段托梁承载力,直接按使用阶段计算结果进行配筋,托梁配筋如图 6.30 所示。

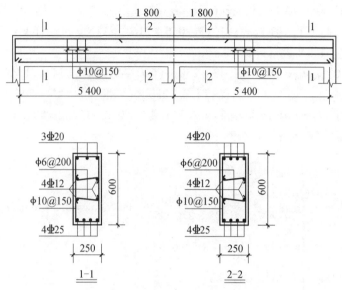

图 6.30　例 6.7 托梁配筋图

本章总结

1. 在房屋的檐口、窗顶、楼层、吊车梁顶或基础顶面标高处,沿砌体墙水平方向设置的封闭状的按构造配筋的混凝土梁式构件称为圈梁,这节中讲了圈梁的作用、设置部位及构造要求。

2. 为了承受门、窗洞以上的砌体自重以及楼板传来的荷载,常在洞口顶部设置过梁。常用的过梁有钢筋混凝土过梁、砖过梁和钢筋砖过梁。该节中主要讲了过梁上的荷载,承载力计算及构造要求。

3. 挑梁是指嵌固在砌体中的悬挑式钢筋混凝土梁,一般指房屋中的阳台挑梁、雨篷挑梁或外廊挑梁,是混合结构房屋中常用的构件。本节中主要讲了挑梁的破坏特征、承载力验算及构造要求。

4. 墙梁是由钢筋混凝土托梁和托梁计算高度范围内的墙体组成的组合构件。在这节中首先给出了墙梁的分类,然后分析了不同类型墙梁的受力性能,接着讲述了墙梁设计的一般规定及设计总则,最后讲述了墙梁在使用阶段和施工阶段的承载力计算及相应的构造规定。

思考题与习题

6－1　过梁的类型及其应用范围有哪些?

6－2　如何确定过梁上的荷载?

6－3　在非抗震地区的混合结构房屋中,圈梁的作用是什么? 如何合理布置圈梁?

6－4　挑梁有几种类型? 挑梁设计中应考虑哪几方面的验算?

6－5　什么是挑梁的计算倾覆点？应如何确定挑梁的抗倾覆荷载？

6－6　根据支承条件不同,墙梁有哪几种类型？

6－7　如何确定框支墙梁的计算简图？

6－8　偏开洞简支墙梁可能发生哪几种破坏形态？它们分别在什么条件下形成？

6－9　墙梁应进行哪些方面的承载力计算？

6－10　在使用阶段和施工阶段墙梁上的荷载有何不同？应分别考虑哪些荷载？

6－11　某住宅顶层有一根钢筋混凝上过梁,过梁净跨 $l_n = 2\,200$ mm,截面尺寸为 $b \times h = 240$ mm $\times 150$ mm,住宅外墙厚度 $h = 240$ mm,采用 MU10 烧结普通砖和 M5.0 混合砂浆砌筑。过梁上墙体高度为 800 mm,在过梁上方 300 mm 处由屋面板传来的竖向均布荷载设计值为 6 kN/m,砖墙自重取 3.8 kN/m²,C20 混凝土容重取 25 kN/m³。试设计该混凝土过梁。

6－12　某雨篷板悬挑长度 $l = 1\,200$ mm,雨篷梁截面尺寸为 $b \times h = 240$ mm $\times 150$ mm,雨篷梁总长 2 700 mm(包括梁端搁置在墙体内长度)。墙体厚度 $h = 240$ mm,雨篷板承受均布荷载设计值为 4.0 kN/m²(包括自重),如紧靠上部墙体自重(标准值取 4.5 kN/m²)抵抗倾覆,试求从雨篷梁顶算起的满足安全使用的最小墙高。

6－13　某三层生产车间的东、西外墙采用三跨连续承重墙梁,等跨无洞口墙梁支承在 500 mm $\times$ 500 mm 的基础上。包括墙顶圈梁(其截面尺寸为 $b \times h = 240$ mm $\times 240$ mm)在内托梁顶面至二层楼面高度为 3 200 mm,由上部楼面和砖墙传至墙梁顶面的均布荷载设计值为 80 kN/m,托梁跨度为 4 m,截面尺寸为 $b_b \times h_b = 250$ mm $\times 450$ mm,采用 C25 混凝土,墙体采用 MU10 烧结普通砖和 M10 混合砂浆砌筑而成,墙体厚度 $h = 240$ mm。试设计此连续墙梁。

参考文献

[1]　施楚贤. 砌体结构理论与设计[M]. 3 版. 北京:中国建筑工业出版社,2014.

[2]　中国建筑东北设计研究院有限公司. 砌体结构设计规范:GB 50003—2011[S]. 北京:中国建筑工业出版社,2012.

[3]　中华人民共和国住房和城乡建设部. 建筑结构荷载规范:GB 50009—2012[S]. 北京:中国建筑工业出版社,2012.

[4]　施楚贤. 砌体结构[M]. 3 版. 北京:中国建筑工业出版社,2007.

[5]　丁大钧,蓝宗建. 砌体结构[M]. 2 版. 北京:中国建筑工业出版社,2013.

[6]　苏小卒. 砌体结构设计[M]. 2 版. 上海:同济大学出版社,2013.

[7]　张洪学. 砌体结构设计[M]. 哈尔滨:哈尔滨工业大学出版社,2007.

[8]　熊丹安,李京玲. 砌体结构[M]. 2 版. 武汉:武汉理工大学出版社,2010.

[9]　施楚贤,施宇红. 砌体结构疑难释义[M]. 4 版. 北京:中国建筑工业出版社,2013.

[10]　唐岱新. 砌体结构设计规范理解与应用[M]. 2 版. 北京:中国建筑工业出版社,2012.

第 **7** 章

砌体结构房屋抗震设计

【学习提要】

本章归纳和分析了砌体结构房屋常见的震害破坏现象及原因,依据最新的国家规范,重点阐述了砌体房屋抗震设计的一般规定、结构抗震计算方法和主要抗震构造措施,并介绍了配筋砌块砌体剪力墙房屋抗震设计的设计要点。学生应熟悉砌体结构的抗震性能,掌握砌体结构房屋的抗震验算。

砌体结构在我国的城乡建设中始终占着很大的比重,它作为一种传统的墙体材料已有上千年的应用历史,它对低层和多层建筑的适用性是毋庸置疑的。但国内外的历次地震灾害调查表明,未经抗震设计的砌体结构房屋因砌体材料的延性不好,再加上结构整体连接性能较差,使其在强烈的地震作用下破坏是极其严重的。如我国 1966 年河北邢台的 6.8 级地震,1970 年云南通海的 7.8 级地震,1976 年河北唐山的 7.8 级地震,2008年四川汶川的 8.0 级地震,2010 年青海玉树的 7.1 级地震,以及 2013 年四川芦山的 7.0级地震等;国外如 1923 年日本关东的 8.2 级地震,印度、墨西哥、希腊、俄罗斯、智利、印尼等国发生的大地震。在这些地震灾害中,砌体结构房屋大量破坏倒塌,造成人员和财产的巨大损失。但是,震害调研和国内外大量试验研究也表明,砌体结构房屋只要进行抗震设计、采取合理的抗震构造措施、确保施工质量,仍能有效地应用于地震区。

7.1 砌体结构房屋常见震害破坏

地震对建筑物的破坏作用主要是由于地震波在土中传播引起的地面运动所造成的。地震时,首先到达地面的是纵波,房屋上下颠簸,受到竖向地震作用;随之而来的是横波和面波,房屋水平摇晃,受到水平地震作用。震中区附近,竖向地震作用明显,房屋先受到颠簸使结构松散,接着在受到水平地震作用时就更容易破坏和倒塌。离震中较远地区,竖向地震作用往往可忽略,房屋损坏的主要原因是水平地震作用。

我国历次大地震对砌体房屋的震害和抗震设计提供了许多宝贵的资料和经验。在不同的地震烈度区内,砌体结构房屋的破坏程度是不同的。未经抗震设防的多层砖房在6 度区内,除女儿墙、出屋面小烟囱多数遭到严重破坏外,仅极少数房屋的主体出现轻微破坏;7 度区内,少数房屋轻微损坏,并有少量房屋达到中等破坏;8 度区内,多数房屋出现震害,其中半数达到中等程度以上的破坏,并有局部倒塌情况发生;9 度区内,房屋普遍遭到破坏,多数达到严重程度。局部倒塌的情况也比较多,个别房屋整幢坍塌;10 度区以上地震区内,砖房普遍倒塌。

2003 年 2 月 24 日,新疆巴楚 – 伽师 6.8 级地震,震中烈度达到 11 度,其中砖混结构毁坏占 2.1%,严重破坏占 34.8%,中等破坏占 20.6%,轻微破坏占 17%,基本完好占 25.5%;砖木结构毁坏占 20%,严重破坏占 50%,中等破坏占 30%。

2007 年 6 月 3 日,云南宁洱 6.4 级地震,从宁洱县城部分建筑物灾后安全鉴定资料的取样调查统计数据中,严重破坏占 35.5%,中等破坏占 14.8%,轻微破坏占 23.0%,基本完好占 23.7%。

2008 年 5 月 12 日,四川汶川 8.0 级地震,部分房屋经过抗震设计,但实际遭受的地震烈度一般大于原设防烈度 2 度以上。根据在汶川地震中绵阳市区多层砌体结构房屋的震害调查结果,严重破坏房屋占 10.0%,中等破坏房屋占 15.1%,基本完好和轻微破坏房屋占 74.9%;底部框架房屋的中等破坏房屋占 25.7%,基本完好和轻微破坏房屋占 74.3%。

地震对砌体结构房屋的破坏,主要表现为房屋的整体或局部倒塌,也可能在房屋不同部位出现不同程度的裂缝,具体震害有以下几类。

1. 房屋倒塌(图 7.1)

砌体结构的墙体材料具有脆性性质,在地震时,当砌体结构下部、特别是底层墙体强度不足时,易造成房屋底层的墙体的破坏,从而导致房屋整体倒塌;当结构上部墙体强度不足时,易造成上部墙体破坏,并将下部砸坏;当结构平、立面体型复杂又处理不当,或个别部位连接刚度不好时,易造成局部倒塌。

图 7.1　房屋倒塌

2. 墙体的破坏(图 7.2)

砌体结构墙体在地震作用下的破坏主要表现为墙体不同形式的裂缝,如外纵墙和内横墙出现的水平裂缝、斜裂缝、交叉裂缝(图 7.2(a) ~ (c)),严重的则出现歪斜以致倒塌现象(图 7.2(d))。

当墙体与主震方向平行时,在水平地震作用下,墙体的主拉应力超过砌体强度时,墙体会产生斜裂缝。由于地震的反复作用,斜裂缝常变为交叉裂缝。这种裂缝一般是底层比上层严重。在横向,房屋两端的山墙由于刚度大而其压应力又比一般的横墙小,最容易出现交叉裂缝甚至局部垮塌(图7.2(e)、(f))。

当墙体受到与之垂直的水平地震力作用时,由于墙肢较窄,墙体发生平面外受弯、受剪时,常在纵墙窗间墙上下截面处产生水平裂缝。在大开间的纵墙上,窗间墙的上下端会出现水平通缝。在楼(屋)盖水平位置处,由于楼(屋)盖与墙体锚固较差,在地震作用下不能整体运动,而相互错位也将造成水平通缝。同时,地震引起的地面开裂和错位,也会引起墙体开裂。

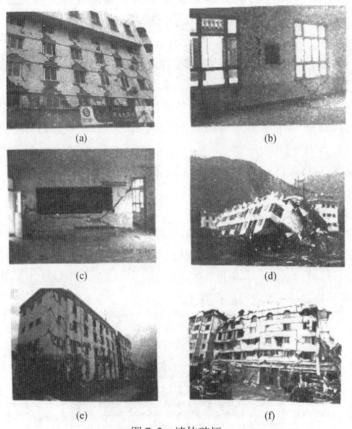

图7.2 墙体破坏

3. 纵横墙连接的破坏(图7.3)

纵横墙连接处由于受到水平和竖向两个方向的地震作用,受力比较复杂,容易产生应力集中。当纵横墙交接处连接不好时,地震时在连接处易出现竖向裂缝,严重时纵横墙拉脱,出现纵墙外倾倒塌,房屋丧失整体性。

4. 墙角的破坏(图7.4)

由于墙角位于房屋的尽端,受房屋整体的约束作用较弱,地震作用产生的扭转效应在墙角处也较大,使得墙角处受力比较复杂,容易产生应力集中。纵横墙的裂缝又往往在此相遇,因而成为抗震薄弱部位之一,产生的破坏形式多样,有受剪斜裂缝、受压竖向裂缝、块材被压碎或墙角脱落。这种情况在房屋端部设有空旷房间,或在房屋转角处设置楼梯间时,更为显著。

图 7.3　纵横墙连接处破坏

(a)墙角开裂破坏

(b)山墙和纵墙拉脱

图 7.4　墙角破坏

5. 楼梯间的破坏(图 7.5)

　　由于楼梯间一般开间较小,水平方向的刚度相对较大,其墙体分配承担的地震力较多,则楼梯间两侧承重横墙在震后出现斜裂缝通常比一般横墙严重。再加上楼梯间墙体和楼(屋)盖的连系比一般墙体差,特别是楼梯间顶层休息平台以上的外纵墙,由于它的净高约为一般楼层高度的 1.5 倍,墙体高度方向缺乏有力支撑,稳定性差,易造成更严重的破坏。

(a)楼梯间墙体及梯段板开裂破坏

(b)楼梯间垮塌

图 7.5　楼梯间破坏

6. 楼盖与屋盖的破坏

主要是由于楼板或梁在墙上支承长度不足,缺乏可靠拉结措施,在地震时造成塌落。

7. 平立面突出部位的破坏(图7.6)

对于平面形状复杂,且未设置防震缝的多层砌体结构房屋,在地震时,平面突出部位常出现局部破坏现象。当相邻部分的刚度差异较大时,破坏尤为严重。房屋立面局部突出的要比平面局部突出的破坏更严重,是因为建筑物的刚度、质量发生突变,加大了地震的动力效应。

(a)屋面局部突出部位破坏　　　　　　(b)屋面局部突出部位倒塌

图7.6　突出部位破坏

8. 底部框架结构的破坏

现代城市规划设计中,为了让满足临街的住宅、办公楼等建筑在底层的多功能设置要求,经常采用底部框架的结构形式。由于底部采用钢筋混凝土框架结构、上部采用多层砌体结构的房屋,属于典型的上刚下柔结构,在地震作用下,由于上、下侧向刚度不同,结构产生的振动变形不一致,从而会在结构的薄弱部分产生内力集中和变形集中,使得结构发生破坏(图7.7)。

(a)底层框架柱根部破坏　　　　　　(b)底部第二层框架垮塌、过渡层严重破坏

图7.7　底部房屋破坏

9. 预制板脱落破坏

当房屋楼(屋)面采用预制板结构时,由于预制板在砌体结构墙上的搁置长度较短,当板端和板侧与墙体之间以及板和板之间没有拉结时,房屋在地震作用下,楼面的预制板容易滑落。或者房屋没有设置圈梁、构造柱或圈梁、构造柱设置比较薄弱,无法形成对砌体墙的有效约束时,房屋整体性较差,使得楼面预制板脱落,局部甚至整个楼面垮塌(图7.8)。

(a)预制板脱落使房屋局部完全垮塌　　　　　(b)房屋薄弱部位预制板脱落

图 7.8　预制板破坏

10.其他部位的破坏

多层砌体结构房屋的附属物和装饰物,如突出屋面的烟囱、女儿墙、挑檐等,由于附属物与房屋立体的连接差,并且"鞭梢效应"加大了动力效应,因而成为地震时最容易破坏的部位。还有,伸缩缝或者沉降缝的缝宽未满足防震缝宽度要求时,变形缝两侧房屋因振动特性或振幅不同,会引起两侧墙体撞击造成的破坏。

尽管砌体结构房屋在地震作用下可能发生这么多种类的破坏,但破坏的原因可以归纳为四类:一是由于房屋结构布置不当或者房屋高度或层数超过一定限度所引起的破坏;二是由于结构或构件承载力不足而引起的破坏;三是由于构造或连接方面存在缺陷引起的破坏;四是施工质量直接影响着房屋的抗震能力。

上述震害分析以及下面 7.2 ~ 7.4 节的内容主要以一般的砖房和砌块砌体房屋为对象。对于近些年发展起来的配筋混凝土砌块砌体剪力墙结构的抗震设计,将在 7.5 节中介绍。

7.2　砌体结构房屋抗震设计的一般规定

我国的《建筑抗震设计规范》中提出了"小震不坏、中震可修、大震不倒"的抗震设防要求,在进行砌体结构房屋的抗震设计时,除了应用计算理论对结构进行承载力核算外,还应对房屋的体型、平面及立面布置、结构抗震体系等进行合理的选择。这属于结构抗震概念设计范畴,对整个结构的抗震性能具有全局性的影响。因此,在进行砌体结构房屋设计时,应注意以下几个方面。

1.平立面布置和防震缝的设置

当房屋的平面和立面布置不规则,以及平面上凹凸曲折或立面上高低错落时,震害往往比较严重,所以平立面布置应尽可能简单。

在平面布置方面,应避免墙体局部突出和凹进,如为 L 形或槽形时,应将转角交叉部位的墙体拉通,是水平地震作用能通过贯通的墙体传到相连的另一侧。如侧翼伸出较长(超过房屋宽度),则应以防震缝分割成若干独立的单元,以免由于刚度中心和质量中心不一致而引起扭转振动以及转角处因应力集中而导致破坏。

在立面布置方面,应避免局部的突出和错层。如必须布置局部突出的建筑物时,应采取措施,在变截面处加强连接,或采用刚度较小的结构或减轻突出部分结构的自重。

当房屋立面高差在 6 m 以上,或房屋有错层、且楼板高差大于层高的 1/4,或各部分结构刚度、质量截然不同时,宜设置防震缝。防震缝应沿房屋全高设置,缝两侧均应设置墙体。防震缝的宽度不宜过窄,以免发生垂直于缝方向的振动时,由于两部分振动周期不同,产生相互碰撞而加剧破坏。根据地震烈度和房屋高度的不同,缝宽一般不低于 100 mm。当抗震设防区房屋中设有沉降缝或伸缩缝时,其缝宽也应符合防震缝宽度的要求。

2. 承重结构的布置

(1)多层砌体房屋。

多层砌体房屋结构体系应优先选用横墙承重或纵横墙共同承重的方案,而纵墙承重方案因横向支承少,纵墙易产生平面外弯曲破坏而导致倒塌,故应尽量避免采用。不应采用砌体墙和混凝土墙混合承重的结构体系。

结构体系中纵横墙的布置应均匀对称,沿平面内宜对齐,沿竖向应上下连续;且纵横向墙体的数量不宜相差过大。平面轮廓凹凸尺寸,不应超过典型尺寸的 50%;当超过典型尺寸的 25% 时,房屋转角处应采取加强措施。楼板局部大洞口的尺寸不宜超过楼板宽度的 30%,且不应在墙体两侧同时开洞。房屋错层的楼板高差超过 500 mm 时,应按两层计算;错层部位的墙体应采取加强措施。同一轴线上的窗间墙宽度宜均匀;墙面洞口的面积,6、7 度时不宜大于墙面总面积的 55%,8、9 度时不宜大于 50%。在房屋宽度方向的中部应设置内纵墙,其累计长度不宜小于房屋总长度的 60%(高宽比大于 4 的墙段不计入)。不应在房屋转角处设置转角窗。横墙较少、跨度较大的房屋,宜采用现浇钢筋混凝土楼、屋盖。

(2)底部框架–抗震墙房屋。

在混合结构多层房屋中,底部框架–抗震墙结构房屋的应用相当广泛。底部框架–抗震墙结构房屋是指底层或底部二层为钢筋混凝土框架–抗震墙结构,上部为多层砌体结构的房屋。对于底部框架–抗震墙房屋,其承重结构的布置应符合下列要求:

①上部的砌体墙体与底部的框架梁或抗震墙,除楼梯间附近的个别墙段外均应对齐。

②房屋的底部,应沿纵横两方向设置一定数量的抗震墙,并应均匀对称布置。6 度且总层数不超过四层的底层框架–抗震墙砌体房屋,应允许采用嵌砌于框架之间的约束普通砖砌体或小砌块砌体的砌体抗震墙,但应计入砌体墙对框架的附加轴力和附加剪力并进行底层的抗震验算,且同一方向不应同时采用钢筋混凝土抗震墙和约束砌体抗震墙;其余情况,8 度时应采用钢筋混凝土抗震墙,6、7 度时应采用钢筋混凝土抗震墙或配筋小砌块砌体抗震墙。

③底层框架–抗震墙砌体房屋的纵横两个方向,第二层计入构造柱影响的侧向刚度与底层侧向刚度的比值,6、7 度时不应大于 2.5,8 度时不应大于 2.0,且均不应小于 1.0。

④底部两层框架–抗震墙砌体房屋纵横两个方向,底层与底部第二层侧向刚度应接近,第三层计入构造柱影响的侧向刚度与底部第二层侧向刚度的比值,6、7 度时不应大于 2.0,8 度时不应大于 1.5,且均不应小于 1.0。

⑤底部框架-抗震墙砌体房屋的抗震墙应设置条形基础、筏形基础等整体性好的基础。

底部框架-抗震墙砌体房屋的钢筋混凝土结构部分,除应符合本章规定外,尚应符合《建筑抗震设计规范》(GB 50011—2011)第 6 章的有关要求;此时,底部混凝土框架的抗震等级,6、7、8 度应分别按三、二、一级采用,混凝土墙体的抗震等级,6、7、8 度应分别按三、三、二级采用。

3. 房屋高度和层数的限制

震害调查表明,随着多层砌体结构房屋高度和层数的增加,地震作用也将增大,房屋的破坏程度加重,倒塌率增加。因此,合理限制其层数和高度是十分必要的。多层砌体结构房屋的层数和总高度应符合下列要求:

(1)房屋的层数和总高度不应超过表 7.1 的规定。

表 7.1　房屋的层数和总高度限值　　　　　　　　　　　　　　　　　m

房屋类别		最小抗震墙厚度/mm	烈度和设计基本地震加速度									
			6		7				8			9
			0.05g		0.10g		0.15g		0.20g		0.30g		0.40g
			高度	层数	高度	层数	高度	层数	高度	层数	高度	层数	高度	层数
多层砌体房屋	普通砖	240	21	7	21	7	21	7	18	6	15	5	12	4
	多孔砖	240	21	7	21	7	18	6	18	6	15	5	9	3
	多孔砖	190	21	7	18	6	15	5	15	5	12	4	—	—
	混凝土砌块	190	21	7	21	7	18	6	18	6	15	5	9	3
底部框架-抗震墙砌体房屋	普通砖多孔砖	240	22	7	22	7	19	6	16	5	—	—	—	—
	多孔砖	190	22	7	19	6	16	5	13	4	—	—	—	—
	混凝土砌块	190	22	7	22	7	19	6	16	5	—	—	—	—

注:1. 房屋的总高度指室外地面到主要屋面板板顶或檐口的高度,半地下室从地下室室内地面算起,全地下室和嵌固条件好的半地下室应允许从室外地面算起;对带阁楼的坡屋面应算到山尖墙的 1/2 高度处。

2. 室内外高差大于 0.6 m 时,房屋总高度应允许比表中的数据适当增加,但增加量应少于 1.0 m。

3. 乙类的多层砌体房屋仍按本地区设防烈度查表,其层数应减少一层且总高度应降低 3 m;不应采用底部框架-抗震墙砌体房屋。

4. 本表小砌块砌体房屋不包括配筋混凝土小型空心砌块砌体房屋。

(2)横墙较少的多层砌体房屋,总高度应比表 7.1 的规定降低 3 m,层数相应减少一层;各层横墙很少的多层砌体房屋,还应再减少一层。

注:横墙较少是指同一楼层内开间大于 4.2 m 的房间占该层总面积的 40% 以上;其中,开间不大于 4.2 m 的房间占该层总面积不到 20% 且开间大于 4.8 m 的房间占该层总面积的 50% 以上为横墙很少。

(3)6、7 度时,横墙较少的丙类多层砌体房屋,当按《建筑抗震设计规范》(GB

50011—2011)规定采取加强措施并满足抗震承载力要求时,其高度和层数应允许仍按表7.1 的规定采用。

(4)采用蒸压灰砂砖和蒸压粉煤灰砖的砌体的房屋,当砌体的抗剪强度仅达到普通黏土砖砌体的 70%时,房屋的层数应比普通砖房减少一层,总高度应减少 3m;当砌体的抗剪强度达到普通黏土砖砌体的取值时,房屋层数和总高度的要求同普通砖房屋。

(5)多层砌体承重房屋的层高,不应超过 3.6 m。底部框架 – 抗震墙砌体房屋的底部,层高不应超过 4.5 m;当底层采用约束砌体抗震墙时,底层的层高不应超过 4.2 m。

注:当使用功能确有需要时,采用约束砌体等加强措施的普通砖房屋,层高不应超过 3.9 m。

4. 房屋高宽比的限制

随着房屋高宽比(总高度与总宽度之比)的增大,地震作用效应将增大,由整体弯曲在墙体中产生的附加应力也将增大,房屋的破坏将加重。为了保证房屋的整体稳定性,《建筑抗震设计规范》(GB 50011—2010)规定,多层砌体结构房屋总高度与总宽度的最大比值宜符合表 7.2 的要求。

表 7.2　房屋最大宽高比

烈度	6 度	7 度	8 度	9 度
最大宽高比	2.5	2.5	2.0	1.5

注:1. 单面走廊房屋的总宽度不包括走廊宽度;

2. 建筑平面接近正方形时,其高宽比宜适当减小。

5. 抗震横墙的间距

多层砌体房屋的横向地震作用主要由横墙承担。大量震害调查结果表明,横墙间距过大时,结构的空间刚度小,不能满足楼盖传递水平地震作用到相邻墙体所需的水平刚度的要求。因此,《建筑抗震设计规范》(GB 50011—2010)规定,多层砌体房屋抗震横墙的间距不应超过表 7.3 的要求。

表 7.3　房屋抗震横墙的间距　　　　　　　　　　　　　　　　　　　　m

房屋类别		烈度			
		6	7	8	9
多层砌体房屋	现浇或装配整体式钢筋混凝土楼、屋盖	15	15	11	7
	装配式钢筋混凝土楼、屋盖	11	11	9	4
	木屋盖	9	9	4	—
底部框架 – 抗震墙砌体房屋	上部各层	同多层砌体房屋			—
	底层或底部两层	18	15	11	—

注:1. 多层砌体房屋的顶层,除木屋盖外的最大横墙间距允许适当放宽,但应采取相应加强措施。

2. 多孔砖抗震横墙厚度为 190 mm 时,最大横墙间距应比表中数值减少 3 m。

6. 楼梯间的布置

楼梯间的刚度一般较大,受到的地震作用往往比其他部位大。同时,其顶层的层高又较大,且墙体往往受嵌入墙体的楼梯段的削弱,所以楼梯间的震害往往比其他部位严重。因此,楼梯间不宜设置在房屋的尽端和转角处。同时,应注意楼梯间顶层墙的稳定性。

7. 地下室和基础

地下室对上部结构的抗震能力影响较大,历次地震震害结果表明,地下室对房屋上部结构的抗震起到有利作用,相应房屋的震害较轻;但仅有部分地下室的房屋,在有地下室和无地下室的交界处最易破坏。因此,有条件时,应结合人防需要,建造满堂地下室,不宜建造部分地下室。

基础底面应埋置在同一标高上,如不能埋置在同一标高上时,基础宜按 1:2 的台阶逐步放坡,同时应增设基础圈梁。软弱地基(包括软弱黏性土,可液化土和严重不均匀地基)上的房屋宜沿外墙及所有承重内墙增设基础圈梁一道。

8. 房屋的局部尺寸限值

多层砌体房屋中某些局部尺寸太小时,地震时往往首先遭到破坏,为避免结构中的抗震薄弱环节,防止因某些局部部位破坏引起房屋的倒塌,因此,《建筑抗震设计规范》(GB 50011—2010)规定,房屋的局部尺寸限值宜符合表 7.4 的要求。

表 7.4　房屋的局部尺寸限值　　　　　　　　　　　　　　　　　　　m

部位	6 度	7 度	8 度	9 度
承重窗间墙最小宽度	1.0	1.0	1.2	1.5
承重外墙尽端至门窗洞边的最小距离	1.0	1.0	1.2	1.5
非承重外墙尽端至门窗洞边的最小距离	1.0	1.0	1.0	1.0
内墙阳角至门窗洞边的最小距离	1.0	1.0	1.5	2.0
无锚固女儿墙(非出入口处)的最大高度	0.5	0.5	0.5	0.0

注:1. 局部尺寸不足时,应采取局部加强措施弥补,且最小宽度不宜小于 1/4 层高和表列数据的 80%。

　　2. 出入口处的女儿墙应有锚固。

9. 结构材料的要求

(1)砌体材料。

普通砖和多孔砖的强度等级不应低于 MU10,其砌筑砂浆强度等级不应低于 M5;蒸压灰砂普通砖、蒸压粉煤灰普通砖及混凝土砖的强度等级不应低于 MU15,其砌筑砂浆强度等级不应低于 Ms5(Mb5)。

混凝土砌块的强度等级不应低于 MU7.5,其砌筑砂浆强度等级不应低于 Mb7.5。

约束砖砌体墙,其砌筑砂浆强度等级不应低于 M10 或 Mb10。

底部框架－抗震墙砌体房屋的过渡层砌体砌块的强度等级不应低于 MU10,砖砌体砌块砂浆强度等级不应低于 M10,砌块砌体砌筑砂浆强度等级不应低于 Mb10。

配筋砌块砌体抗震墙,其混凝土空心砌块的强度等级不应低于 MU10,其砌筑砂浆强度等级不应低于 Mb10。

(2)混凝土材料。

托梁,底部框架－抗震墙砌体房屋中的框架梁、框架柱、节点核芯区、混凝土墙和过渡层底板,部分框支配筋砌块砌体抗震墙结构中的框支梁和框支柱等转换构件、节点核芯区、落地混凝土墙和转换层楼板,其混凝土的强度等级不应低于 C30。

构造柱、圈梁、水平现浇钢筋混凝土带及其他各类构件不应低于 C20,砌块砌体芯柱和配筋砌块砌体抗震墙的灌孔混凝土强度等级不应低于 Cb20。

(3)钢筋材料。

钢筋宜选用 HRB400 级钢筋和 HRB335 级钢筋,也可采用 HPB300 级钢筋;托梁、框架梁、框架柱等混凝土构件和落地混凝土墙,其普通受力钢筋宜优先选用 HRB400 钢筋。

7.3　砌体结构房屋的抗震计算

地震时,多层砌体房屋的破坏主要是由水平地震作用引起的。因此,对于多层砌体房屋的抗震计算,一般可只考虑水平地震作用的影响,而不考虑竖向地震作用的影响。对于平立面布置规则、质量和刚度沿高度分布比较均匀、以剪切变形为主的多层砌体房屋,在进行结构的抗震计算时,宜采用底部剪力法等简化方法。

当多层砌体房屋的高宽比不大于表 7.2 的规定限值时,由整体弯曲而产生的附加应力不大,可只验算在沿屋横、纵两个主轴方向水平地震作用影响下,横墙和纵墙在其自身平面内的抗剪能力,而不作整体弯曲验算。

7.3.1　计算简图

按底部剪力法计算水平地震作用时,可将多层砌体房屋视为嵌固于基础的竖向悬臂梁,并将楼、屋盖和墙体质量集中在各层楼、屋盖处。因此,多层砌体房屋的计算简图如图 7.9 所示。其中,底部固定端的位置确定,当基础埋置较浅时,取为基础顶面;当基础埋置较深时,取为室外地坪下 0.5m 处;当设有整体刚度很大的全地下室时,取为地下室顶板处;当地下室整体刚度较小或为半地下室时,取为地下室室内地坪处。

集中在第 i 层楼盖处的质点荷载 G_i 称为重力荷载代表值,包括第 i 层楼盖自重、作用在该层楼面上的可变荷载和以该楼层为中心上下各半层的墙体自重之和。计算地震作用时建筑物的重力荷载代表值时应取结构和构配件自重标准值和各可变荷载组合值之和。各可变荷载的组合值系数按表 7.5 采用。

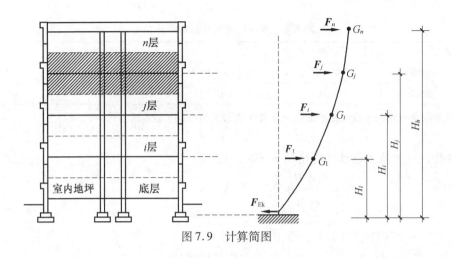

图 7.9　计算简图

表 7.5　可变荷载的组合值系数

可变荷载种类		组合值系数
雪荷载		0.5
屋面积灰荷载		0.5
屋面活荷载		不考虑
按实际情况计算的楼面活荷载		1.0
按等效均布荷载计算的楼面活荷载	藏书库、档案库	0.8
	其他民用建筑	0.5

7.3.2　水平地震作用和楼层地震剪力计算

采用底部剪力法时,结构总水平地震作用标准值 F_{Ek} 应按下列公式计算:

$$F_{Ek} = \alpha_1 G_{eq} \tag{7.1}$$

式中　F_{Ek}——结构总水平地震作用标准值;

　　　α_1——相当于结构基本自振周期的水平地震影响系数值,多层砌体房屋、底部框架砌体房屋宜取水平地震影响系数最大值 α_{max},采用按表 7.6 中考虑多遇地震影响的取值;

　　　G_{eq}——结构等效总重力荷载,单质点应取总重力荷载代表值 G_E,多质点可取总重力荷载代表值的 85% 。

G_E 按下列公式计算:

$$G_E = \sum_{j=1}^{n} G_j$$

式中　G_j——集中于质点 j 的重力荷载代表值;

　　　n——集中质点数。

表 7.6　水平地震影响系数最大值

地震影响	6 度	7 度	8 度	9 度
多遇地震	0.04	0.08(0.12)	0.16(0.24)	0.32
罕遇地震	0.28	0.50(0.72)	0.90(1.20)	1.40

注:括号中数值分别用于设计基本地震加速度为 0.15g 和 0.30g 的地区。

各楼层的水平地震作用标准值 F_i 为

$$F_i = \frac{G_i H_i}{\sum\limits_{j=1}^{n} G_j H_j} F_{Ek}(1 - \delta_n) \quad (i = 1, 2, \cdots, n) \tag{7.2}$$

式中　F_i——第 i 楼层的水平地震作用标准值;

　　G_i, G_j——集中于第 i、j 楼层的重力荷载代表值;

　　H_i, H_j——第 i、j 楼层质点的计算高度;

　　δ_n——顶点附加地震作用系数。

由于顶点的地震作用一般较大,而按照公式(7.2)的计算值偏小。因此,对于顶点应考虑附加水平地震作用 ΔF_n。ΔF_n 可按下列公式计算:

$$\Delta F_n = \delta_n F_{Ek} \tag{7.3}$$

根据《建筑抗震设计规范》(GB 5011—2010)规定,对于多层砌体房屋和底部框架 - 抗震墙房屋,取 $\delta_n = 0$。

对于突出屋面的屋顶间、女儿墙、烟囱等部位在地震时由于鞭梢效应,导致地震作用放大,因此宜将这些部位的地震作用乘以增大系数 3 后进行设计计算、验算。此增大部分不应往下传递,但与该突出部分相连的构件应予计入。

在求得各楼层质点 i 的水平地震作用标准值后,各楼层的水平地震剪力标准值 V_{Eki} 为第 i 层以上地震作用标准值之和,可按下列公式计算:

$$V_{Eki} = \sum_{j=i}^{n} F_j + \Delta F_n \tag{7.4a}$$

在进行抗震验算时,结构各楼层的最小水平剪力标准值应符合下列公式的要求:

$$V_{Eki} > \lambda \sum_{j=i}^{n} G_j \tag{7.4b}$$

式中　V_{Eki}——第 i 层对应于水平地震作用标准值的楼层剪力;

　　λ——剪力系数,不应小于表 7.7 规定的楼层最小地震剪力系数值。

表 7.7　楼层最小地震剪力系数值

类别	6 度	7 度	8 度	9 度
扭转效应明显或基本周期小于3.5 s 的结构	0.008	0.016(0.024)	032(0.048)	0.064
基本周期大于5.0 s 的结构	0.006	0.012(0.018)	0.024(0.036)	0.048

注:1. 基本周期介于3.5 s 和5 s 之间的结构,按插入法取值。

　　2. 括号内数值分别用于设计基本地震加速度为 0.15g 和 0.30g 的地区。

7.3.3　楼层地震剪力在各墙体间的分配

1. 多层砌体房屋

在多层砌体房屋中,墙体是主要抗侧力构件,楼层地震剪力通过屋盖和楼盖传给各墙体。由于墙体在平面外的抗侧力刚度很小,所以假定沿某一水平方向作用的楼层地震剪力 V_i 全部由同一层墙体中与该方向平行的各墙体共同承担。横向和纵向楼层地震剪力在各墙体间的分配原则是不同的,主要与楼、屋盖的水平刚度和各墙体的抗侧力刚度等因素有关。

(1)墙体的抗侧力刚度。

设某层墙体如图 7.10 所示,墙体高度、宽度和厚度分别为 h、b 和 t。当其顶端作用有单位侧向力时,产生侧移 δ,称之为该墙体的侧移柔度。如只考虑墙体的剪切变形,其侧移柔度为

$$\delta_s = \frac{\xi h}{AG} = \frac{\xi h}{btG} \tag{7.5}$$

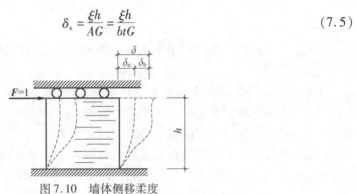

图 7.10　墙体侧移柔度

如只考虑墙体的弯曲变形,其侧移柔度为

$$\delta_b = \frac{h^3}{12EI} = \frac{1}{Et}\left(\frac{h}{b}\right)^3 \tag{7.6}$$

式中　E、G——砌体弹性模量和剪变模量;

　　　A、I——墙体水平截面面积和惯性矩;

　　　ξ——截面剪变形状系数。

墙体抗侧力刚度 K 是侧移柔度的倒数。对于同时考虑剪切变形和弯曲变形的墙体,由于砌体材料剪变模量 $G = 0.4E$,矩形截面剪变形状系数 $\xi = 1.2$,因此,其抗侧力刚度为

$$K = \frac{1}{\delta} = \frac{1}{\delta_s + \delta_b} = \frac{Et}{\dfrac{h}{b}\left[3 + \left(\dfrac{h}{b}\right)^2\right]} \tag{7.7}$$

如果只考虑剪切变形,其抗侧力刚度为

$$K = \frac{1}{\delta_s} = \frac{AG}{\xi h} = \frac{Et}{3\dfrac{h}{b}} \tag{7.8}$$

(2)横向水平地震剪力的分配。

①刚性楼盖。

当抗震横墙间距符合表 7.3 的规定时,现浇和装配整体式钢筋混凝土楼、屋盖水平

刚度很大,可看作刚性楼盖。即:可以认为在横向水平地震作用下楼、屋盖在其自身水平平面内只发生刚体平移。此时各抗震横墙所分担的水平地震剪力与其抗侧力刚度成正比。因此,宜按同一层各墙体抗侧力刚度的比例分配。设第 i 楼层共有 m 道横墙,则其中第 j 墙所承担的水平地震剪力标准值 V_{ij} 为

$$V_{ij} = \frac{K_{ij}}{\sum_{k=1}^{m} K_{ik}} V_{Eki} \tag{7.9a}$$

式中　K_{ij}、K_{ik}——第 i 层第 j 墙墙体和第 k 墙墙体的抗侧力刚度。

当可以只考虑剪切变形且同一层墙体材料及高度均相同时,将式(7.8)代入式(7.9),可得

$$V_{ij} = \frac{A_{ij}}{\sum_{k=1}^{m} A_{ik}} V_{Eki} \tag{7.9b}$$

式中　A_{ij}、A_{ik}——第 i 层第 j 墙墙体和第 k 墙墙体的水平截面面积。

②柔性楼盖。

对于木楼盖、木屋盖等柔性楼盖砌体结构房屋,楼、屋盖水平刚度小,在横向水平地震作用下楼盖在其自身水平平面内受弯变形,可将其视为水平支承在各抗震横墙上的多跨简支梁。各抗震横墙承担的水平地震作用为该墙体从属面积上的重力荷载所产生的水平地震作用。因而各横墙承担的水平地震剪力可按该从属面积上的重力荷载代表值的比例分配。即第 i 楼层第 j 墙所承担的水平地震剪力标准值 V_{ij} 为

$$V_{ij} = \frac{G_{ij}}{G_i} V_{Eki} \tag{7.10a}$$

式中　G_i——第 i 层楼层的重力荷载代表值;

　　　G_{ij}——第 i 层第 j 墙墙体从属面积(可近似取为该墙体与两侧面相邻横墙之间各一半范围内的楼盖面积)上的重力荷载代表值。

当楼层重力荷载均匀分布时,式(7.10)可简化为

$$V_{ij} = \frac{S_{ij}}{S_i} V_{Eki} \tag{7.10b}$$

式中　S_{ij}、S_i——第 i 层楼层第 j 墙墙体的从属面积和第 i 层楼层的总面积。

③中等刚性楼盖。

采用普通预制板的装配式钢筋混凝土楼、屋盖的砌体结构房屋,楼、屋盖水平刚度为中等,可近似采用上述两种分配方法的平均值,即,对有 m 道横墙的第 i 楼层,其中第 j 墙所承担的水平地震剪力标准值 V_{ij} 为

$$V_{ij} = \frac{1}{2} \left(\frac{K_{ij}}{\sum_{k=1}^{m} K_{ik}} + \frac{G_{ij}}{G_i} \right) V_{Eki} \tag{7.11}$$

当可以只考虑墙体剪切变形、同一层墙体材料及高度均相同且楼层重力荷载均匀分布时,式(7.11)可简化为

$$V_{ij} = \frac{1}{2}\left(\frac{A_{ij}}{\sum\limits_{k=1}^{m} A_{ik}} + \frac{S_{ij}}{S_i}\right)V_{Eki} \tag{7.11a}$$

（3）纵向水平地震剪力的分配。

对纵向水平地震剪力进行分配时，由于楼盖沿纵向的尺寸一般比横向大得多，其水平刚度很大，各种楼盖均可视为刚性楼盖。因此，纵向水平地震剪力可按同一层各纵墙墙体抗侧力刚度的比例，采用与对刚性楼盖横向水平地震剪力分配相同的式（7.9a）或式（7.9b）分配到各纵墙。

（4）同一道墙各墙段间的水平地震剪力分配。

砌体结构中，每一道纵墙、横墙往往分为若干墙段。同一道墙按以上方法所分得的水平地震剪力可按各墙段抗侧力刚度的比例分配到各墙段。设第 i 楼层第 j 道墙共有 s 个墙段，则其中第 r 墙段所承担的水平地震剪力 V_{ijr} 为

$$V_{ijr} = \frac{K_{ijr}}{\sum\limits_{k=1}^{s} K_{ijk}}V_{ij} \tag{7.12}$$

式中　K_{ijr}、K_{ijk}——第 i 层第 j 墙第 r 墙段和第 k 墙段的抗侧力刚度。

砌体墙段的层间等效侧向刚度应按下列原则确定：

①刚度的计算应考虑高宽比的影响。这是由于高宽比不同则墙体总侧移中弯曲变形和剪切变形所占的比例不同。这里，高宽比指层高与墙长之比，对门窗洞边的小墙段指洞净高与洞侧墙宽之比。高宽比小于 1 时，可只考虑剪切变形的影响，墙段抗侧力刚度按式（7.8）计算；高宽比不大于 4 且不小于 1 时，应同时考虑弯曲和剪切变形，墙段抗侧力刚度按式（7.7）计算；高宽比大于 4 时，以弯曲变形为主，此时墙体侧移大，抗侧力刚度小，因而可不考虑其刚度，不参与地震剪力的分配。

②墙段宜按门窗洞口划分。对设置构造柱的小开口墙段，为了避免计算刚度时的复杂性，可按不开洞的毛墙面计算刚度，再根据开洞率乘以表 7.8 的墙段洞口影响系数。

表 7.8　墙段洞口影响系数

开洞率	0.10	0.20	0.30
影响系数	0.98	0.94	0.88

注：1. 开洞率为洞口水平截面积与墙段水平毛截面积之比，相邻洞口之间净宽小于 500 mm 的墙段视为洞口。

2. 洞口中线偏离墙段中线大于墙段长度的 1/4 时，表中影响系数值折减 0.9；门洞的洞顶高度大于层高 80% 时，表中数据不适用；窗洞高度大于 50% 层高时，按门洞对待。

2. 底部框架 - 抗震墙房屋

对于底部框架 - 抗震墙房屋，剪力分配方法与砌体房屋相同，但其地震作用效应按下列规定进行调整：

（1）对底层框架 - 抗震墙砌体房屋，底层的纵向和横向地震剪力设计值均应乘以增

大系数,其值应允许根据第二层与底层侧移刚度比的大小在 1.2～1.5 范围内选用(第二层与底层侧向刚度比大者应取大值)。

(2)对底部两层框架-抗震墙砌体房屋,底层和第二层的纵向和横向地震剪力设计值亦均应乘以增大系数,其值应允许根据第三层与第二层侧移刚度比的大小在 1.2～1.5 范围内选用(第三层与第二层侧向刚度比大者应取大值)。

(3)底层或底部两层的纵向和横向地震剪力设计值应全部由该方向的抗震墙承担,并按各墙体的侧向刚度比例分配。

(4)底部框架-抗震墙砌体房屋中,底部框架的地震作用效应宜采用下列方法确定:

①框架柱承担的地震剪力设计值,可按各抗侧力构件有效侧向刚度比例分配确定;有效侧向刚度的取值,框架不折减;混凝土墙或配筋混凝土小砌块砌体墙可乘以折减系数 0.3;约束普通砖砌体或小砌块砌体抗震墙可乘以折减系数 0.2。

②框架柱的轴力应计入地震倾覆力矩引起的附加轴力,上部砖房可视为刚体,底部各轴线承受的地震倾覆力矩,可近似按底部抗震墙和框架的有效侧向刚度的比例分配确定。

③当抗震墙之间楼盖长宽比大于 2.5 时,框架柱各轴线承担的地震剪力和轴向力,尚应计入楼盖平面内变形的影响。

此外,底部框架-抗震墙砌体房屋的钢筋混凝土托墙梁计算地震组合内力时,应采用合适的计算简图。若考虑上部墙体与托墙梁的组合作用,应计入地震时墙体开裂对组合作用的不利影响,可调整有关的弯矩系数、轴力系数等计算参数。

7.3.4 墙体抗震承载力

1. 砌体抗震抗剪强度和抗震验算设计表达式

地震时砌体结构墙体墙段承受竖向压应力和水平地震剪应力的共同作用,当强度不足时一般发生剪切破坏。根据《建筑抗震设计规范》(GB 50011—2010)的规定,各类砌体沿阶梯形截面破坏的抗震抗剪强度设计值,应按下式确定:

$$f_{vE} = \zeta_N f_v \tag{7.13}$$

式中　f_{vE}——砌体沿阶梯形截面破坏的抗震抗剪强度设计值;

f_v——非抗震设计的砌体抗剪强度设计值,应按表 2.10 的有关规定采用;

ζ_N——砌体抗震抗剪强度的正应力影响系数,可按表 7.9 采用。

表 7.9　砌体强度的正应力影响系数

砌体类别	σ_0/f_v							
	0.0	1.0	3.0	5.0	7.0	10.0	12.0	≥16.0
普通砖、多孔砖	0.80	0.99	1.25	1.47	1.65	1.90	2.05	—
小砌块	—	1.23	1.69	2.15	2.57	3.02	3.32	3.92

注:σ_0 为对应于重力荷载代表值的砌体截面平均压应力。

还应当指出的是,地震作用是偶然作用,进行抗震验算时所采用的可靠指标应不同于非抗震设计,为此,引入承载力抗震调整系数 γ_{RE} 以反映对可靠指标的调整。

墙体截面抗震验算设计表达式的一般形式为

$$S \leqslant R/\gamma_{RE} \tag{7.14}$$

式中　S——结构构件内力组合的设计值,包括组合的弯矩、轴向力和剪力设计值;

R——结构构件承载力设计值;

γ_{RE}——承载力抗震调整系数,应按表 7.10 采用。

表 7.10　砌体承载力抗震调整系数

结构构件类别	受力状态	γ_{RE}
两端均设有构造柱、芯柱的砌体抗震墙	受剪	0.9
组合砖墙	偏压、大偏拉和受剪	0.9
配筋砌块砌体抗震墙	偏压、大偏拉和受剪	0.85
自承重墙	受剪	1.0
其他砌体	受剪和受压	1.0

2. 墙体截面抗震承载力验算

墙体墙段水平地震剪力确定以后,即可根据式(7.14)进行截面抗震承载力验算。可只选择不利情况(即地震剪力较大、墙体截面较小或竖向应力较小的墙段)进行验算。当仅计算水平地震作用时,各抗侧力构件的水平地震剪力设计值可由上述方法求得的水平地震剪力标准值乘以地震作用分项系数 γ_{RE}(取等于 1.3)求得。

(1)普通砖、多孔砖墙体的截面抗震承载力,应按下列规定验算。

①一般情况下,应按下式验算:

$$V \leqslant f_{vE}A/\gamma_{RE} \tag{7.15}$$

式中　V——墙体剪力设计值;

f_{vE}——砌体沿阶梯形截面破坏的抗震抗剪强度设计值;

A——墙体横截面面积,多孔砖取毛截面面积;

γ_{RE}——承载力抗震调整系数,按表 7.10 确定。

②采用水平配筋的墙体,应按下式验算:

$$V \leqslant \frac{1}{\gamma_{RE}}(f_{vE}A + \zeta_s f_{yh}A_{sh}) \tag{7.16}$$

式中　A——墙体横截面面积,多孔砖墙体取毛截面面积;

ζ_s——钢筋参与工作系数,可按表 7.11 采用;

f_{yh}——水平钢筋抗拉强度设计值;

A_{sh}——层间墙体竖向截面的总水平钢筋面积,其配筋率应不小于 0.07% 且不大于 0.17%。

表 7.11　钢筋参与工作系数 ζ_s

墙体高宽比	0.4	0.6	0.8	1.0	1.2
ζ_s	0.10	0.12	0.14	0.15	0.12

③墙段中部基本均匀的设置构造柱,且构造柱的截面不小于 240 mm × 240 mm(墙厚 190 mm 时为 240 mm × 190 mm),且构造柱间距不大于 4 m 时,可计入墙段中部构造柱对墙体受剪抗承载力的提高作用,应按下式验算:

$$V \le \frac{1}{\gamma_{RE}}\left[\eta_c f_{vE}(A - A_c) + \zeta_c f_t A_c + 0.08 f_{yc} A_{sc} + \zeta_s f_{yh} A_{sh}\right] \qquad (7.17)$$

式中　A_c——中部构造柱的截面面积(对横墙和内纵墙,$A_c > 0.15A$ 时,取 $0.15A$,对外纵墙,$A_c > 0.25A$ 时,取 $0.25A$);

f_t——中部构造柱的混凝土轴心抗拉强度设计值;

A_{sc}——中部构造柱的纵向钢筋截面总面积(配筋率不小于 0.6%,大于 1.4% 时取 1.4%);

f_{yh}、f_{yc}——墙体水平钢筋、构造柱钢筋抗拉强度设计值;

ζ_c——中部构造柱参与工作系数,居中设一根时取 0.5,多于一根时取 0.4;

η_c——墙体约束修正系数,一般情况取 1.0,构造柱间距不大于 3.0 m 时取 1.1;

A_{sh}——层间墙体竖向截面的总水平钢筋面积,其配筋率不应小于 0.07% 且不大于 0.17%,水平纵向钢筋率小于 0.07% 时取 0。

(2)设置构造柱和芯柱的混凝土砌块墙体的截面抗震受剪承载力,应按下式验算:

$$V \le \frac{1}{\gamma_{RE}}\left[f_{vE}A + (0.3 f_{t1} A_{c1} + 0.3 f_{t2} A_{c2} + 0.05 f_{y1} A_{s1} + 0.05 f_{y2} A_{s2})\zeta_c\right] \qquad (7.18)$$

式中　f_{t1}——芯柱混凝土轴心抗拉强度设计值;

f_{t2}——构造柱混凝土轴心抗拉强度设计值;

A_{c1}——墙中芯柱截面总面积;

A_{c2}——墙中构造柱截面总面积,$A_{c2} = bh$;

A_{s1}——芯柱钢筋截面总面积;

A_{s2}——构造柱钢筋截面总面积;

f_{y1}——芯柱钢筋抗拉强度设计值;

f_{y2}——构造柱钢筋抗拉强度设计值;

ζ_c——芯柱和构造柱参与工作系数,可按表 7.12 采用。

表 7.12　芯柱和构造柱参与工作系数

灌孔率 ρ	$\rho < 0.15$	$0.15 \le \rho < 0.25$	$0.25 \le \rho < 0.5$	$\rho \ge 0.5$
ζ_c	0.0	1.0	1.10	1.15

注:灌孔率指芯柱根数(含构造柱和填实孔洞数量)与孔洞总数之比。

（3）底部框架－抗震墙砌体房屋中嵌砌于框架之间的普通砖或混凝土砌块的砌体墙,除符合相关构造要求外,其抗震验算应符合下列规定:

①底部框架柱的轴向力和剪力,应计入砌体墙引起的附加轴向力和附加剪力,其值可按下列公式确定:

$$N_f = V_w H_f / l \qquad (7.19)$$

$$V_f = V_w \qquad (7.20)$$

式中　N_f——框架柱的附加轴压力设计值;

　　　V_w——墙体承担的剪力设计值,柱两侧有墙时可取二者的较大值;

　　　H_f、l——框架的层高和跨度;

　　　V_f——框架柱的附加剪力设计值。

②嵌砌于框架之间的砌体抗震墙及两端框架柱,其抗震受剪承载力应按下式验算:

$$V \leqslant \frac{1}{\gamma_{REc}} \sum (M_{yc}^u + M_{yc}^l)/H_0 + \frac{1}{\gamma_{REw}} \sum f_{vE} A_{w0} \qquad (7.21)$$

式中　V——嵌砌砌体墙及两端框架柱剪力设计值;

　　　γ_{REc}——底层框架柱承载力抗震调整系数,可采用 0.8;

　　　M_{yc}^u、M_{yc}^l——底层框架柱上、下端的正截面受弯承载力设计值,可按现行国家标准《混凝土结构设计规范》(GB 50010)非抗震设计的有关公式取等号计算;

　　　H_0——底层框架柱的计算高度,两侧均有砌体墙时取柱净高的 2/3,其余情况取柱净高;

　　　γ_{REw}——嵌砌砌体抗震墙承载力抗震调整系数,可采用 0.9;

　　　A_{w0}——砌体墙水平截面的计算面积,无洞口时取实际截面的 1.25 倍,有洞口时取截面净面积,但不计入宽度小于洞口高度 1/4 的墙肢截面面积。

（4）无筋砖砌体墙、无筋混凝土砌块砌体墙的截面抗震受压承载力,应按截面非抗震受压承载力除以承载力抗震调整系数进行计算。

7.4　砌体结构房屋抗震构造要求

在抗震设计中,除了满足对房屋总体方案与布置的一般规定和进行必要的抗震验算外,还必须采取合理可靠的抗震构造措施。抗震构造措施可以加强砌体结构的整体性,提高变形能力,特别是对于防止结构在大震时倒塌具有重要作用。

7.4.1　钢筋混凝土构造柱、芯柱的设置与构造

钢筋混凝土构造柱或芯柱是多层砌体房屋的一项重要的抗震构造措施,不仅可以提高墙体的抗剪能力,特别是可以明显提高结构的极限变形能力。这是因为当墙体周边设有钢筋混凝土构造柱和圈梁时,墙体受到较大约束,可使开裂后的墙体以其塑性变形和滑移、摩擦来消耗地震能量;在墙体达到破坏的极限状态下,可使破碎的墙体中的碎块不易散落,从而能保持一定的承载力,使房屋不致突然倒塌。

根据震害调查和试验结果,《建筑抗震设计规范》(GB 50011—2010)对钢筋混凝土构造柱的设置和构造要求做了如下规定。

1. 多层砖砌体房屋

(1)设置要求。

各类多层砖砌体房屋,应按下列要求设置现浇钢筋混凝土构造柱(以下简称构造柱):

①构造柱设置部位,一般情况下应符合表7.13的要求。

②外廊式和单面走廊式的多层房屋及横墙较少的房屋,应根据房屋增加一层后的层数,按表7.13的要求设置构造柱,且单面走廊两侧的纵墙均应按外墙处理。

③横墙较少的房屋为外廊式或单面走廊式,但6度不超过四层、7度不超过三层和8度不超过二层时,应按增加二层的层数对待。

④各层横墙很少的房屋,应按增加二层的层数设置构造柱。

⑤采用蒸压灰砂砖和蒸压粉煤灰砖的砌体房屋,当砌体的抗剪强度仅达到普通黏土砖砌体的70%时,应根据增加一层的层数按前面的要求设置构造柱;但6度不超过四层、7度不超过三层和8度不超过二层时,应按增加二层的层数对待。

⑥有错层的多层房屋,在错层部位应设置墙,其与其他墙交接处应设置构造柱;在错层部位的错层楼板位置应设置现浇钢筋混凝土圈梁;当房屋层数不低于四层时,底部1/4楼层处错层部位墙中部的构造柱间距不宜大于2 m。

表 7.13 多层砖砌体房屋构造柱设置要求

房屋层数				设置部位	
6度	7度	8度	9度		
四、五	三、四	二、三		①楼、电梯间四角,楼梯斜梯段上下端对应的墙体处; ②外墙四角和对应转角; 错层部位横墙与外纵墙交接处; ③大房间内外墙交接处; 较大洞口两侧	隔12 m或单元横墙与外纵墙交接处;楼梯间对应的另一侧内横墙与外纵墙交接处
六	五	四	二		隔开间横墙(轴线)与外墙交接处;山墙与内纵墙交接处
七	≥六	≥五	≥三		内墙(轴线)与外墙交接处;内墙的局部较小墙垛处;内纵墙与横墙(轴线)交接处

注:较大洞口,内墙指不小于2.1 m的洞口;外墙在内外墙交接处已设置构造柱时,应允许适当放宽,但洞侧墙体应加强。

(2)构造要求。

①多层砖砌体房屋的构造柱应符合下列构造要求:

a. 构造柱最小截面可采用180 mm×240 mm(墙厚190 mm时为180 mm×190 mm),纵向钢筋宜采用4φ12,箍筋间距不宜大于250 mm,且在柱上下端应适当加密;6、7度时超过六层、8度时超过五层和9度时,构造柱纵向钢筋宜采用4ϕ14,箍筋间距不应大于200 mm;房屋四角的构造柱应适当加大截面及配筋。

b. 构造柱与墙连接处应砌成马牙槎,沿墙高每隔500 mm设2ϕ6水平钢筋和ϕ4分布短筋平面内点焊组成的拉结网片或ϕ4点焊钢筋网片,每边伸入墙内不宜小于1 m。6、7度时底部1/3楼层,8度时底部1/2楼层,9度时全部楼层,上述拉结钢筋网片应沿墙体水平通长设置。

c. 构造柱与圈梁连接处,构造柱的纵筋应在圈梁纵筋内侧穿过,保证构造柱纵筋上下贯通。

d. 构造柱可不单独设置基础,但应伸入室外地面下500 mm,或与埋深小于500 mm的基础圈梁相连。

e. 房屋高度和层数接近表7.1的限值时,纵、横墙内构造柱间距尚应符合下列要求:横墙内的构造柱间距不宜大于层高的2倍;下部1/3楼层的构造柱间距适当减小;当外纵墙开间大于3.9 m时,应另设加强措施。内纵墙的构造柱间距不宜大于4.2 m。

②约束普通砖墙的构造,应符合下列规定:

a. 墙段两端设有符合现行国家标准《建筑抗震设计规范》(GB 50011)要求的构造柱,且墙肢两端及中部构造柱的间距不大于层高或3.0 m,较大洞口两侧应设置构造柱;构造柱最小截面尺寸不宜小于240 mm×240 mm(墙厚190 mm时为240 mm×190 mm),边柱和角柱的截面宜适当加大;构造柱的纵筋和箍筋设置宜符合表7.14的要求。

b. 墙体在楼、屋盖标高处均设置满足现行国家标准《建筑抗震设计规范》(GB 50011)要求的圈梁,上部各楼层处圈梁截面高度不宜小于150 mm;圈梁纵向钢筋应采用强度等级不低于HRB335的钢筋,6、7度时不小于4ϕ10;8度时不小于4ϕ12,9度时不小于4ϕ14;箍筋不小于ϕ6。

表7.14　构造柱的纵筋和箍筋设置要求

位置	纵向钢筋			箍筋		
	最大配筋率/%	最小配筋率/%	最小直径/mm	加密区范围/mm	加密区间距/mm	最小直径/mm
角柱	1.8	0.8	14	全高	100	6
边柱			14	上端700		
中柱	1.4	0.6	12	下端500		

2. 多层砌体房屋

(1)设置要求。

多层小砌块房屋应按表7.15的要求设置钢筋混凝土芯柱。对外廊式和单面走廊式的多层房屋、横墙较少的房屋、各层横墙很少的房屋,尚应分别按本节多层砖砌体房屋的现浇钢筋混凝土构造柱设置要求中关于增加层数的对应要求,按表7.15的要求设置芯柱。

表 7.15　多层小砌块房屋芯柱设置要求

房屋层数				设置部位	设置数量
6 度	7 度	8 度	9 度		
四、五	三、四	二、三		外墙转角,楼、电梯间四角,楼梯斜梯段上下端对应的墙体处; 大房间内外墙交接处; 错层部位横墙与外纵墙交接处; 隔 12 m 或单元横墙与外纵墙交接处	外墙转角,灌实 3 个孔; 内外墙交接处,灌实 4 个孔; 楼梯斜段上下端对应的墙体处,灌实 2 个孔
六	五	四		同上; 隔开间横墙(轴线)与外墙交接处	
七	六	五	二	同上; 各内墙(轴线)与外墙交接处; 内纵墙与横墙(轴线)交接处和洞口两侧	外墙转角,灌实 5 个孔; 内外墙交接处,灌实 4 个孔; 内墙交接处,灌实 4~5 个孔; 洞口两侧各灌实 1 个孔
	七	≥六	≥三	同上; 横墙内芯柱间距不大于 2m	外墙转角,灌实 7 个孔; 内外墙交接处,灌实 5 个孔; 内墙交接处,灌实 4~5 个孔; 洞口两侧各灌实 1 个孔

注:外墙转角、内外墙交接处、楼电梯间四角等部位,应允许采用钢筋混凝土构造柱替代部分芯柱。

混凝土砌块房屋混凝土芯柱,尚应满足下列要求:

①混凝土砌块砌体墙纵横墙交接处、墙段两端和较大洞口两侧宜设置不少于单孔的芯柱。

②有错层的多层房屋,错层部位应设置墙,墙中部的钢筋混凝土芯柱间距宜适当加密,在错层部位纵横墙交接处宜设置不少于 4 孔的芯柱;在错层部位的错层楼板位置尚应设置现浇钢筋混凝土圈梁。

③当房屋层数或高度等于或接近表 7.1 中限值时,纵、横墙内芯柱间距尚应符合下列要求:

a. 底部 1/3 楼层横墙中部的芯柱间距,7、8 度时不宜大于 1.5 m;9 度时不宜大于 1.0 m。

b. 当外纵墙开间大于 3.9 m 时,应另设加强措施。

④梁支座处墙内宜设置芯柱,芯柱灌实孔数不少于 3 个。当 8、9 度房屋采用大跨梁或井字梁时,宜在梁支座处墙内设置构造柱,并应考虑梁端弯矩对墙体和构造柱的影响。

(2)构造要求。

①多层小砌块房屋的芯柱,应符合下列构造要求:

a. 小砌块房屋的芯柱截面不宜小于 120 mm × 120 mm。

　　b. 芯柱混凝土强度等级不应低于 Cb20。

　　c. 芯柱的竖向插筋应贯通墙身且与圈梁连接；插筋不应小于 1ϕ12，6、7 度时超过五层、8 度时超过四层和 9 度时，插筋不应小于 1ϕ14。

　　d. 芯柱应伸入室外地面下 500 mm 或与埋深小于 500 mm 的基础圈梁相连。

　　e. 为提高墙体抗震受剪承载力而设置的芯柱，宜在墙体内均匀布置，最大净距不宜大于 2.0 m。

　　f. 多层小砌块房屋墙体交接处或芯柱与墙体连接处应设置拉结钢筋网片，网片可采用直径 4 mm 的钢筋点焊而成，沿墙高间距不大于 600 mm，并应沿墙体水平通长设置。6、7 度时底部 1/3 楼层，8 度时底部 1/2 楼层，9 度时全部楼层，上述拉结钢筋网片沿墙高间距不大于 400 mm。

　　② 小砌块房屋中替代芯柱的钢筋混凝土构造柱，应符合下列构造要求：

　　a. 构造柱截面不宜小于 190 mm × 190 mm，纵向钢筋宜采用 4ϕ12，箍筋间距不宜大于 250 mm，且在柱上下端应适当加密；6、7 度时超过五层、8 度时超过四层和 9 度时，构造柱纵向钢筋宜采用 4ϕ14，箍筋间距不应大于 200 mm；外墙转角的构造柱可适当加大截面及配筋。

　　b. 构造柱与砌块墙连接处应砌成马牙槎，与构造柱相邻的砌块孔洞，6 度时宜填实，7 度时应填实，8、9 度时应填实并插筋。构造柱与砌块墙之间沿墙高每隔 600 mm 设置 ϕ4 点焊拉结钢筋网片，并应沿墙体水平通长设置。6、7 度时底部 1/3 楼层，8 度时底部 1/2 楼层，9 度全部楼层，上述拉结钢筋网片沿墙高间距不大于 400 mm。

　　c. 构造柱与圈梁连接处，构造柱的纵筋应在圈梁纵筋内侧穿过，保证构造柱纵筋上下贯通。

　　d. 构造柱可不单独设置基础，但应伸入室外地面下 500 mm，或与埋深小于 500 mm 的基础圈梁相连。

3. 底部框架 – 抗震墙房屋

　　底部框架 – 抗震墙砌体房屋的上部墙体应设置钢筋混凝土构造柱或芯柱，并应符合下列要求：

　　(1) 设置要求。

　　钢筋混凝土构造柱、芯柱的设置部位，应根据房屋的总层数分别按本节 (7.4.1) 中多层砖砌体房屋和多层小砌块房屋的相关规定设置。

　　(2) 构造要求。

　　构造柱、芯柱的构造，除应符合下列要求外，尚应符合本节 (7.4.1) 中多层砖砌体房屋和多层小砌块房屋的相关规定设置：

　　① 砖砌体墙中构造柱截面不宜小于 240 mm × 240 mm（墙厚 190 mm 时为 240 mm × 190 mm）。

　　② 构造柱的纵向钢筋不宜少于 4ϕ14，箍筋间距不宜大于 200 mm；芯柱每孔插筋不应小于 1ϕ14，芯柱之间沿墙高应每隔 400 mm 设 ϕ4 焊接钢筋网片。

　　③ 构造柱、芯柱应与每层圈梁连接，或与现浇楼板可靠拉结。

7.4.2 圈梁的设置与构造

圈梁在砌体结构中的作用是多方面的。作为一项抗震构造措施,圈梁可加强墙体间的连接以及墙体与楼盖间的连接;圈梁与构造柱一起,不仅增强了房屋的整体性和空间刚度,还可以约束墙体,限制裂缝的展开,提高墙体的稳定性,减轻不均匀沉降的不利影响。震害调查表明,凡合理设置圈梁的房屋,其震害都较轻;否则,震害要重得多。

圈梁的设置应根据烈度及结构布置等情况综合考虑。

1. 多层砖砌体房屋

(1)多层砖砌体房屋的现浇钢筋混凝土圈梁设置应符合下列要求:

①装配式钢筋混凝土楼、屋盖或木屋盖的砖房,应按表 7.16 的要求设置圈梁;纵墙承重时,抗震横墙上的圈梁间距应比表内要求适当加密。

②现浇或装配整体式钢筋混凝土楼、屋盖与墙体有可靠连接的房屋,应允许不另设圈梁,但楼板沿抗震墙体周边均应加强配筋并应与相应的构造柱钢筋可靠连接。

表 7.16　多层砖砌体房屋现浇钢筋混凝土圈梁设置要求

墙类	烈度		
	6、7 度	8 度	9 度
外墙和内纵墙	屋盖处及每层楼盖处	屋盖处及每层楼盖处	屋盖处及每层楼盖处
内横墙	同上; 屋盖处间距不应大于 4.5 m; 楼盖处间距不应大于 7 m; 构造柱对应部位	同上; 各层所有横墙,且间距不应大于 4.5 m; 构造柱对应部位	同上; 各层所有横墙

(2)多层砖砌体房屋现浇混凝土圈梁的构造应符合下列要求:

①圈梁应闭合,遇有洞口圈梁应上下搭接。圈梁宜与预制板设在同一标高处或紧靠板底。

②圈梁在表 7.16 要求的间距内无横墙时,应利用梁或板缝中配筋替代圈梁。

③圈梁的截面高度不应小于 120 mm,配筋应符合表 7.17 的要求;按《建筑抗震设计规范》第 3.3.4 条 3 款要求增设的基础圈梁,截面高度不应小于 180 mm,配筋不应少于 4 ϕ 12。

表 7.17　多层砖砌体房屋圈梁配筋要求

配筋	烈度		
	6、7 度	8 度	9 度
最小纵筋	4ϕ10	4ϕ12	4ϕ14
箍筋最大间距/mm	250	200	150

（2）多层砌块房屋。

多层小砌块房屋的现浇钢筋混凝土圈梁的设置位置应按上述对多层砌体房屋圈梁对的要求执行，圈梁宽度不应小于 190 mm，配筋不应少于 $4\phi12$，箍筋间距不应大于 200 mm。

多层小砌块房屋的层数，6 度时超过五层、7 度时超过四层、8 度时超过三层和 9 度时，在底层和顶层的窗台标高处，沿纵横墙应设置通长的水平现浇钢筋混凝土带；其截面高度不小于 60 mm，纵筋不少于 $2\phi10$，并应有分布拉结钢筋；其混凝土强度等级不应低于 C20。

水平现浇混凝土带亦可采用槽形砌块替代模板，其纵筋和拉结钢筋不变。

（3）底部框架 – 抗震墙房屋。

底部框架 – 抗震墙房屋上部墙体圈梁的设置与构造要求与多层砖砌体房屋相同。

7.4.3　构件间的连接

震害分析表明，砌体结构墙体之间、墙体与楼盖之间以及结构其他部位之间连接不牢是造成震害的重要原因。因此，加强砌体房屋各构件间的连接，提高房屋的整体性，是增强砌体房屋抗震性能的重要构造措施。

1. 楼、屋盖与墙体之间的连接

地震作用主要集中在楼盖水平处，并通过楼盖与墙体的连接传递给下层墙体，因此，楼盖与墙体应有可靠连接，以保证地震作用的传递。

①现浇钢筋混凝土楼板或屋面板伸进纵、横墙内的长度，均不应小于 120 mm。

②装配式钢筋混凝土楼板或屋面板，当圈梁未设在板的同一标高时，板端伸进外墙的长度不应小于 120 mm，伸进内墙的长度不应小于 100 mm 或采用硬架支模连接，在梁上不应小于 80 mm 或采用硬架支模连接。

③当板的跨度大于 4.8 m 并与外墙平行时，靠外墙的预制板侧边应与墙或圈梁拉结。

④房屋端部大房间的楼盖，6 度时房屋的屋盖和 7～9 度时房屋的楼、屋盖，当圈梁设在板底时，钢筋混凝土预制板应相互拉结，并应与梁、墙或圈梁拉结。

⑤楼、屋盖的钢筋混凝土梁或屋架应与墙、柱（包括构造柱）或圈梁可靠连接；不得采用独立砖柱。跨度不小于 6 m 大梁的支承构件应采用组合砌体等加强措施，并满足承载力要求。

⑥钢筋混凝土预制楼板侧边之间应留有不小于 20 mm 的空隙，相邻跨预制楼板板缝宜贯通，当板缝宽度不小于 50 mm 时应配置板缝钢筋。

⑦装配整体式钢筋混凝土楼、屋盖，应在预制板叠合层上双向配置通长的水平钢筋，预制板应与后浇的叠合层有可靠的连接。现浇板和现浇叠合层应跨越承重内墙或梁，伸入外墙内长度应不小于 120 mm 和 1/2 墙厚。

2. 墙体间的连接

如前所述，纵横墙连接不牢，地震时往往造成外墙外倾，甚至倒塌。因此，6、7 度时长度大于 7.2 m 的大房间，以及 8、9 度时外墙转角及内外墙交接处，应沿墙高每隔 500 mm

配置 2ϕ6 的通长钢筋和 ϕ4 分布短筋平面内点焊组成的拉结网片或 ϕ4 点焊网片。

后砌的非承重隔墙应沿墙高每隔 500 ~ 600 mm 配置 2ϕ6 拉结钢筋与承重墙或柱拉结,每边伸入墙内不应少于 500 mm;8 度和 9 度时,长度大于 5 m 的后砌隔墙,墙顶尚应与楼板或梁拉结。烟道、风道、垃圾道等不应削弱墙体;当墙体被削弱时,应对墙体采取加强措施;不宜采用无竖向配筋的附墙烟囱或出屋面的烟囱。

多层小砌块房屋墙体交接处或芯柱与墙体连接处应设置拉结钢筋网片,网片可采用直径 4 mm 的钢筋点焊而成,沿墙高间距不大于 600 mm,并应沿墙体水平通长设置。

多层小砌块房屋的层数,6 度时超过五层、7 度时超过四层、8 度时超过三层和 9 度时,在底层和顶层的窗台标高处,沿纵横墙应设置通长的水平现浇钢筋混凝土带;其截面高度不小于 60 mm,纵筋不少于 2ϕ10,并应有分布拉结钢筋;其混凝土强度等级不应低于C20。水平现浇混凝土带亦可采用槽形砌块替代模板,其纵筋和拉结钢筋不变。

3. 其他部位的连接

坡屋顶房屋的屋架应与顶层圈梁可靠连接,檩条或屋面板应与墙、屋架可靠连接,房屋出入口处的檐口瓦应与屋面构件锚固。采用硬山搁檩时,顶层内纵墙顶宜增砌支承山墙的踏步式墙垛,并设置构造柱。

门窗洞口处不应采用无筋砖过梁;过梁支承长度,6 ~ 8 度时不小于 240 mm,9 度时不小于 360 mm。

预制阳台,6、7 度时应与圈梁和楼板的现浇板带可靠连接,8、9 度时不应采用预制阳台。

同一结构单元的基础(或桩承台),宜采用同一类型的基础(或桩承台),底面宜埋置在同一标高上,否则应增设基础圈梁并应按 1:2 的台阶逐步放坡。

7.4.4 楼梯间的抗震构造措施

楼梯间是砌体结构中受到的地震作用较大且抗震较为薄弱的部位,楼梯间的震害往往比较严重。因此,楼梯间的构造措施应适当加强。

(1)顶层楼梯间墙体应沿墙高每隔 500 mm 设 2ϕ6 通长钢筋和 ϕ4 分布短钢筋平面内点焊组成的拉结网片或 ϕ4 点焊网片;7 ~ 9 度时其他各层楼梯间墙体应在休息平台或楼层半高处设置 60 mm 厚、纵向钢筋不应少于 2ϕ10 的钢筋混凝土带或配筋砖带,配筋砖带不少于 3 皮,每皮的配筋不少于 2ϕ6,砂浆强度等级不应低于 M7.5 且不低于同层墙体的砂浆强度等级。

(2)楼梯间及门厅内墙阳角处的大梁支承长度不应小于 500 mm,并应与圈梁连接。

(3)装配式楼梯段应与平台板的梁可靠连接,8、9 度时不应采用装配式楼梯段;不应采用墙中悬挑式踏步或踏步竖肋插入墙体的楼梯,不应采用无筋砖砌栏板。

(4)突出屋顶的楼、电梯间,构造柱应伸到顶部,并与顶部圈梁连接,所有墙体应沿墙高每隔 500 mm 设 2ϕ6 通长钢筋和 ϕ4 分布短筋平面内点焊组成的拉结网片或 ϕ4 点焊网片。

(5)多层混凝土砌块砌体房屋的楼梯间墙体,还应通过墙体配筋增强其抗震能力,墙体应沿墙高每隔 400 mm 水平通长设置 ϕ4 点焊拉结钢筋网片;楼梯间墙体中部的芯柱间距,6 度时不宜大于 2 m;7、8 度时不宜大于 1.5 m;9 度时不宜大于 1.0 m;房屋层数或高度等于或接近表 7.1 中限值时,底部 1/3 楼层芯柱间距适当减小。

7.4.5　墙体的加强措施

丙类的多层砖砌体房屋,当横墙较少且总高度和层数接近或达到表 7.1 规定限值时,应采取下列加强措施:

(1)房屋的最大开间尺寸不宜大于 6.6 m。

(2)同一结构单元内横墙错位数量不宜超过横墙总数的 1/3,且连续错位不宜多于两道;错位的墙体交接处均应增设构造柱,且楼、屋面板应采用现浇钢筋混凝土板。

(3)横墙和内纵墙上洞口的宽度不宜大于 1.5 m;外纵墙上洞口的宽度不宜大于 2.1 m 或开间尺寸的一半;且内外墙上洞口位置不应影响内外纵墙与横墙的整体连接。

(4)所有纵横墙均应在楼、屋盖标高处设置加强的现浇钢筋混凝土圈梁:圈梁的截面高度不宜小于 150 mm,上下纵筋各不应少于 3φ10,箍筋不小于 φ6,间距不大于 300 mm。

(5)所有纵横墙交接处及横墙的中部,均应增设满足下列要求的构造柱:在纵、横墙内的柱距不宜大于 3.0 m,最小截面尺寸不宜小于 240 mm×240 mm(墙厚 190 mm 时为 240 mm×190 mm),配筋宜符合表 7.18 的要求。

表 7.18　增设构造柱的纵筋和箍筋设置要求

位置	纵向钢筋			箍筋		
	最大配筋率 /%	最小配筋率 /%	最小直径 /mm	加密区范围 /mm	加密区间距 /mm	最小直径 /mm
角柱	1.8	0.8	14	全高	100	6
边柱			14	上端 700		
中柱	1.4	0.6	12	下端 500		

(6)同一结构单元的楼、屋面板应设置在同一标高处。

(7)房屋底层和顶层的窗台标高处,宜设置沿纵横墙通长的水平现浇钢筋混凝土带;其截面高度不小于 60 mm,宽度不小于墙厚,纵向钢筋不少于 2φ10,横向分布筋的直径不小于 φ6 且其间距不大于 200 mm。

丙类的多层小砌块房屋,除了满足上述要求外,墙体中部的构造柱可采用芯柱替代,芯柱的灌孔数量不应少于 2 孔,每孔插筋的直径不应小于 18 mm。

7.4.6　底部框架-抗震墙砌体房屋其他构造要求

(1)底部框架-抗震墙砌体房屋中底部抗震墙的厚度和数量,应由房屋的竖向刚度分布来确定。

当采用约束普通砖墙时,其厚度不得小于 240 mm;配筋砌块砌体抗震墙厚度,不应小于 190 mm;钢筋混凝土抗震墙厚度,不宜小于 160 mm;且均不宜小于层高或无支长度的 1/20。

（2）底部框架－抗震墙砌体房屋的底部采用钢筋混凝土墙时,其截面和构造应符合下列要求:

①墙体周边应设置梁(或暗梁)和边框柱(或框架柱)组成的边框;边框梁的截面宽度不宜小于墙板厚度的 1.5 倍,截面高度不宜小于墙板厚度的 2.5 倍;边框柱的截面高度不宜小于墙板厚度的 2 倍。

②墙板的厚度不宜小于 160 mm,且不应小于墙板净高的 1/20;墙体宜开设洞口形成若干墙段,各墙段的高宽比不宜小于 2。

③墙体的竖向和横向分布钢筋配筋率均不应小于 0.30% ,并应采用双排布置;双排分布钢筋间拉筋的间距不应大于 600 mm,直径不应小于 6 mm。

④墙体的边缘构件可按《建筑抗震设计规范》第 6. 4 节关于一般部位的规定设置。

（3）当 6 度设防的底层框架－抗震墙砖房的底层采用约束砖砌体墙时,其构造应符合下列要求:

①砖墙厚不应小于 240 mm,砌筑砂浆强度等级不应低于 M10,应先砌墙后浇框架。

②沿框架柱每隔 300 mm 配置 $2\phi8$ 水平钢筋和 $\phi4$ 分布短筋平面内点焊组成的拉结网片,并沿砖墙水平通长设置;在墙体半高处尚应设置与框架柱相连的钢筋混凝土水平系梁。

③墙长大于 4 m 时和洞口两侧,应在墙内增设钢筋混凝土构造柱。构造柱的纵向钢筋不宜小于 $4\phi14$。

（4）当 6 度设防的底层框架－抗震墙砌块房屋的底层采用约束小砌块砌体墙时,其构造应符合下列要求:

①墙厚不应小于 190 mm,砌筑砂浆强度等级不应低于 Mb10,应先砌墙后浇框架。

②沿框架柱每隔 400 mm 配置 $2\phi8$ 水平钢筋和 $\phi4$ 分布短筋平面内点焊组成的拉结网片,并沿砌块墙水平通长设置;在墙体半高处尚应设置与框架柱相连的钢筋混凝土水平系梁,系梁截面不应小于 190 mm × 190 mm,纵筋不应小于 $4\phi12$,箍筋直径不应小于 $\phi6$,间距不应大于 200 mm。

③墙体在门、窗洞口两侧应设置芯柱,墙长大于 4 m 时,应在墙内增设芯柱,芯柱应符合本节 7.4.1 多层小砌块房屋关于芯柱的有关规定;其余位置,宜采用钢筋混凝土构造柱替代芯柱,钢筋混凝土构造柱应符合本节 7.4.1 小砌块房屋中替代芯柱的钢筋混凝土构造柱的有关规定。

（5）底部框架－抗震墙砌体房屋的框架柱应符合下列要求:

①柱的截面不应小于 400 mm × 400 mm,圆柱直径不应小于 450 mm。

②柱的轴压比,6 度时不宜大于 0.85 ,7 度时不宜大于 0.75,8 度时不宜大于 0.65。

③柱的纵向钢筋最小总配筋率,当钢筋的强度标准值低于 400 MPa 时,中柱在 6、7 度时不应小于 0.9% ,8 度时不应小于 1.1%;边柱、角柱和混凝土抗震墙端柱在 6、7 度时不应小于 1.0% ,8 度时不应小于 1.2% 。

④柱的箍筋直径,6、7 度时不应小于 8 mm, 8 度时不应小于 10 mm,并应全高加密箍筋,间距不大于 100 mm。

⑤柱的最上端和最下端组合的弯矩设计值应乘以增大系数,一、二、三级的增大系数应分别按 1.5、1.25 和 1.15 采用。

(6)底部框架－抗震墙砌体房屋的楼盖应符合下列要求:

①过渡层的底板应采用现浇钢筋混凝土板,板厚不应小于 120 mm,并应双排双向配筋,配筋率分别不应小于 0.25%;并应少开洞、开小洞,当洞口尺寸大于 800 mm 时,洞口周边应设置边梁。

②其他楼层,采用装配式钢筋混凝土楼板时均应设现浇圈梁;采用现浇钢筋混凝土楼板时应允许不另设圈梁,但楼板沿抗震墙体周边均应加强配筋并应与相应的构造柱可靠连接。

(7)底部框架－抗震墙砌体房屋的钢筋混凝土托梁,其截面和构造应符合下列要求

①梁的截面宽度不应小于 300 mm,梁的截面高度不应小于跨度的 1/10。当墙体在梁端附近有洞口时,梁截面高度不宜小于跨度的 1/8。

②梁上、下部纵向贯通钢筋最小配筋率,一级时不应小于 0.4%,二、三级时分别不应小于 0.3%;当梁受力状态为偏心受拉时,支座上部纵向钢筋至少应有 50% 沿梁全长贯通,下部纵向钢筋应全部直通到柱内。

③箍筋的直径不应小于 8 mm,间距不应大于 200 mm;梁端在 1.5 倍梁高且不小于 1/5 梁净跨范围内,以及上部墙体的洞口处和洞口两侧各 500 mm 且不小于梁高的范围内,箍筋间距不应大于 100 mm。

④沿梁高应设腰筋,数量不应少于 $2\phi14$,间距不应大于 200 mm。

⑤梁的纵向受力钢筋和腰筋应按受拉钢筋的要求锚固在柱内,且支座上部的纵向钢筋在柱内的锚固长度应符合钢筋混凝土框支梁的有关要求。

(8)过渡层墙体的构造,应符合下列要求:

①上部砌体墙的中心线宜与底部的框架梁、抗震墙的中心线相重合;构造柱或芯柱宜与框架柱上下贯通。

②过渡层应在底部框架柱、混凝土墙或约束砌体墙的构造柱所对应处设置构造柱或芯柱;墙体内的构造柱间距不宜大于层高;芯柱除按本规范表 7.14 设置外,最大间距不宜大于 1 m。

③过渡层构造柱的纵向钢筋,6、7 度时不宜少于 $4\phi16$,8 度时不宜少于 $4\phi18$。过渡层芯柱的纵向钢筋,6、7 度时不宜少于每孔 $1\phi16$,8 度时不宜少于每孔 $1\phi18$。一般情况下,纵向钢筋应锚入下部的框架柱或混凝土墙内;当纵向钢筋锚固在托墙梁内时,托墙梁的相应位置应加强。

④过渡层的砌体墙在窗台标高处,应设置沿纵横墙通长的水平现浇钢筋混凝土带;其截面高度不小于 60 mm,宽度不小于墙厚,纵向钢筋不少于 $2\phi10$,横向分布筋的直径不小于 6 mm 且其间距不大于 200 mm。此外,砖砌体墙在相邻构造柱间的墙体,应沿墙高每隔 360 mm 设置 $2\phi6$ 通长水平钢筋和 $\phi4$ 分布短筋平面内点焊组成的拉结网片或 $\phi4$ 点焊钢筋网片,并锚入构造柱内;小砌块砌体墙芯柱之间沿墙高应每隔 400 mm 设置 $\phi4$ 通长水平点焊钢筋网片。

⑤过渡层的砌体墙,凡宽度不小于 1.2 m 的门洞和 2.1 m 的窗洞,洞口两侧宜增设

截面不小于 120 mm×240 mm(墙厚 190 mm 时为 120 mm×190 mm)的构造柱或单孔芯柱。

⑥当过渡层的砌体抗震墙与底部框架梁、墙体不对齐时,应在底部框架内设置托墙转换梁,并且过渡层砖墙或砌块墙应采取比本条④款更高的加强措施。

7.5 配筋砌块砌体剪力墙结构抗震设计

配筋砌块砌体剪力墙是砌体结构中抗震性能较好的一种新型结构体系,实际上是由预制的空心砌块经砌筑、灌芯、配筋而成的装配整体式的钢筋混凝土剪力墙。这种结构形式克服了砌体结构强度低、脆性大的缺点,保留了取材、施工方便,造价低廉的突出优点,其受力性能和现浇钢筋混凝土剪力墙结构很相似。配筋砌块砌体剪力墙结构从抗震设计角度看又可以称为配筋砌块砌体抗震墙结构。

我国作为国际标准化协会砌体结构委员会(ISO/TC 179)配筋砌体分委员会(SC2)的秘书国负责编制并已完成国际标准《配筋砌体设计规范》(ISO9652-3),该标准集中反映了当今世界配筋砌体先进的设计和施工技术。配筋砌块砌体抗震墙结构在欧美等发达国家已得到较广泛的应用,特别是美国的一些配筋砌块高层房屋经历了强地震的考验,表现出良好的性能。

在美国,配筋砌块剪力墙结构和钢筋混凝土剪力墙结构采用相同的设计基本假定和计算原理,并规定相同的适用范围。

本节简述我国规范对配筋砌块砌体抗震墙的抗震设计要点。

7.5.1 配筋砌块砌体抗震墙房屋抗震设计的一般规定

1. 抗震等级的划分

结构抗震等级的划分,是基于不同烈度、不同结构类型和不同房屋高度对结构抗震性能的不同要求,包括考虑了结构构件的延性和耗能能力。抗震等级由一级到四级,依次表示在抗震要求上很严格、严格、较严格和一般。

配筋砌块抗震墙的抗震设计应根据设防烈度和高层高度采用表 7.19 规定的结构抗震等级,并应符合相应的计算和构造要求。

表 7.19 配筋砌块砌体抗震墙结构房屋的抗震等级

结构类型		设防烈度						
		6 度		7 度		8 度		9 度
		≤24	>24	≤24	≥24	≤24	>24	≤24
配筋砌块砌体抗震墙	高度/m							
	抗震墙	四	三	三	二	二	一	一

续表 7.19

结构类型		设防烈度			
		6 度	7 度	8 度	9 度
部分框支 抗震墙	非底部加强 部位抗震墙	四　三	三　二	二	不应采用
	底部加强 部位抗震墙	二　一	一	一	
	框支框架	二	二　一	一	

注:1. 对于四级抗震等级,除本章有规定外,均按非抗震设计采用。

2. 接近或等于高度分界时,可结合房屋不规则程度及场地、地基条件确定抗震等级。

2. 房屋高度和高宽比限值

配筋砌块砌体抗震墙结构房屋的最大高度和最大高宽比,分别不宜超过表 7.20 和表 7.21 的规定。

表 7.20　配筋砌块砌体抗震墙房屋适用的最大高度　　　　　　　　　　　　　　　m

结构类型 最小墙厚/mm		设防烈度和设计基本地震加速度					
		6 度	7 度		8 度		9 度
		0.05g	0.10g	0.15g	0.20g	0.30g	0.40g
配筋砌块砌体抗震墙	190 mm	60	55	45	40	30	24
部分框支抗震墙		55	49	40	31	24	—

注:1. 房屋高度指室外地面到主要屋面板板顶的高度(不包括局部突出屋顶部分)。

2. 某层或几层开间大于 6.0 m 以上的房间建筑面积占相应层建筑面积 40% 以上时,表中数据相应减少 6 m。

3. 部分框支抗震墙结构指首层或底部两层为框支层的结构,不包括仅个别框支墙的情况。

4. 房屋的高度超过表内高度时,应根据专门研究,采取有效的加强措施。

表 7.21　配筋砌块砌体抗震墙房屋的最大高宽比

设防烈度	6 度	7 度	8 度
最大高宽比	6	5	4

3. 结构布置

配筋砌块砌体抗震墙房屋的结构布置应符合抗震设计规范的有关规定,避免不规则建筑结构方案,并应符合下列要求:

①平面形状宜简单、规则,凹凸不宜过大;竖向布置宜规则、均匀,避免过大的外挑和内收。

②纵横向抗震墙宜拉通对直;每个独立墙段长度不宜大于 8 m,且不宜小于墙厚的 5 倍;墙段的总高度与墙段长度之比不宜小于 2;门洞口宜上下对齐,成列布置。

③采用现浇钢筋混凝土楼、屋盖时,抗震横墙的最大间距,应符合表 7.22 的要求。

表 7.22　配筋混凝土小型空心砌块抗震横墙的最大间距

烈度	6 度	7 度	8 度	9 度
最大间距/m	15	15	11	7

4. 防震缝的设置

房屋宜选用规则、合理的建筑结构方案不设防震缝,当必须设置防震缝时,其最小宽度应符合下列要求:当房屋高度不超过 24 m 时,可采用 100 mm;当超过 24 m 时,6 度、7 度、8 度和 9 度相应每增加 6 m、5 m、4 m 和 3 m,宜加宽 20 mm。

5. 层间弹性位移角限值

配筋砌块砌体抗震墙结构应进行多遇地震作用下的抗震变形验算,其楼层内最大的层间弹性位移角不宜超过 1/1 000。

6. 底部框架 - 抗震墙砌体房屋设置

底部框架 - 抗震墙砌体房屋的钢筋混凝土结构部分,除应符合本章规定外,尚应符合现行国家标准《建筑抗震设计规范》(GB 50011—2010)第 6 章的有关要求;此时,底部钢筋混凝土框架的抗震等级,6、7、8 度时应分别按三、二、一级采用;底部钢筋混凝土抗震墙和配筋砌块砌体抗震墙的抗震等级,6、7、8 度时应分别按三、三、二级采用。多层砌体房屋局部有上部砌体墙不能连续贯通落地时,托梁、柱的抗震等级,6、7、8 度时应分别按三、三、二级采用。

7. 配筋砌块砌体短肢抗震墙及一般抗震墙设置

配筋砌块砌体短肢抗震墙及一般抗震墙设置,应符合下列规定:

(1)抗震墙宜沿主轴方向双向布置,各向结构刚度、承载力宜均匀分布。高层建筑不宜采用全部为短肢墙的配筋砌块砌体抗震墙结构,应形成短肢抗震墙与一般抗震墙共同抵抗水平地震作用的抗震墙结构。9 度时不宜采用短肢墙。

(2)纵横方向的抗震墙宜拉通对齐;较长的抗震墙可采用楼板或弱连梁分为若干个独立的墙段,每个独立墙段的总高度与宽度之比不宜小于 2,墙肢的截面高度也不宜大于 8 m。

(3)抗震墙的门窗洞口宜上下对齐,成列布置。

(4)一般抗震墙承受的第一振型底部地震倾覆力矩不应小于结构总倾覆力矩的 50%,且两个主轴方向,短肢抗震墙截面面积与同一层所有抗震墙截面面积比例不宜大于 20%。

(5)短肢抗震墙宜设翼缘。一字形短肢墙平面外不宜布置与之单侧相交的楼面梁。

(6)短肢墙的抗震等级应比表 7.19 的规定提高一级采用;已为一级时,配筋应按 9 度的要求提高。

（7）配筋砌块砌体抗震墙的墙肢截面高度不宜小于墙肢截面宽度的 5 倍。

注：短肢抗震墙是指墙肢截面高度与宽度之比为 5～8 的抗震墙，一般抗震墙是指墙肢截面高度与宽度之比大于 8 的抗震墙。L 形、T 形、十字形等多肢墙截面的长短肢性质应由较长一肢确定。

8. 部分框支配筋砌块砌体抗震墙房屋的结构布置

部分框支配筋砌块砌体抗震墙房屋的结构布置，应符合下列规定：

（1）上部的配筋砌块砌体抗震墙与框支层落地抗震墙或框架应对齐或基本对齐。

（2）框支层应沿纵横两方向设置一定数量的抗震墙，并均匀布置或基本均匀布置。框支层抗震墙可采用配筋砌块砌体抗震墙或钢筋混凝土抗震墙，但在同一层内不应混用。

（3）矩形平面的部分框支配筋砌块砌体抗震墙房屋结构的楼层侧向刚度比和底层框架部分承担的地震倾覆力矩，应符合现行国家标准《建筑抗震设计规范》（GB 50011—2010）第 6.1.9 条的有关要求。

9. 配筋混凝土空心砌块抗震墙房屋的层高规定

底部加强部位（不小于房屋高度的 1/6，且不小于底部二层的高度范围）的层高（房屋总高度小于 21 m 时取一层），一、二级不宜大于 3.2 m，三、四级不应大于 3.9 m。

其他部位的层高，一、二级不应大于 3.9 m，三、四级不应大于 4.8 m。

10. 配筋砌块砌体抗震墙中受力钢筋锚固和接头的规定

考虑地震作用组合的配筋砌体结构构件，其配置的受力钢筋的锚固和接头，除应符合《砌体结构设计规范》（GB 50003—2011）第 9 章的要求外，尚应符合下列规定：

（1）纵向受拉钢筋的最小锚固长度 l_{ae}，应按下列规定采用：

抗震等级为一、二级时，$l_{ae} = 1.15 l_a$；

抗震等级为三级时，$l_{ae} = 1.05 l_a$；

抗震等级为四级时，$l_{ae} = 1.0 l_a$。

式中　l_a——受拉钢筋的锚固长度。按《砌体结构设计规范》（GB 50003—2011）第 9.4.3 条的规定确定。

（2）钢筋搭接接头，对一、二级抗震等级不小于 $l_a + 5d$；对三、四级不小于 $1.2 l_a$。

（3）配筋砌块砌体抗震墙的水平分布钢筋沿墙长应连续设置，两端的锚固应符合下列规定：

①一、二级抗震等级剪力墙，水平分布钢筋可绕主筋弯 180° 弯钩，弯钩端部直段长度不宜小于 12d；水平分布钢筋亦可弯入端部灌孔混凝土中，锚固长度不应小于 30d，且不应小于 250 mm。

②三、四级剪力墙，水平分布钢筋可弯入端部灌孔混凝土中，锚固长度不应小于 20d，且不应小于 200 mm。

③当采用焊接网片作为剪力墙水平钢筋时，应在钢筋网片的弯折端部加焊两根直径与抗剪钢筋相同的横向钢筋，弯入灌孔混凝土的长度不应小于 150 mm。

7.5.2 配筋砌块砌体抗震墙抗震计算

1. 地震作用计算

配筋砌块砌体抗震墙应按抗震设计规范的规定进行地震作用计算。一般可只考虑水平地震作用的影响。对于高度不超过 40 m、以剪切变形为主且质量和刚度沿高度分布比较均匀的房屋可采用底部剪力法。

2. 配筋砌块砌体抗震墙抗震承载力验算

配筋砌块砌体抗震墙抗震承载力验算的一般表达式见式(7.14)。

(1)配筋砌块砌体抗震墙墙体抗震承载力验算。

①正截面抗震承载力验算。

考虑地震作用组合的配筋砌块砌体抗震墙墙体可能是偏心受压构件或偏心受拉构件,其正截面承载力可采用6.3节中相应的非抗震设计计算公式,但在公式右端应除以承载力抗震调整系数 $\gamma_{RE} = 0.85$。

②斜截面抗震承载力验算。

a. 剪力设计值的调整。为提高配筋砌块砌体抗震墙的整体抗震能力,防止剪力墙底部在弯曲破坏前发生剪切破坏,保证强剪弱弯的要求,因而在进行斜截面抗剪承载力验算时,根据抗震墙抗震等级的不同应对墙体底部加强区范围内剪力设计值 V_w 进行调整,并按以下规定取值:

一级抗震等级, $V_w = 1.6V$;

二级抗震等级, $V_w = 1.4V$;

三级抗震等级, $V_w = 1.2V$;

四级抗震等级, $V_w = 1.0V$。

式中 V——考虑地震作用组合的抗震墙计算截面的剪力设计值。

b. 配筋砌块砌体抗震墙的截面尺寸应符合如下要求:

当剪跨比大于2时:

$$V_w \leqslant \frac{1}{\gamma_{RE}} 0.2f_g bh_0 \qquad (7.22)$$

当剪跨比小于或等于2时:

$$V_w \leqslant \frac{1}{\gamma_{RE}} 0.15f_g bh_0 \qquad (7.23)$$

式中 γ_{RE}——承载力抗震调整系数;

f_g——灌孔砌体的抗压强度设计值;

b——抗震墙截面宽度;

h_0——抗震墙截面有效高度。

c. 偏心受压配筋砌块砌体抗震墙,其斜截面受剪承载力按下式计算:

$$V_w \leqslant \frac{1}{\gamma_{RE}} \left[\frac{1}{\lambda - 0.5} \left(0.48f_{vg} bh_0 + 0.1N \frac{A_w}{A} \right) + 0.72f_{yh} \frac{A_{sh}}{s} h_0 \right] \qquad (7.24)$$

$$\lambda = \frac{M}{Vh_0} \qquad (7.25)$$

式中　f_{vg}——灌孔砌块砌体的抗剪强度设计值；

M——考虑地震作用组合的抗震墙计算截面的弯矩设计值；

N——考虑地震作用组合的抗震墙计算截面的轴向力设计值，当 $N > 0.2f_g bh$，取 $N = 0.2f_g bh$；

A——抗震墙的截面面积，其中翼缘的有效面积，可按第 5 章的规定计算；

A_w——T 形或 I 字形截面抗震墙腹板的截面面积，对于矩形截面取 $A_w = A$；

λ——计算截面的剪跨比，当 $\lambda \leqslant 1.5$ 时，取 $\lambda = 1.5$；当 $\lambda \geqslant 2.2$ 时，取 $\lambda = 2.2$；

A_{sh}——配置在同一截面内的水平分布钢筋的全部截面面积；

f_{yh}——水平钢筋的抗拉强度设计值；

s——水平分布钢筋的竖向间距。

③偏心受拉配筋砌块砌体抗震墙，其斜截面受剪承载力应按下式计算：

$$V_w \leqslant \frac{1}{\gamma_{RE}}\left[\frac{1}{\lambda - 0.5}\left(0.48f_{vg}bh_0 - 0.17N\frac{A_w}{A}\right) + 0.72f_{yh}\frac{A_{sh}}{s}h_0\right] \tag{7.26}$$

上式中，当 $0.48f_{vg}bh_0 - 0.17N\dfrac{A_w}{A} < 0$ 时，取 $0.48f_{vg}bh_0 - 0.17N\dfrac{A_w}{A} = 0$。

（2）配筋砌块砌体抗震墙连梁抗震承载力验算。

①正截面抗震承载力验算。

当配筋砌块砌体抗震墙的连梁采用钢筋混凝土时，考虑地震作用组合的连梁正截面受弯承载力可按现行国家标准《混凝土结构设计规范》受弯构件的有关规定计算；当采用配筋砌块砌体连梁时，由于全部砌块均要灌孔，截面受力情况与钢筋混凝土连梁类似，计算亦可采用钢筋混凝土受弯构件正截面计算公式，但应采用配筋砌块砌体的相应计算参数和指标。连梁的正截面承载力应除以相应的承载力抗震调整系数。

②斜截面抗震承载力验算。

a. 连梁剪力设计值的调整。在进行斜截面抗剪承载力验算且抗震等级为一、二、三级时，配筋砌块砌体抗震墙连梁的剪力设计值应按下式调整（四级时可不调整）：

$$V_b = \eta_v \frac{M_b^l + M_b^r}{l_n} + V_{Gb} \tag{7.27}$$

式中　V_b——连梁的剪力设计值；

η_v——剪力增大系数，一级时取 1.3，二级时取 1.2，三级时取 1.1；

M_b^l、M_b^r——梁左、右端考虑地震作用组合的弯矩设计值；

V_{Gb}——在重力荷载代表值作用下，按简支梁计算的截面剪力设计值；

l_n——连梁净跨。

b. 抗震墙采用配筋混凝土砌块砌体连梁时，连梁截面应符合下式要求：

$$V_b \leqslant \frac{1}{\gamma_{RE}}0.15f_g bh_0 \tag{7.28}$$

③抗震墙采用配筋混凝土砌块砌体连梁时，连梁的斜截面受剪承载力应按下列公式计算：

$$V_b \leqslant \frac{1}{\gamma_{RE}}\left(0.56f_{vg}bh_0 + 0.7f_{yv}\frac{A_{sv}}{s}h_0\right) \tag{7.29}$$

式中　b——连梁截面宽度；

　　　h_0——连梁截面有效高度；

　　　A_{sv}——配置在同一截面内的箍筋各肢的全部截面面积；

　　　f_{yv}——箍筋的抗拉强度设计值；

　　　s——箍筋的间距。

配筋砌块砌体抗震墙跨高比大于 2.5 的连梁应采用钢筋混凝土连梁，其截面组合的剪力设计值和斜截面承载力，应符合现行国家标准《混凝土结构设计规范》（GB 50010）对连梁的有关规定；跨高比小于或等于 2.5 的连梁可采用配筋砌块砌体连梁，采用配筋砌块砌体连梁时，应采用相应的计算参数和指标。

7.5.3　配筋砌块砌体抗震墙房屋抗震构造措施

（1）配筋砌块砌体抗震墙的水平和竖向分布钢筋应符合表 7.23 和 7.24 的要求，抗震墙底部加强区的高度不小于房屋高度的 1/6，且不小于两层的高度。

表 7.23　抗震墙水平分布钢筋的配筋构造

抗震等级	最小配筋率/%		最大间距/mm	最大直径/mm
	一般部位	加强部位		
一级	0.13	0.15	400	$\phi 8$
二级	0.13	0.13	600	$\phi 8$
三级	0.11	0.13	600	$\phi 8$
四级	0.10	0.10	600	$\phi 8$

注：1. 水平分布钢筋宜双排布置，在顶层和底部加强部位，最大间距不应大于 400 mm。

　　2. 双排水平分布钢筋应设不小于 $\phi 6$ 拉结筋，水平间距不应大于 400 mm。

表 7.24　抗震墙竖向分布钢筋的配筋构造

抗震等级	最小配筋率/%		最大间距/mm	最大直径/mm
	一般部位	加强部位		
一级	0.13	0.15	400	$\phi 12$
二级	0.13	0.13	600	$\phi 12$
三级	0.11	0.13	600	$\phi 12$
四级	0.10	0.10	600	$\phi 12$

注：竖向分布钢筋宜采用单排布置，直径不应大于 25 mm，9 度时配筋率不应小于 0.2%。在顶层和底部加强部位，最大间距应适当减小。

（2）配筋砌块砌体抗震墙除应符合《砌体结构设计规范》第 9.4.11 条的规定外，应在底部加强部位和轴压比大于 0.4 的其他部位的墙肢设置边缘构件。边缘构件的配筋范围：无翼墙端部为 3 孔配筋；"L"形转角节点为 3 孔配筋；"T"形转角节点为 4 孔配筋；边缘构件范围内应设置水平箍筋;配筋砌块砌体抗震墙边缘构件的配筋应符合表 7.25 的要求。

表 7.25　配筋砌块砌体抗震墙边缘构件的配筋要求

抗震等级	每孔竖向钢筋最小量		水平箍筋最小直径	水平箍筋最大间距/mm
	底部加强部位	一般部位		
一级	$1\phi20(4\phi16)$	$1\phi16(4\phi16)$	$\phi8$	200
二级	$1\phi18(4\phi16)$	$1\phi16(4\phi14)$	$\phi6$	200
三级	$1\phi16(4\phi12)$	$1\phi14(4\phi12)$	$\phi6$	200
四级	$1\phi14(4\phi12)$	$1\phi12(4\phi12)$	$\phi6$	200

注:1. 边缘构件水平箍筋宜采用横筋为双筋的搭接点焊网片形式。

　　2. 当抗震等级为二、三级时,边缘构件箍筋应采用 HRB400 级或 RRB400 级钢筋。

　　3. 表中括号内数字为边缘构件采用混凝土边框柱时的配筋。

(3)宜避免设置转角窗,否则,转角窗开间相关墙体尽端边缘构件最小纵筋直径应比表 7.25 的规定值提高一级,且转角窗开间的楼、屋面应采用现浇钢筋混凝土楼、屋面板。

(4)配筋砌块砌体抗震墙在重力荷载代表值作用下的轴压比,应符合下列规定:

①一般墙体的底部加强部位,一级(9 度)不宜大于 0.4;一级(8 度)不宜大于 0.5,二、三级不宜大于 0.6,一般部位,均不宜大于 0.6。

②短肢墙体全高范围,一级不宜大于 0.50,二、三级不宜大于 0.60;对于无翼缘的一字形短肢墙,其轴压比限值应相应降低 0.1。

③各向墙肢截面均为 3～5 倍墙厚的独立小墙肢,一级不宜大于 0.4,二、三级不宜大于 0.5;对于无翼缘的一字形独立小墙肢,其轴压比限值应相应降低 0.1。

(5)配筋砌块砌体圈梁构造,应符合下列规定:

①各楼层标高处,每道配筋砌块砌体抗震墙均应设置现浇钢筋混凝土圈梁,圈梁的宽度应为墙厚,其截面高度不宜小于 200 mm。

②圈梁混凝土抗压强度不应小于相应灌孔砌块砌体的强度,且不应小于 C20。

③圈梁纵向钢筋直径不应小于墙中水平分布钢筋的直径,且不应小于 $4\phi12$;基础圈梁纵筋不应小于 $4\phi12$;圈梁及基础圈梁箍筋直径不应小于 $\phi8$,间距不大于200 mm;当圈梁高度大于 300 mm 时,应沿梁截面高度方向设置腰筋,其间距不应大于 200 mm,直径不应小于 $\phi10$。

④圈梁底部嵌入墙顶砌块孔洞内,深度不宜小于 30 mm;圈梁顶部应是毛面。

(6)配筋砌块砌体抗震墙连梁的构造,当采用混凝土连梁时,应符合《砌体结构设计规范》第 9.4.12 条的规定和现行国家标准《混凝土结构设计规范》(GB 50010)中有关地震区连梁的构造要求;当采用配筋砌块砌体连梁时,除应符合《砌体结构设计规范》第 9.4.13条的规定以外,尚应符合下列规定:

①连梁上下水平钢筋锚入墙体内的长度,一、二级抗震等级不应小于 $1.1l_a$,三、四级

抗震等级不应小于 l_a ,且不应小于 600 mm。

②连梁的箍筋应沿梁长布置,并应符合表 7.26 的规定。

表 7.26 连梁箍筋的构造要求

抗震等级	箍筋加密区			箍筋非加密区	
	长度	箍筋最大间距	直径	间距/mm	直径
一级	$2h$	100 mm,$6d$,$1/4h$ 中最小值	$\phi10$	200	$\phi10$
二级	$1.5h$	100 mm,$8d$,$1/4h$ 中最小值	$\phi8$	200	$\phi8$
三级	$1.5h$	150 mm,$8d$,$1/4h$ 中最小值	$\phi8$	200	$\phi8$
四级	$1.5h$	150 mm,$8d$,$1/4h$ 中最小值	$\phi8$	200	$\phi8$

注: h 为连梁截面高度;加密区长度不小于 600 mm。

③在顶层连梁伸入墙体的钢筋长度范围内,应设置间距不大于 200mm 的构造箍筋,箍筋直径应与连梁的箍筋直径相同。

④连梁不宜开洞。当需要开洞时,应在跨中梁高 1/3 处预埋外径不大于 200 mm 的钢套管,洞口上下的有效高度不应小于 1/3 梁高,且不应小于 200 mm,洞口处应配补强钢筋并在洞周边浇注灌孔混凝土,被洞口削弱的截面应进行受剪承载力验算。

(7)配筋砌块砌体抗震墙房屋的基础与抗震墙结合处的受力钢筋,当房屋高度超过 50 m 或一级抗震等级时宜采用机械连接或焊接。

7.6 砌体结构房屋抗震设计计算例题

【例7.1】 某四层教学楼的平、剖面图如图 7.11 所示,屋盖、楼盖采用现浇钢筋混凝土实心楼板,墙体采用烧结普通砖和水泥混合砂浆砌筑,砖的强度等级为 MU10,砂浆的强度等级为 M5,施工质量控制等级为 B 级。底层外纵墙厚 370 mm,底层其他墙及二~四层所有墙厚均为 240 mm。抗震设防烈度为 7 度,设计地震分组为第一组,Ⅱ类场地。屋面均布恒荷载标准值为 4.896 kN/m²,雪荷载标准值为 0.3 kN/m²,楼面均布恒荷载标准值为3.06 kN/m²,活载标准值为 2.0 kN/m²,楼面梁、屋面梁自重已折算到均布恒荷载中,240 mm 厚墙体自重为 5.24 kN/m²(按墙面计),370 mm 厚墙体自重为 7.71 kN/m²(按墙面计),铝合金玻璃窗自重为 0.4 kN/m²,试进行抗震承载力验算。

【解】

(1)水平地震作用计算。

①各层重力荷载代表值。

屋面荷载:屋面雪荷载组合系数取为 0.5,屋面活荷载不考虑,则屋面均布荷载为 $(4.896 + 0.3 \times 0.5) \text{kN/m}^2 = 5.046 \text{ kN/m}^2$ 。

楼面荷载:楼面活荷载组合系数取为 0.5,则楼面均布荷载为 $(3.06 + 2.0 \times 0.5) \text{kN/m}^2 = 4.06 \text{ kN/m}^2$ 。

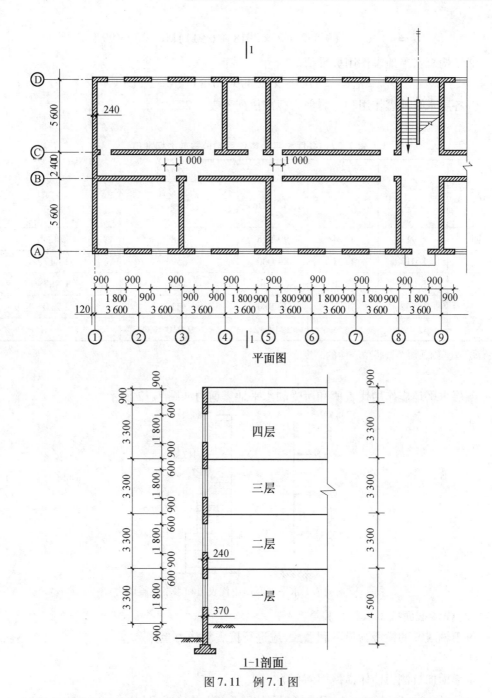

平面图

1-1 剖面

图 7.11 例 7.1 图

计算各层水平地震剪力时的重力荷载代表值取楼屋盖重力荷载代表值加相邻上、下层墙体重力荷载代表值的一半,则各层重力荷载代表值为(计算过程从略)

$$G_1 = 9\ 552\ \text{kN}$$

$$G_2 = G_3 = 8\ 010\ \text{kN}$$

$$G_4 = 6\ 911\ \text{kN}$$

总重力荷载代表值为

$$G = \sum G_i = (9\,552 + 2 \times 8018 + 6\,911)\,\text{kN} = 32\,499\text{ kN}$$

②结构总水平地震作用标准值。

$$F_{\text{Ek}} = \alpha_1 G_{\text{eq}} = (0.08 \times 32\,499 \times 0.85)\,\text{kN} = 2\,210\text{ kN}$$

③各层水平地震作用和地震剪力标准值列于表 7.27。

表 7.27　各层水平地震作用和地震剪力标准值

层	G_i /kN	H_i /m	$G_i H_i$ /(kN·m)	$F_i = \dfrac{G_i H_i}{\sum G_i H_i} F_{\text{Ek}}$ /kN	$V_{ik} = \sum\limits_{j=1}^{4} F_i$ /kN
四	6 911	14.4	99 518	748	748
三	8 018	11.1	89 000	669	1 417
二	8 018	7.8	62 540	470	1 887
一	9 552	4.5	42 984	323	2 210
$\sum$	32 499		294 042	2 210	

注:首层取基础顶面至楼板中心面的高度。

各层水平地震作用代表值和所受的水平地震剪力如图 7.12 所示。

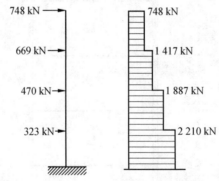

图 7.12　例 7.1 水平地震作用代表值和水平地震剪力

(2)横墙截面抗震承载力验算。

位于轴线⑤的横墙为最不利墙段,应进行抗震承载力验算。

①二层。

全部横向抗侧力墙体横截面面积为

$$A_2 = \left[14.14 \times 0.24 \times 2 + (6.14 \times 6 + 5.84 \times 6) \times 0.24\right]\text{m}^2 = 24.04\text{ m}^2$$

轴线⑤横墙横截面面积为

$$A_{25} = (6.14 \times 0.24 + 5.84 \times 0.24)\,\text{m}^2 = 2.88\text{ m}^2$$

楼层总面积为

$$S_2 = (13.9 \times 54.0)\,\text{m}^2 = 750.6\text{ m}^2$$

轴线⑤横墙所承担的重力荷载从属面积(该墙体与两侧面相邻横墙之间各一半范围

内的楼盖面积)为

$$S_{25} = (6.92 \times 9.0 + 7.22 \times 7.2)\text{m}^2 = 144.26 \text{ m}^2$$

由式(7.11b),轴线⑤横墙所承担的水平地震剪力为

$$V_{25} = \frac{1}{2}\left(\frac{A_{25}}{A_2} + \frac{S_{25}}{S_2}\right)\gamma_{\text{Eh}}V_{\text{Ek2}} = \frac{1}{2}\left(\frac{2.88}{24.04} + \frac{114.26}{750.6}\right) \times 1.3 \times 1\,887 \text{ kN} = 334 \text{ kN}$$

轴线⑤横墙每米长度上所承担的竖向荷载为

$$N = (5.046 \times 3.6 + 4.06 \times 3.6 \times 2 + 5.24 \times 3.3 \times 2.5)\text{kN} = 91 \text{ kN}$$

轴线⑤横墙横截面的平均压应力为

$$\sigma_0 = \frac{91\,000}{240 \times 1\,000}\text{N/mm}^2 = 0.379 \text{ N/mm}^2$$

采用 M5 级砂浆,$f_v = 0.11 \text{ N/mm}^2$,$\sigma_0/f_v = 0.379/0.11 = 3.445$,查表 7.9 得 $\zeta_N = 1.299$,则

$$f_{\text{vE}} = \zeta \times f_v = 1.299 \times 0.11 \text{ N/mm}^2 = 0.143 \text{ N/mm}^2$$

$$\gamma_{\text{RE}} = 1.0, A = A_{25} = 2.88 \text{ m}^2$$

$$\frac{f_{\text{vE}}A}{\gamma_{\text{RE}}} = \frac{0.143 \times 2.88 \times 10^6}{1.0}\text{N} = 411\,840 \text{ N} = 411.8 \text{ kN} > V_{25} = 334 \text{ kN}$$

满足要求。

②一层。

$$A_1 = [14.14 \times 0.24 \times 2 + (6.14 \times 6 + 5.84 \times 6) \times 0.24]\text{m}^2 = 24.04 \text{ m}^2$$

$$A_{15} = (6.14 \times 0.24 + 5.84 \times 0.24)\text{m}^2 = 2.88 \text{ m}^2$$

$$S_1 = (13.9 \times 54.0)\text{m}^2 = 750.6 \text{ m}^2$$

$$S_{15} = (6.92 \times 9.0 + 7.22 \times 7.2)\text{m}^2 = 144.26 \text{ m}^2$$

$$V_{1s} = \frac{1}{2}\left(\frac{A_{15}}{A_1} + \frac{S_{15}}{S_1}\right)\gamma_{\text{Eh}}V_{\text{Ek1}} = \frac{1}{2}\left(\frac{2.88}{24.04} + \frac{114.26}{750.6}\right) \times 1.3 \times 2\,210 \text{ kN} = 391 \text{ kN}$$

$$N = (5.046 \times 36 + 4.06 \times 3.6 \times 3 + 5.24 \times 3.3 \times 3.5)\text{kN} = 123 \text{ kN}$$

$$\sigma_0 = \frac{123\,000}{240 \times 1\,000}\text{N/mm}^2 = 0.5 \text{ N/mm}^2$$

采用 M5 级砂浆,$f_v = 0.11 \text{ N/mm}^2$,$\sigma_0/f_v = 0.5/0.11 = 4.545$,查表 7.9 得 $\zeta_N = 1.42$,则

$$f_{\text{vE}} = \zeta \times f_v = 1.42 \times 0.11 \text{ N/mm}^2 = 0.156 \text{ N/mm}^2$$

$$\gamma_{\text{RE}} = 1.0, A = A_{25} = 2.88 \text{ m}^2$$

$$\frac{f_{\text{vE}}A}{\gamma_{\text{RE}}} = \frac{0.156 \times 2.88 \times 10^6}{1.0}\text{N} = 449\,280 \text{ N} = 449.3 \text{ kN} > V_{15} = 391 \text{ kN}$$

满足要求。

(3)纵墙截面抗震承载力验算

外纵墙的窗间墙为不利墙段,取轴线Ⓐ的墙段进行抗震承载力验算。纵墙各墙肢比较均匀,各轴线纵墙的刚度比可近似用其墙截面面积比代替。

①二层。

纵墙墙体截面总面积为

$$A_2 = \left[(54.24 - 15 \times 1.8) \times 0.24 \times 2 + (54.24 - 9 \times 1.0 - 3.36) \times 0.24 \times 2 \right] m^2 = 33.18 \ m^2$$

轴线Ⓐ墙体截面面积为

$$A_{2A} = \left[(54.24 - 15 \times 1.8) \times 0.24 \right] m^2 = 6.54 \ m^2$$

$$V_{2A} = \frac{A_{2A}}{A_2} \gamma_{Eh} V_{Ek2} = \frac{6.54}{33.18} \times 1.3 \times 1\ 887 \ kN = 484 \ kN$$

②一层。

纵墙墙体截面总面积为

$$A_1 = \left[(54.24 - 15 \times 1.8) \times 0.37 \times 2 + (54.24 - 9 \times 1.0 - 3.36) \times 0.24 \times 2 \right] m^2 = 40.26 \ m^2$$

轴线Ⓐ墙体截面面积为

$$A_{2A} = \left[(54.24 - 15 \times 1.8) \times 0.37 \right] m^2 = 10.08 \ m^2$$

$$V_{1A} = \frac{A_{1A}}{A_1} \gamma_{Eh} V_{Ek1} = \left(\frac{10.08}{40.26} \times 1.3 \times 2\ 210 \right) kN = 719 \ kN$$

不利墙段地震剪力分配按式(7.12)计算,即

$$V_{iAr}' = \frac{K_{iAr}}{\sum K_{iAr}} V_{iA}$$

尽端墙段(墙段1):$\rho = h/b = 1\ 800/1\ 020 = 1.765$

中间墙段(墙段2):$\rho = h/b = 1\ 800/1\ 800 = 1$

由于$1 \leqslant \rho \leqslant 4$,应同时考虑弯曲和剪切变形,各墙段抗侧力刚度按式(7.7)计算,即取

$$K = \frac{Et}{3\rho + \rho^2}。$$

计算结果列于表7.28。

表7.28 一、二层纵墙墙段地震剪力设计值

墙段类型	h /m	b /m	个数	3ρ	ρ^2	$\dfrac{1}{3\rho + \rho^2}$	V_{iAr}/kN	
							一层	二层
1	1.8	1.02	2	5.295	5.498	0.093	18.14	11.64
2	1.8	1.8	14	3	1	0.25	48.77	32.83

验算二层:采用 M5 级砂浆,$f_v = 0.11 \ N/mm^2$。

墙段1:$A_{2A1} = (1.02 \times 0.24) m^2 = 0.244\ 8 \ m^2$

仅承受墙体自重 $N = (5.24 \times 3.3 \times 2.5 \times 1.02) kN = 44.09 \ kN$

$$\sigma_0 = \frac{44\ 090}{240 \times 1\ 020} N/mm^2 = 0.18 \ N/mm^2$$

$\sigma_0/f_v = 0.18/0.11 = 1.636$,查表7.9得$\zeta_N = 1.073$,则

$$f_{vE} = \zeta \times f_v = 1.073 \times 0.11 \ N/mm^2 = 0.118 \ N/mm^2$$

$$\gamma_{RE} = 1.0, A = A_{2A1} = 0.244\ 8 \ m^2$$

$$\frac{f_{vE}A}{\gamma_{RE}} = \frac{0.118 \times 0.244\ 8 \times 10^6}{1.0} N = 28.9\ kN > 11.64\ kN$$

满足要求。

墙段 2：$A_{2A2} = (1.8 \times 0.24)\ m^2 = 0.432\ m^2$

轴线 3、5、8、9 处的墙段 2 仅承受墙体自重为

$$N = (5.24 \times 3.3 \times 2.5 \times 1.8)\ kN = 77.81\ kN$$

$$\sigma_0 = \frac{77\ 810}{240 \times 1\ 800} N/mm^2 = 0.18\ N/mm^2$$

$\sigma_0/f_v = 0.18/0.11 = 1.636$，查表 7.9 得 $\zeta_N = 1.073$，则

$$f_{vE} = \zeta \times f_v = 1.073 \times 0.11\ N/mm^2 = 0.118\ N/mm^2$$

$$\gamma_{RE} = 1.0, A = A_{2A2} = 0.432\ m^2$$

$$\frac{f_{vE}A}{\gamma_{RE}} = \frac{0.118 \times 0.432 \times 10^6}{1.0} N = 51.0\ kN > 32.83\ kN$$

满足要求。

其他轴线处的墙段 2 除承受墙体自重外，还承受大梁传来的屋面、楼面荷载，即

$N = (5.24 \times 3.3 \times 2.5 \times 1.8 + 3.6 \times 5.6 \times 5.046 \times 0.5 + 3.6 \times 5.6 \times 4.06 \times 0.5 \times$

$\quad 2 + 2.5 \times 3 \times 5.6 \times 0.5)\ kN = 231.52\ kN$

$$\sigma_0 = \frac{231\ 520}{240 \times 1\ 800} N/mm^2 = 0.536\ N/mm^2$$

$\sigma_0/f_v = 0.536/0.11 = 4.873$，查表 7.9 得 $\zeta_N = 1.456$，则

$$f_{vE} = \zeta \times f_v = 1.456 \times 0.11\ N/mm^2 = 0.160\ N/mm^2$$

$$\gamma_{RE} = 1.0, A = A_{2A2} = 0.432\ m^2$$

$$\frac{f_{vE}A}{\gamma_{RE}} = \frac{0.160 \times 0.432 \times 10^6}{1.0} N = 69.1\ kN > 32.83\ kN$$

满足要求。

验算一层：采用 M5 级砂浆，$f_v = 0.11\ N/mm^2$

墙段 1：$A_{1A1} = 1.02 \times 0.37\ m^2 = 0.377\ m^2$

仅承受墙体自重为

$N = (5.24 \times 3.3 \times 3 \times 1.02 + 7.71 \times 4.5 \times 0.5 \times 1.02 + 0.9 \times 5.24 \times 1.02)\ kN = 75.42\ kN$

$$\sigma_0 = \frac{75\ 420}{370 \times 1\ 020} N/mm^2 = 0.2\ N/mm^2$$

$\sigma_0/f_v = 0.2/0.11 - 1.818$，查表 7.9 得 $\zeta_N = 1.096$，则

$$f_{vE} = \zeta_N \times f_v = 1.096 \times 0.11\ N/mm^2 = 0.121\ N/mm^2$$

$$\gamma_{RE} = 1.0, A = A_{1A1} = 0.377\ m^2$$

$$\frac{f_{vE}A}{\gamma_{RE}} = \frac{0.121 \times 0.377 \times 10^6}{1.0} N = 45.6\ kN > 18.14\ kN$$

满足要求。

墙段 2：$A_{1A2} = (1.8 \times 0.37)\ m^2 = 0.666\ m^2$

轴线③、⑤、⑧、⑨处的墙段 2 仅承受墙体自重为

$N = (5.24 \times 3.3 \times 2.5 \times 1.8 + 7.71 \times 4.5 \times 0.5 \times 1.8 + 0.9 \times 5.24 \times 1.8) \text{kN} = 133.09 \text{ kN}$

$$\sigma_0 = \frac{133\,090}{370 \times 1\,800} \text{N/mm}^2 = 0.2 \text{ N/mm}^2$$

$\sigma_0/f_v = 0.2/0.11 = 1.818$，查表 7.9 得 $\zeta_N = 1.096$，则

$$f_{VE} = \zeta \times f_v = 1.096 \times 0.11 \text{ N/mm}^2 = 0.121 \text{ N/mm}^2$$

$$\gamma_{RE} = 1.0, A = A_{1A2} = 0.666 \text{ m}^2$$

$$\frac{f_{VE}A}{\gamma_{RE}} = \frac{0.121 \times 0.666 \times 10^6}{1.0} \text{N} = 80.59 \text{ kN} > 48.77 \text{ kN}$$

满足要求。

其他轴线处的墙段 2 除承受墙体自重外，还承受大梁传来的屋面、楼面荷载，即

$N = (133.09 + 3.6 \times 5.6 \times 5.046 \times 0.5 + 3.6 \times 5.6 \times 4.06 \times 0.5 \times 3 + 2.5 \times 3 \times 5.6 \times$
$0.5 \times 4) \text{kN} = 334.73 \text{ kN}$

$$\sigma_0 = \frac{334\,730}{370 \times 1\,800} \text{ N/mm}^2 = 0.503 \text{ N/mm}^2$$

$\sigma_0/f_v = 0.503/0.11 = 4.573$，查表 7.9 得 $\zeta_N = 1.423$，则

$$f_{vE} = \xi_N \times f_v = 1.423 \times 0.11 \text{ N/mm}^2 = 0.157 \text{ N/mm}^2$$

$$\gamma_{RE} = 1.0, A = A_{1A2} = 0.666 \text{ m}^2$$

$$\frac{f_{vE}A}{\gamma_{RE}} = \frac{0.157 \times 0.666 \times 10^6}{1.0} \text{N} = 104.56 \text{ kN} > V_{25} = 48.77 \text{ kN}$$

满足要求。

本章小结

1. 根据地震对建筑物的破坏形式及我国历次大地震对砌体房屋的震害提供的宝贵资料和经验，本章首先将地震对砌体结构房屋的破坏情况从十个方面进行了概要说明，同时分析了破坏产生的四类原因。

2. 根据建筑抗震设计的抗震设防要求，依据《建筑抗震设计规范》（GB 50011—2010）和《砌体结构设计规范》（GB 50003—2011），分别从平立面布置和防震缝的设置、承重结构的布置、房屋高度和层数的限制、房屋高宽比的限制、抗震横墙的间距、楼梯间的布置、地下室和基础、房屋的局部尺寸限值和结构材料的要求等方面对砌体结构房屋抗震设计进行了一般规定。

3. 依据《建筑抗震设计规范》（GB 50011—2010）和《砌体结构设计规范》（GB 50003—2011），对于多层砌体房屋在水平地震作用的影响下，采用底部剪力法，对砌体结构房屋进行抗震计算。

4. 依据《建筑抗震设计规范》（GB 50011—2010）和《砌体结构设计规范》（GB 50003—2011），从钢筋混凝土构造柱（芯柱）的设置与构造、圈梁的设置与构造、构件间的连接、楼梯间的抗震构造措施、墙体的加强措施及底部框架 – 抗震墙砌体房屋其他构造

方面提出了砌体结构房屋抗震要求。

5. 依据《建筑抗震设计规范》（GB 50011—2010）和《砌体结构设计规范》（GB 50003—2011），对抗震性能较好的一种新型结构体系——配筋砌块砌体剪力墙结构的抗震设计要点从一般规定、抗震计算和构造要求等方面进行了简述。

6. 根据本章的主要知识，通过具体的例题计算与演示，详细介绍了如何进行砌体结构房屋的抗震设计。

思考题与习题

7-1　砌体结构房屋的抗震设计有哪些方面应通过计算或验算解决？哪些方面应采取构造措施？

7-2　为什么要对房屋的总高度、层数和高宽比进行限制？它们对砌体房屋的抗震性能有什么影响？

7-3　为什么要限制多层砌体房屋抗震墙的间距？

7-4　为什么要注意房屋中墙体的局部尺寸和局部构造问题？

7-5　房屋的平、立面布置应注意哪些问题？在什么样的情况下宜设置防震缝？当需同时设置沉降缝、伸缩缝和防震缝时，三者能否合一？

7-6　简述抗震设防地区砌体结构房屋墙体抗震承载力计算的步骤。

7-7　多层砌体结构房屋采用底部剪力法时地震作用的计算简图如何选取？地震作用如何确定？

7-8　水平地震剪力的分配主要与哪些因素有关？层间水平地震剪力求得后怎样分配到各片墙上，又怎样分配到各墙肢上？

7-9　在进行墙体抗震承载力验算时，怎样选择和判断最不利墙段？

7-10　多层砌体结构房屋的抗震构造措施包括哪些方面？简述圈梁和构造柱对砌体结构抗震的作用及相应的规定。

7-11　配筋砌块砌体抗震墙结构有什么突出的优点？根据抗震设防烈度的不同，这种结构形式的房屋在建造的高度上有何规定？

7-12　在配筋砌块砌体抗震墙斜截面抗震承载力验算中，为什么要对剪力设计值进行调整？

7-13　若将［例 7.1］中轴线 A 与 B、B 与 C、C 与 D 的间距分别改为 6 000 mm、2 100 mm 和 6 000 mm，屋面恒荷载标准值改为 4.00 kN/m² 时，楼面恒荷载标准值改为 3.00 kN/m²，抗震设防烈度为 8 度，设计地震分组为第一组，Ⅱ类场地。试进行抗震承载力验算。

参考文献

［1］ 中国建筑东北设计研究院有限公司.砌体结构设计规范:GB 50003—2011［S］.北京:中国建筑工业出版社,2012.

［2］ 中华人民共和国住房和城乡建设部.建筑抗震设计规范:GB 50011—2010［S］.北京:中国建筑工业出版社,2010.

［3］ 施楚贤.砌体结构［M］.3 版.北京:中国建筑工业出版社,2007.

［4］ 丁大钧,蓝宗建.砌体结构［M］.2 版.北京:中国建筑工业出版社,2013.

［5］ 苏小卒.砌体结构设计［M］.2 版.上海:同济大学出版社,2013.

［6］ 张洪学.砌体结构设计［M］.哈尔滨:哈尔滨工业大学出版社,2007.

［7］ 熊丹安,李京玲.砌体结构［M］.2 版.武汉:武汉理工大学出版社,2010.

［8］ 施楚贤,施宇红.砌体结构疑难释义［M］.4 版.北京:中国建筑工业出版社,2013.

［9］ 唐岱新.砌体结构设计规范理解与应用［M］.2 版.北京:中国建筑工业出版社,2012.

［10］ 中华人民共和国住房和城乡建设部.混凝土结构设计规范:GB 50010—2010［S］.北京:中国建筑工业出版社,2010.